本書の使い方

- 本書は、iPadの操作に関する質問に、Q&A方式で回答しています。
- 目次やインデックスの分類を参考にして、知りたい操作のページに進んでください。
- 画面を使った操作の手順を追うだけで、iPadの操作がわかるようになっています。

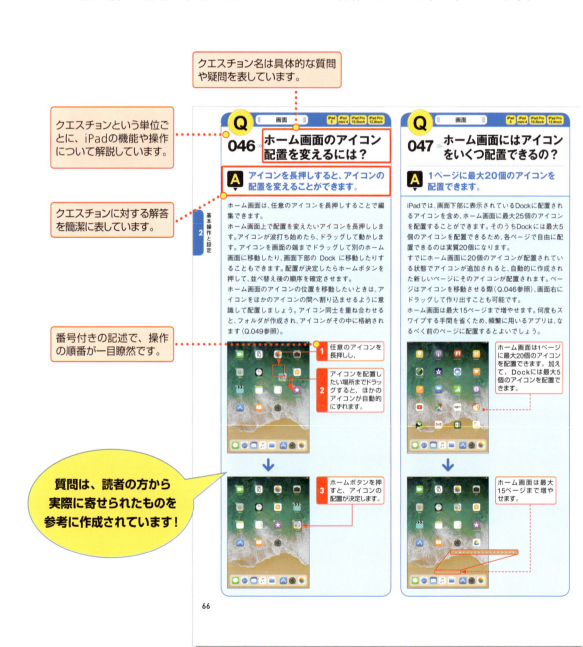

本書籍が対応する iPad のバージョン

本書籍は、2017年11月現在販売中の以下の iPad（iOS 11 搭載）に対応しています。
- Pro 12.9inch
- Pro 10.5inch
- 新しいiPad（iPad 5）
- iPad mini 4

薄くてやわらかい上質な紙を使っているので、**開いたら閉じにくい書籍に**なっています！

クエスチョンの分類分けを示しています。

対応するiPadの機種がひと目でわかります。

Q 048 増やしたホーム画面の数を減らしたい！

A ホーム画面のアイコンを空にすると削除できます。

増やしたホーム画面は、アイコンをほかのページに移動させたり削除したりして、画面からすべてのアイコンがなくなると、自動的に削除されます。
ホーム画面は、任意のアイコンを長押しすることで編集できます。多くのアプリをインストールした結果、ページ数を今より減らしたくなった場合には、画面のアイコンをドラッグしてほかのページに移動させるか（Q.046参照）、アイコンの左上の⊗＜削除＞をタップしてアイコンを削除しましょう（アンインストールされます）。ページ内のすべてのアイコンがなくなった状態でホームボタンを押すと、そのページは削除されます。なお、削除できるのは自分で順次増やしていったページだけです。ホーム画面を1ページ以下に減らすことはできません。

1 アイコンをほかのページに移動させるか、⊗をタップします。

ホーム画面を編集できる状態にすると（Q.046参照）、自動的にホーム画面のアイコンが1つ増えます。この場合、実際にアプリのアイコンがあるホーム画面は4ページです。

2 ホームボタンを押すと、空になったページが自動的に削除されます。

Q 049 ホーム画面にフォルダを作りたい！

A アイコンを重ねると、フォルダを作成できます。

iPadではホーム画面のアイコンを、フォルダごとにまとめることができます。
最初にフォルダにまとめたいいずれかのアイコンを長押します。そのアイコンをドラッグして同じフォルダに入れるアイコンの上に重ねると、フォルダを作成することができます。
フォルダ名はアイコンに関連する名前が自動的に付けられ、あとから好きな名前に変更することも可能です（Q.051参照）。入力を終えたあとで、ホームボタンを押すとフォルダの位置と名称が決定されます。
完全にアイコン同士を重ね合わせないと、フォルダが作成されず、アイコンの配置が変わるだけなので注意しましょう（Q.046参照）。

1 アイコンを重ねると、自動的にフォルダが表示されます。

タップするとフォルダの名前を変更できます。

2 ホームボタンを押すと、フォルダの位置と名前が決まります。

4 格納されているアイコンが拡大表示されます。フォルダ以外の部分をタップするか、ホームボタンを押すとフォルダが閉じます。

どの章を見ているかすぐわかるように、ページの両側にインデックス（見出し）を表示しています。

基本操作と設定 2

操作の基本的な流れ以外は、このように番号がない記述になっています。

該当箇所がよくわかるようになっています。

67

Contents

第0章 iOS 11の「新機能を使いたい!」

iOS 11
- New » 001 iOS 11って何? ………24
- 002 iOSのバージョンを確認したい! ………24
- 003 古いiPadでは新しい機能は使えないの? ………25
- 004 iOS 11にバージョンアップしたい! ………25

Dock
- New » 005 アプリ起動中にDockを表示したい! ………26
- 006 Dockにアイコンが勝手に追加されるけど? ………26
- 007 Safariを使用中にメッセージを確認したい! ………27

ドラッグ&ドロップ
- New » 008 ドラッグ&ドロップで写真やファイルを利用したい! ………28

メモ
- New » 009 書類をスキャンして保存したい! ………29

コントロールセンター
- New » 010 コントロールセンターの表示方法は? ………30
- 011 アプリを切り替えるには? ………30

ロック画面
- New » 012 通知を確認するには? ………31
- 013 ロックを解除しないで通知を確認するには? ………31

メッセージ
- New » 014 iPhoneとメッセージを同期したい! ………32

写真
- New » 015 Live Photosを活用したい! ………33
- 016 Live Photosを編集したい! ………34
- 017 QRコードを読み取りたい! ………35

ファイル
- New » 018 iPad内のファイルを管理したい! ………35
- 019 iCloudやDropboxのファイルを管理したい! ………36

記号
- New » 020 記号をかんたんに入力したい! ………38

Apple Pencil
- New » 021 Apple Pencilって何? ………39
- 022 Apple Pencilで何ができるの? ………40

第1章 iPadの基本の「こんなときどうする?」

iPadとは
- Question ≫ 001 iPadで何ができるの? ………………………………………………… 42
- 002 iPadにはどんな種類があるの? ………………………………………… 42
- 003 iPadの記憶容量は増やせないの? ……………………………………… 43
- 004 iPadのバッテリーは交換できないの? ………………………………… 43
- 005 SIMカードって何? ……………………………………………………… 43

キャリア/料金
- Question ≫ 006 Wi-Fi + CellularモデルとWi-Fiモデルはどう違う? ………………… 44
- 007 Wi-Fi + Cellularモデルを利用するのにかかる料金は? ……………… 44
- 008 Wi-Fiモデルは料金がかからないの? ………………………………… 45
- 009 iPadは外国でも使える? ………………………………………………… 45

デバイス
- Question ≫ 010 各iPadの違いは何? ……………………………………………………… 46
- 011 iPadで電話はできないの? …………………………………………… 46

iPadを使う前に
- Question ≫ 012 iPadに接続できる周辺機器は? ………………………………………… 47
- 013 そのほかのおすすめのアクセサリーは? ……………………………… 47
- 014 iPadを利用するのに必要なものは? ………………………………… 48
- 015 iPadを利用するのに用意すると便利なものは? …………………… 48
- 016 アクティベーションって何? …………………………………………… 49
- 017 iPadはどうやって操作するの? ……………………………………… 49
- 018 「位置情報サービス」って何? ………………………………………… 50
- 019 iTunesって何? ………………………………………………………… 50

iPadとパソコン
- Question ≫ 020 パソコンにiTunesをインストールしたい! …………………………… 51
- 021 パソコンのiTunesにiPadを登録したい! …………………………… 51
- 022 iPadとパソコンの接続を解除したい! ……………………………… 52

Apple ID
- Question ≫ 023 Apple IDって何? ……………………………………………………… 52
- 024 Apple IDを作りたい! ………………………………………………… 53
- 025 Apple IDのパスワードを忘れた! …………………………………… 54
- 026 Apple IDに登録した個人情報を変更したい! ……………………… 54
- 027 Apple IDに支払情報を登録したい! ………………………………… 54

第2章 基本操作と設定の「こんなときどうする？」

初期設定
Question ≫ 028 iPadの各部名称が知りたい！ ……………………………………………… 56
029 初期設定は必要？ …………………………………………………………… 57

電源
Question ≫ 030 iPadの電源をオフにするには？ …………………………………………… 57
031 iPadを充電したい！ ………………………………………………………… 58
032 iPadは充電なしでどれぐらい使える？ …………………………………… 59
033 バッテリーの残量を確認したい！ ………………………………………… 59

ロック
Question ≫ 034 iPadをスリープモードにしたい！ ………………………………………… 60
035 「スリープ」状態のとき、iPadはどうなってるの？ …………………… 60
036 ロック画面を解除したい！ ………………………………………………… 60
037 ロック画面に通知が表示されたら？ ……………………………………… 61
038 ロック画面の通知を非表示にするには？ ………………………………… 61
039 スリープモードにならないようにしたい！ ……………………………… 62
040 自動ロックの時間を変更したい！ ………………………………………… 62

画面
Question ≫ 041 音量を上げたい／下げたい！ ……………………………………………… 63
042 iPadの画面の向きは変えられる？ ………………………………………… 64
043 iPadを回転しても画面を固定したい！ …………………………………… 64
044 ホーム画面って何？ ………………………………………………………… 65
045 ホーム画面を表示したい！ ………………………………………………… 65
046 ホーム画面のアイコン配置を変えるには？ ……………………………… 66
047 ホーム画面にはアイコンをいくつ配置できるの？ ……………………… 66
048 増やしたホーム画面の数を減らしたい！ ………………………………… 67
049 ホーム画面にフォルダを作りたい！ ……………………………………… 67
050 フォルダ内にアイコンを追加したい！ …………………………………… 68
051 フォルダ名を変更できるの？ ……………………………………………… 68
052 アイコンの右上に出てくる数字は何？ …………………………………… 69
053 壁紙を変更したい！ ………………………………………………………… 69

表示
Question ≫ 054 タップやロック時の音を消したい！ ……………………………………… 70
055 日付と時刻を設定したい！ ………………………………………………… 70
056 ホーム画面の上に表示されるお知らせは何？ …………………………… 71
057 通知センターにはどんな項目が表示される？ …………………………… 71

058	通知の表示内容を変更したい！	72
059	画面の明るさを変更したい！	73
060	夜は画面を暗くしたい！	74
061	誤って表記を英語にしてしまった！	75
062	「充電していません」と表示される！	75
063	本体内も Web も一度に検索したい！	76
064	iPad の使用可能容量を確認したい！	77
065	ホーム画面をもとに戻したい！	78

第3章 入力の「こんなときどうする?」

キーボード

Question >> 066	キーボードを隠したい！	80
067	iPad で使えるキーボードの種類は？	80
068	キーボードの種類を切り替えたい！	81

入力

Question >> 069	日本語かな入力で日本語を入力したい！	82
070	フリック入力がしたい！	82
071	日本語ローマ字入力で日本語を入力したい！	83
072	日本語入力で別のアプリを使いたい！	83
073	漢字に変換したい！	84
074	変換候補に目的の文字が見つからない！	84
075	変換候補の表示は消せる？	84
076	キーボードの位置を変更したい！	85
077	キーボードを分割したい！	85
078	キーボードの分割を解除したい！	86
079	キーボードが分割されないようにしたい！	86
080	文章をコピー&ペーストしたい！	87
081	文字を削除したい！	87
082	長い文章をまとめて選択したい！	88
083	目的の場所に文字を挿入したい！	88
084	「ば」「ぱ」「ゃ」「っ」などを入力したい！	89
085	アルファベットの大文字を入力したい！	89
086	大文字を連続で入力したい！	90

記号／顔文字／絵文字

Question >> 087	数字や記号を入力したい！	90
088	記号を全角で入力したい！	91
089	顔文字を入力したい！	91

Contents

090 絵文字を入力したい！ 92

応用

Question ≫ 091 間違って入力した英単語を修正したい！ 92
092 直前の入力操作をキャンセルしたい！ 93
093 よく使う単語をかんたんに入力したい！ 93
094 自作の顔文字を登録したい！ 94

音声入力

Question ≫ 095 音声で文章を入力できる？ 94
096 音声入力で改行したい！ 95
097 音声入力で句読点や「」（）を入力したい！ 95

便利技

Question ≫ 098 別の言語のキーボードを使いたい！ 96
099 必要ないキーボードを削除したい！ 96
100 大文字が勝手に入力されるのを止めたい！ 97
101 かんたんにピリオドとスペースを入力したい！ ...97
102 「.co.jp」や「.com」をかんたんに入力したい！ 98
103 キーボードの操作音が鳴らないようにしたい！ 98

第4章 インターネットとSafariの「こんなときどうする？」

Wi-Fi

Question ≫ 104 無線LANやWi-Fiって何？ 100
105 無線LANがないとインターネットができない？ ...100
106 無線LANを使うには何が必要？ 101
107 暗号化方式って何？ 101
108 通信速度って何？ 101
109 キャリア以外の公衆無線LANサービスを利用したい！ ...102
110 接続する無線LANを選びたい！ 103
111 「ネットワークを選択」画面に無線LANが出てこない！ ...103
112 毎回無線LANに接続する作業が必要なの？ 104
113 無線LAN接続を切断したい！ 104

Safari

Question ≫ 114 Safariって何？ 105
115 SafariでWebページを見たい！ 105
116 Webページの表示を拡大・縮小したい！ 106
117 前に見ていたWebページに戻りたい！ 106
118 表示しているWebページを更新したい！ 107

8

119	URL をすばやく入力したい！	107
120	Web ページの文章だけを読みたい！	108
121	リンク先を新規ページで開きたい！	108
122	別のページに移動したい！	109
123	新しくページを開きたい！	109
124	ページを閉じたい！	110
125	リンク先に移動せずにページを開きたい！	110
126	前の Web ページに一気に戻りたい！	110
127	以前見たページをもう一度見たい！	111
128	履歴を消したい！	111
129	Safari でパソコン版の Web ページを表示したい！	111
130	Web ページ内の文字を検索したい！	112
131	インターネットを検索したい！	112
132	開いているタブの中から目的のタブを検索したい！	113
133	検索結果をもっと絞り込みたい！	113
134	Web ページ内の単語の意味を調べたい！	113
135	検索エンジンを変更したい！	114

ブックマーク

Question >> 136	Web ページをブックマークに登録したい！	114
137	ブックマークに登録したページを表示するには？	114
138	ブックマークを並べ替えたい！	115
139	ブックマークを削除したい！	115
140	ブックマークを整理したい！	116
141	お気に入りバーって何？	117
142	よく開くブックマークをかんたんに開きたい！	117
143	ホーム画面のリンクを削除したい！	118
144	リンク先の URL をコピーしたい！	118

リーディングリスト

Question >> 145	リーディングリストって何？	118
146	リーディングリストに Web ページを登録したい！	119
147	リーディングリストの中の Web ページを見たい！	119
148	リーディングリストから Web ページを削除したい！	120

セキュリティ

Question >> 149	Cookie って何？	120
150	Cookie を削除したい！	121
151	セキュリティを強化したい！	121
152	子供がブラウザを使えないようにしたい！	122

便利技

| Question >> 153 | Flash で作成されたページが表示されない！ | 122 |
| 154 | Web ページの画像を保存したい！ | 123 |

155	Webページの画面をそのまま撮影したい！	123
156	スクリーンショット機能で撮影した画像はどこにあるの？	123
157	ユーザー名とパスワードを自動入力したい！	124
158	Safari以外のWebブラウザを使いたい！	124
159	閲覧履歴と検索履歴を消去したい！	124

第5章 メールと連絡先の「こんなときどうする？」

メール

Question »

160	iPadで使えるメールはどんなものがあるの？	126
161	データ通信契約番号って何？	127
162	Wi-Fi + Cellularモデルは電話やSMSができる？	127
163	Webメールのアカウントを設定したい！	128
164	PCメールのアカウントを設定したい！	129
165	Gmailを使いたい！	130
166	「データの取得方法」って何？	131
167	Gmailで不要なメールを整理したい！	132
168	アーカイブしたメールを見たい！	132
169	デフォルトのアカウントをGmailにしたい！	133
170	Gmailのもっと便利な機能をiPadで使いたい！	133
171	Gmailで迷惑メールを制限したい！	134
172	メールを送りたい！	134
173	どのメールアカウントで送信される？	134
174	送信したメールを確認したい！	135
175	メールボックスを作りたい！	135
176	メールボックスにメールを移動させたい！	136
177	メールボックスを整理したい！	136
178	メールでCcやBccを使いたい！	137
179	メールで署名を使いたい！	137
180	メールに写真を添付したい！	138
181	メールで写真の画像サイズを変更して添付したい！	138
182	送信メールの文字を太字や斜体にしたい！	138
183	写真や動画をすばやくメールに添付するには？	139
184	作成途中のメールを保存したい！	139
185	下書き保存したメールの続きを作成したい！	139
186	受信したメールを読みたい！	140
187	別のアカウントでメールを送信したい！	140
188	メールボックスの順番を変更したい！	141
189	不要になったメールアカウントを削除したい！	141

190	VIP リストって何？	142
191	VIP リストに追加したい！	142
192	重要なメールに目印を付けたい！	143
193	フラグを付けたメールだけを見たい！	143
194	一度開いたメールを未開封の状態にしたい！	143
195	目的のメールを検索したい！	144
196	メールを削除したい！	144
197	複数のメールをまとめて削除したい！	144
198	削除したメールをもとに戻せる？	145
199	複数のメールをまとめて既読にしたい！	145
200	スレッドでまとめられたメールを読みたい！	145
201	フラグのデザインを変更したい！	146
202	メール一覧で内容を確認できるようにしたい！	146
203	メールをカレンダーに登録したい！	147
204	添付された画像ファイルを保存したい！	147
205	メールに返信したい！	147
206	メールを転送したい！	148
207	メールの引用マークの数を調整したい！	148
208	メールを宛先アドレス全員に返信したい！	149
209	受信メールから連絡先に登録したい！	149
210	自動的に画像を読み込まないようにしたい！	150
211	連絡先を Gmail と同期したい！	150

連絡先

Question ≫ 212	連絡先を作成したい！	151
213	連絡先を編集したい！	152
214	連絡先に項目を追加したい！	152
215	連絡先に写真を表示したい！	152
216	連絡先を検索したい！	153
217	連絡先からメールを作成したい！	153
218	連絡先をメールで送信したい！	153

メッセージ

Question ≫ 219	メッセージとメールの違いは？	154
220	iMessage って何？	154
221	iMessage を利用したい！	155
222	新しいメッセージを送りたい！	156
223	複数の人に同時にメッセージを送りたい！	157
224	相手がメッセージを見たかどうか知りたい！	157
225	メッセージに写真を添付したい！	158
226	複数の写真やビデオをかんたんに送りたい！	158
227	受信したメッセージを表示したい！	159
228	画面ロック中にメッセージを受信するとどうなる？	159

229	iMessageで現在地や音声を送りたい！	160
230	メッセージの吹き出しにエフェクトを付けたい！	161
231	メッセージにスクリーン効果を付けたい！	161
232	手書きのメッセージを送りたい！	162
233	メッセージにリアクションを送りたい！	162
234	メッセージに添付された写真を保存したい！	163
235	メッセージに返信したい！	163
236	相手がメッセージを入力中かどうかってわかる？	163
237	メッセージを転送したい！	164
238	メッセージを削除したい！	164
239	メッセージの相手を連絡先に追加したい！	165
240	メッセージ機能をオフにしたい！	165
241	メッセージの着信音を変更したい！	166
242	連絡先別にメッセージの着信音を設定したい！	166
243	メッセージを検索したい！	166

第6章　音楽や写真・動画の「こんなときどうする？」

写真

Question »			
	244	iPadで写真を撮りたい！	168
	245	iPadの2つのカメラの違いは？	168
	246	ピントや露出を合わせたい！	169
	247	ズームして写真を撮りたい！	169
	248	セルフタイマーは使える？	169
	249	ピントや露出は固定できる？	169
	250	AE／AFロックを解除したい！	170
	251	撮影時にガイドラインを表示したい！	170
	252	写真に位置情報を付加したい！	170
	253	ロック画面からすぐにカメラを起動したい！	171
	254	タイムラプスビデオを利用したい！	171
	255	撮影した写真の明るさを調整したい！	171
	256	撮った写真をすぐ見たい！	172
	257	撮った写真を拡大して見たい！	172
	258	撮った写真をあとで閲覧したい！	172
	259	Live Photosを無効にしたい！	173
	260	スライドショーって何？	174
	261	iPadをデジタルフォトフレームにしたい！	174
	262	スライドショーの画面効果を変更したい！	175
	263	スライドショーの再生中に音楽を流したい！	175

264	写真を削除したい！	176
265	写真をまとめて削除したい！	176
266	削除した写真はもとに戻せる？	176
267	複数の写真をまとめてメールで送りたい！	177
268	撮った写真を壁紙に設定したい！	178
269	iPad のカメラで撮影した写真だけを見たい！	179
270	撮った写真を直接印刷したい！	179
271	撮影した写真は編集できる？	179
272	写真をスムーズに閲覧したい！	180
273	連続写真を撮影したい！	181
274	写真にフィルタをかけたい！	181
275	写真に手書き文字やテキストを入れたい！	182
276	写真を回転させたい！	183
277	写真をトリミングしたい！	183
278	写真を補正したい！	184
279	編集をキャンセルしたい！	185
280	編集後の写真をもとに戻したい！	185
281	マイフォトストリームって何？	186
282	マイフォトストリームに保存できる写真枚数の制限は？	186
283	マイフォトストリームを無効にしたい！	186
284	マイフォトストリームの写真を削除したい！	187
285	マイフォトストリームの写真を保存したい！	187
286	新しいアルバムを作りたい！	188
287	アルバムに写真を移したい！	188
288	アルバムの名前を変更したい！	189
289	アルバムを削除したい！	189
290	アルバムの順番を変更したい！	190
291	写真の撮影場所を知りたい！	190
292	撮影地に写真が表示されない！	191
293	写真の位置情報は削除できる？	191
294	自分の写真を撮影したい！	192
295	FaceTime HD カメラでズームはできる？	192
296	FaceTime HD カメラで利用できる機能は？	192
297	Photo Booth って何？	193
298	Photo Booth でカメラを切り替えたい！	194
299	Photo Booth で効果を使ってみたい！	194
300	デジカメの写真を iPad に取り込みたい！	195
301	取り込める写真に制限はあるの？	195
302	取り込んだ写真はどこに保存される？	196

動画

Question >>	303	iPad で動画を撮影したい！	196
	304	動画で利用できない機能は？	197

305 FaceTime HD カメラでも動画は撮影できる？ ················ 197

306 動画のファイルサイズはどれぐらい？ ····················· 198

307 撮影中にピント位置を変更できる？ ······················ 198

308 撮影した動画をすぐに再生したい！ ······················ 199

309 撮影した動画をあとで再生したい！ ······················ 199

310 動画を削除したい！ ···································· 199

311 動画をトリミングしたい！ ······························ 200

312 iPad の動画や写真をパソコンに取り込みたい！ ············· 201

313 パソコンの動画を iPad に取り込みたい！ ·················· 202

314 パソコンの写真を iPad に取り込みたい！ ·················· 203

315 パソコンから取り込んだ写真・動画を閲覧したい！ ·········· 203

音楽

Question ≫ 316 音楽 CD を iPad に取り込みたい！ ······················· 204

317 すべての音楽 CD が取り込めるの？ ······················ 204

318 DVD も取り込める？ ··································· 204

319 好きな音楽やアルバムだけ取り込みたい！ ················· 205

320 パソコンの iTunes で取り込んだ曲が同期されない！ ········· 205

321 取り込んだ音楽を再生したい！ ·························· 205

322 取り込んだ曲を削除したい！ ···························· 206

323 曲ごとの音量をそろえたい！ ···························· 206

324 イヤホンやヘッドフォンで音楽を聴きたい！ ··············· 206

325 曲を早送りしたい！ ···································· 206

326 お気に入りの曲を好きな順番で再生したい！ ··············· 207

327 アルバムジャケットを表示したい！ ······················ 208

328 プレイリストを編集したい！ ···························· 208

329 曲を好みの音質に変えたい！ ···························· 209

330 Genius って何？ ······································ 209

331 Genius プレイリストを有効にしたい！ ···················· 210

332 ランダム再生やリピート再生は使えないの？ ··············· 211

333 曲を検索したい！ ····································· 211

334 曲をアーティスト順に表示したい！ ······················ 211

335 音楽を聞きながら Web ページが見たい！ ·················· 212

336 ロックを解除せずに再生中の曲を操作できる？ ············· 212

337 Apple Music を利用したい！ ···························· 213

338 Apple Music で曲を探したい！ ·························· 214

339 電波の届かないところでも曲を聴きたい！ ················· 214

340 聴いている曲の歌詞が見たい！ ·························· 215

341 Apple Music を退会したい！ ···························· 215

iTunes Store

Question ≫ 342 iTunes Store で試聴したい！ ···························· 216

343 iTunes Store で曲を購入したい！ ························ 216

344	iTunes Store で映画をレンタルしたい！	217
345	iTunes カードをかんたんに登録したい！	218
346	iTunes Store で曲名やアーティストで検索したい！	219

便利技

Question ≫		
347	Podcast って何？	219
348	ホームシェアリングって何？	220
349	オーディオブックって何？	222
350	iPad でワンセグは見られる？	222
351	iPad でハイレゾ音源は再生できる？	222
352	iPad から音が出ない！	222

第7章 アプリの「こんなときどうする？」

アプリ

Question ≫		
353	アプリはどこで探せばいいの？	224
354	App Store って何？	224
355	アプリにはどんな種類があるの？	225
356	アプリのインストールに必要なものは？	225
357	有料アプリの支払方法は？	226
358	App Store 以外からアプリをインストールできる？	226
359	iPad にアプリをインストールしたい！	226
360	App Store で目的のアプリが見つからない！	227
361	アプリの評判を確認したい！	227
362	気になったアプリをあとでインストールしたい！	228
363	無料になったアプリを利用したい！	229
364	アプリを削除したい！	230
365	アプリを間違って削除してしまった！	230
366	アプリをバックアップするには？	231
367	ソフトウェアのバージョンって何？	231
368	アップデートがあると表示されるんだけど……？	231
369	アプリのレビューを書きたい！	232
370	アプリは iPad ごとに購入しなきゃいけないの？	232
371	アカウントが同じなら iPhone で購入したアプリも使える？	233
372	利用しているアカウントを切り替えたい！	233
373	有料アプリをプレゼントしたい！	234
374	アプリを友達に教えたい！	234
375	アドオンって何？	235
376	アプリ内課金って何？	235

15

リマインダー

Question »
- **377** リマインダーって何？ ……………………………………… 235
- **378** ToDo の期限を設定したい！ …………………………… 236
- **379** ToDo に優先順位やリストを設定したい！ …………… 236
- **380** ToDo が完了したらどうすればいいの？ ……………… 236
- **381** 通知日を設定した ToDo を確認したい！ ……………… 237
- **382** 終わった ToDo を削除したい！ ………………………… 237
- **383** リマインダーに ToDo リストを追加したい！ ……… 237
- **384** ToDo を別のリストに移動したい！ …………………… 237

カレンダー

Question »
- **385** カレンダーに予定を作成したい！ ……………………… 238
- **386** カレンダーに終日イベントを作成したい！ …………… 238
- **387** 繰り返しの予定を設定したい！ ………………………… 238
- **388** イベントの出席者に案内メールを出したい！ ………… 239
- **389** 出席依頼がきたらどうする？ …………………………… 239
- **390** 予定の通知を設定したい！ ……………………………… 240
- **391** カレンダー表示を切り替えたい！ ……………………… 240
- **392** 作成した予定を編集したい！ …………………………… 240
- **393** 日本の祝日を設定したい！ ……………………………… 241
- **394** オリジナルの祝日は設定できる？ ……………………… 241
- **395** 新しいカレンダーを追加したい！ ……………………… 241
- **396** カレンダーと Google カレンダーを同期したい！ …… 242
- **397** カレンダーの色を変更したい！ ………………………… 242
- **398** 友人の誕生日だけをカレンダーに表示したい！ ……… 242
- **399** カレンダーを削除したい！ ……………………………… 243
- **400** カレンダーを削除するとどうなる？ …………………… 243

マップ

Question »
- **401** マップで現在位置を確認したい！ ……………………… 244
- **402** マップで目的地をすばやく表示したい！ ……………… 244
- **403** マップで周辺の建物を確認したい！ …………………… 245
- **404** マップの表示方法を変更したい！ ……………………… 245
- **405** マップを 3D で表示したい！ …………………………… 245
- **406** マップでルート検索をしたい！ ………………………… 246
- **407** 移動手段を変更したい！ ………………………………… 246
- **408** 経路の詳細を表示したい！ ……………………………… 246
- **409** よく行く場所をマップに登録したい！ ………………… 247
- **410** Google マップを使いたい！ …………………………… 247

その他のアプリ

Question »
- **411** iPad で電子書籍を読みたい！ ………………………… 248
- **412** 購入した電子書籍を本棚から削除したい！ …………… 248

413 Apple Pay って何？ 249
414 iPad で Apple Pay を利用したい！ 249
415 iPad でアラームは設定できる？ 250
416 タイマー機能は利用できる？ 250
417 音声メモを取りたい！ 250
418 電卓機能を使いたい！ 250

LINE

Question ≫ 419 iPad で LINE は使えないの？ 251

Facebook

Question ≫ 420 iPad で Facebook を楽しみたい！ 251
421 Facebook アプリを利用したい！ 252
422 Facebook に投稿したい！ 252
423 Facebook の投稿に「いいね！」したい！ 253
424 Facebook の投稿にコメントしたい！ 253
425 Facebook のプロフィール写真を撮りたい！ 254
426 Facebook に写真を投稿したい！ 254
427 Web ページを Facebook でシェアしたい！ 255
428 閲覧中の写真を Facebook に投稿したい！ 255

Twitter

Question ≫ 429 Twitter（ツイッター）を利用したい！ 256
430 Twitter アプリで最初にすることは？ 257
431 Twitter にツイートを投稿したい！ 257
432 ツイートに対して返信したい！ 258
433 Twitter に写真を投稿したい！ 258
434 Web ページの内容をツイートしたい！ 259
435 閲覧している写真をツイートしたい！ 259

FaceTime

Question ≫ 436 FaceTime でビデオ通話をするには？ 260
437 FaceTime でビデオ通話をしたい！ 260
438 連絡先から FaceTime のビデオ通話を発信したい！ 261
439 ビデオ通話中にほかのアプリを利用したい！ 261
440 かかってきたビデオ通話に応答したい！ 261
441 FaceTime の不在着信を確認したい！ 262
442 FaceTime を使いたくない！ 262
443 FaceTime で 音声通話したい！ 262
444 FaceTime のより細かい操作方法を教えて！ 263
445 出られないときにテキストメッセージを送りたい！ 263
446 自分の画像の位置を変えたい！ 264

Contents

17

メモ

Question » 447 新しいメモを追加したい！ ……………………………………………… 264
448 メモを編集したい！ ……………………………………………………………… 264
449 メモを削除したい！ ……………………………………………………………… 264
450 チェックボックスを利用したい！ …………………………………………… 265
451 手書きメモを利用したい！ …………………………………………………… 265
452 メモに罫線を追加したい！ …………………………………………………… 265
453 メモを検索したい！ ……………………………………………………………… 265
454 メモを Gmail のメモと同期したい！ ……………………………………… 266
455 同期したメモはどこから確認できる？ …………………………………… 266

Siri

Question » 456 Siri ってどんなことができるの？ …………………………………… 267
457 近くのレストランを Siri で探したい！ …………………………………… 267
458 Siri でメッセージを送信したい！ …………………………………………… 267
459 話しかけるだけで Siri を起動したい！ …………………………………… 267

GPS

Question » 460 GPS で何ができる？ ……………………………………………………… 268
461 GPS をオンにしたい！ ………………………………………………………… 268

AirPlay ／ AppleTV

Question » 462 AirPlay って何？ ………………………………………………………… 269
463 Apple TV って何？ ……………………………………………………………… 269

おすすめアプリ

Question » 464 iPad でいろいろなファイルを閲覧したい！ …………………… 270
465 Word や Excel、PDF ファイルを保存・管理したい！ …………………… 270

第8章 使いこなしの「こんなときどうする?」

保存／編集

Question » 466 連絡先をパソコンと同期したい！ ………………………………… 272
467 ブックマークをパソコンと同期したい！ ………………………………… 272
468 パソコンと自動的に同期しないようにしたい！ ……………………… 273
469 iTunes にバックアップしたい！ ……………………………………………… 273
470 新しいパソコンに音楽やアプリを移したい！ ………………………… 274

ユーティリティ

Question » 471 アプリの自動更新を止めたい！ ………………………………………… 274
472 Dock のアプリを変更したい！ ……………………………………………… 275

473 アプリが動かなくなった！ ⋯⋯⋯⋯⋯⋯⋯⋯⋯⋯⋯ 275

474 電源が入らなくなった！ ⋯⋯⋯⋯⋯⋯⋯⋯⋯⋯⋯ 275

475 コントロールセンターって何？ ⋯⋯⋯⋯⋯⋯⋯⋯ 276

476 コントロールセンターの設定を変更したい！ ⋯⋯ 277

477 バックアップから復元したい！ ⋯⋯⋯⋯⋯⋯⋯⋯ 278

478 音楽の再生・停止をかんたんにしたい！ ⋯⋯⋯⋯ 278

479 バッテリーの使用状況を確認したい！ ⋯⋯⋯⋯⋯ 279

480 バッテリーを長持ちさせたい！ ⋯⋯⋯⋯⋯⋯⋯⋯ 279

481 iPad でファイル名に使えない文字はあるの？ ⋯⋯ 279

482 アプリが見つからないときは？ ⋯⋯⋯⋯⋯⋯⋯⋯ 280

483 iPad で見られないファイルがあるんだけど？ ⋯⋯ 280

484 ファイルを間違えて捨ててしまったら？ ⋯⋯⋯⋯ 280

485 デバイス名って何？ ⋯⋯⋯⋯⋯⋯⋯⋯⋯⋯⋯⋯⋯ 281

486 デバイス名を変更したい！ ⋯⋯⋯⋯⋯⋯⋯⋯⋯⋯ 281

アクセシビリティ

Question ≫ 487 アクセシビリティって何？ ⋯⋯⋯⋯⋯⋯⋯⋯⋯⋯ 282

488 画面の項目を読み上げてほしい！ ⋯⋯⋯⋯⋯⋯⋯ 282

489 画面表示を拡大したい！ ⋯⋯⋯⋯⋯⋯⋯⋯⋯⋯⋯ 283

490 文字を太くしたい！ ⋯⋯⋯⋯⋯⋯⋯⋯⋯⋯⋯⋯⋯ 283

491 画面の色を反転したい！ ⋯⋯⋯⋯⋯⋯⋯⋯⋯⋯⋯ 283

492 選択した文章を読み上げてほしい！ ⋯⋯⋯⋯⋯⋯ 283

493 画面タッチですべて操作したい！ ⋯⋯⋯⋯⋯⋯⋯ 284

セキュリティ

Question ≫ 494 iPad にパスコードを設定したい！ ⋯⋯⋯⋯⋯⋯⋯ 285

495 もっと強力なパスコードにしたい！ ⋯⋯⋯⋯⋯⋯ 285

496 パスコードの設定を変更したい！ ⋯⋯⋯⋯⋯⋯⋯ 285

497 指紋でロックを解除したい！ ⋯⋯⋯⋯⋯⋯⋯⋯⋯ 286

498 機能制限って何？ ⋯⋯⋯⋯⋯⋯⋯⋯⋯⋯⋯⋯⋯⋯ 288

499 2 ファクタ認証を利用したい！ ⋯⋯⋯⋯⋯⋯⋯⋯ 288

リセット

Question ≫ 500 iPad がフリーズしてしまった！ ⋯⋯⋯⋯⋯⋯⋯⋯ 289

501 iPad の調子が悪いので前の状態に戻したい！ ⋯⋯ 289

502 iPad は自分でリセットできる？ ⋯⋯⋯⋯⋯⋯⋯⋯ 290

503 リセットと復元の違いは何？ ⋯⋯⋯⋯⋯⋯⋯⋯⋯ 290

504 iPad を出荷時の状態に戻したい！ ⋯⋯⋯⋯⋯⋯⋯ 290

AirDrop

Question ≫ 505 AirDrop って何？ ⋯⋯⋯⋯⋯⋯⋯⋯⋯⋯⋯⋯⋯⋯ 291

506 AirDrop で連絡先を共有したい！ ⋯⋯⋯⋯⋯⋯⋯ 291

507 AirDrop で写真を共有したい！ ⋯⋯⋯⋯⋯⋯⋯⋯ 292

508 AirDrop で Safari やメモを共有したい！ ⋯⋯⋯⋯ 292

デバイス連携

Question ≫	509 Bluetooth って何？	293
	510 Bluetooth のヘッドセットを使いたい！	293
	511 Bluetooth の接続を解除したい！	294
	512 Web ページや写真を印刷したい！	294
	513 iPad のデータをプリンタなしで印刷したい！	294
	514 テザリングを利用したい！	295
	515 iPad でキーボードを使いたい！	295

修理／機種変更

Question ≫	516 iPad を修理に出したい！	296
	517 iPad を買い換えるときはどうする？	296
	518 iPad を捨てるにはどうしたらいいの？	296

第9章 iCloudの「こんなときどうする?」

iCloud とは

Question ≫	519 iCloud って何？	298
	520 iCloud の利用に必要なものは何？	298
	521 iCloud を使いたい！	299
	522 必要な項目だけを同期したい！	299
	523 iCloud.com って何？	300

iCloud メール

Question ≫	524 iCloud メールを使いたい！	300
	525 iCloud メールを整理したい！	301
	526 iCloud メールを自動振り分けしたい！	301
	527 iCloud メールを自動で転送したい！	301
	528 iCloud メールの詳細を設定したい！	302

Windows 用 iCloud

| Question ≫ | 529 Windows 用 iCloud をインストールしたい！ | 302 |
| | 530 パソコンの iCloud を有効にしたい！ | 303 |

マイフォトストリーム

Question ≫	531 マイフォトストリームで写真を iCloud に自動で保存したい！	303
	532 マイフォトストリームの画像はパソコンのどこに転送される？	304
	533 マイフォトストリームの転送先を変更したい！	304
	534 マイフォトストリームの画像が転送されない！	304
	535 マイフォトストリームの写真を利用したい！	305
	536 マイフォトストリームの写真を共有するには？	305

ファミリー共有

Question >> **537** iPad や iPhone を家族で使いたい！ ······ 306

538 購入したコンテンツを共有したい！ ······ 307

539 写真やカレンダーを共有したい！ ······ 307

540 お互いの現在地を知りたい！ ······ 308

541 未成年のコンテンツ購入を承認制にしたい！ ······ 308

iCloud Drive

Question >> **542** iCloud Drive で何ができるの？ ······ 309

543 iCloud Drive では何が同期できるの？ ······ 310

メモ

Question >> **544** メモを同期したい！ ······ 310

545 パソコンからメモを確認したい！ ······ 310

iCloud アカウント

Question >> **546** 設定した iCloud アカウントは変更できないの？ ······ 311

547 支払情報を変更するにはどうしたらいい？ ······ 311

548 アプリや音楽を自動でダウンロードしたい！ ······ 311

連絡先／カレンダー／ブックマーク

Question >> **549** カレンダーを共有したい！ ······ 312

550 カレンダーの共有を停止したい！ ······ 312

551 公開カレンダーって何？ ······ 312

552 IE と iPad のブックマークを同期したい！ ······ 312

iPad を探す

Question >> **553** 失くした iPad を探したい！ ······ 313

554 失くした iPad で音を鳴らしたい！ ······ 313

555 失くした iPad にロックをかけたい！ ······ 313

位置／容量／バックアップ

Question >> **556** バックアップから復元したい！ ······ 314

557 バックアップを削除したい！ ······ 314

558 あとどのくらい iCloud の容量は残っている？ ······ 314

559 iCloud の容量を増やしたい！ ······ 315

560 iCloud を無効にしたい！ ······ 315

561 iCloud との連携を解除したい！ ······ 315

索　引 ······ 316

Contents

ご注意：ご購入・ご利用の前に必ずお読みください

● 本書に記載された内容は、情報提供のみを目的としています。したがって、本書を用いた運用は、必ずお客様自身の責任と判断によって行ってください。これらの情報の運用の結果について、技術評論社および著者はいかなる責任も負いません。

● ソフトウェアに関する記述は、特に断りのないかぎり、2017年11月現在での最新バージョンをもとにしています。ソフトウェアはバージョンアップされる場合があり、本書の説明とは機能内容や画面図などが異なってしまうこともあり得ます。あらかじめご了承ください。

● インターネットの情報については、URLや画面などが変更されている可能性があります。ご注意ください。

● 本書記載の金額や料金は特に断りのないかぎり、2017年11月現在の消費税8％での税込表記です。

● 本書は以下の環境で動作を確認しています。ご利用時には、一部内容が異なることがあります。あらかじめご了承ください。
端末：iPad Pro（iOS 11.0.3）
パソコンのOS：Windows 10
iTunes：12.7

以上の注意事項をご承諾いただいた上で、本書をご利用願います。これらの注意事項をお読みいただかずに、お問い合わせいただいても、技術評論社および著者は対処しかねます。あらかじめご承知おきください。

■本書に掲載した会社名、プログラム名、システム名などは、米国およびその他の国における登録商標または商標です。本文中では ™、® マークは明記していません。

第 **0** 章

iOS 11の
「新機能を使いたい!」

001 >>> 004	**iOS 11**
005 >>> 007	**Dock**
008	**ドラッグ&ドロップ**
009	**メモ**
010 >>> 011	**コントロールセンター**
012 >>> 013	**ロック画面**
014	**メッセージ**
015 >>> 017	**写真**
018 >>> 019	**ファイル**
020	**記号**
021 >>> 022	**Apple Pencil**

001 » iOS 11って何?

A iPadに搭載されているOSの最新版です。iOS 10 以前のバージョンからのアップデートも可能です。

パソコンやスマートフォン、携帯電話には、システム全体を管理するOS(オペレーティングシステム)という基本ソフトが搭載されています。代表的なOSには、WindowsやMacのmacOS Sierraなどがあります。iOSとは、Appleが開発した、iPhone、iPod touch、iPad向けのOSです。このiOSの最新版が、2017年秋にリリースされたiOS 11.0です。最新のiOSではホーム画面のDockに最近開いたアプリが3つまで表示されるようになったほか、App Storeのデザインが大幅に刷新されたり、コントロールセンターとアプリ切り替えが同じ画面に集約されたりと、多くの面で操作性が向上しています。iOS 11は、iPad mini 2以降のiPadに対応しており、アップデート(Q.368参照)により利用できます。

Dockには固定アプリのほか、最近使ったアプリが3つまで表示されます。

コントロールセンターとアプリ履歴の画面が1つになり、アプリの切り替えとWi-FiやBluetoothなどの機能切り替えが同じ画面で行えます。

iOS バージョンの比較

バージョン	リリース	主な新機能・変更点
iOS 11.0	2017年 9月20日	・コントロールセンターのデザイン変更、機能の拡充 ・Dockの機能の拡充など
iOS 10.0	2016年 9月18日	・<マップ>アプリのデザインの大幅な変更、機能の拡充 ・<ホーム>アプリの追加 ・<メッセージ>アプリの機能の拡充
iOS 9.0	2015年 9月17日	・<メモ>アプリの機能の拡充 ・「低電力モード」の追加 ・Siri、Spotlight検索の強化 ・<iCloud Drive>アプリの追加など

002 » iOSのバージョンを確認したい!

A <設定>アプリの<情報>をタップすると確認できます。

自分が使っているiPadに搭載されているiOSのバージョンがよくわからない、最新版を使っているのかどうか確認したいという場合は、<設定>アプリでバージョンを確認してみましょう。

1 ホーム画面で<設定>をタップし、

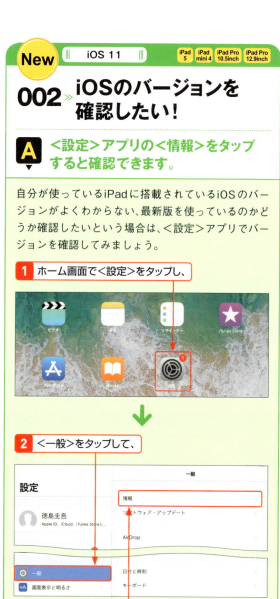

2 <一般>をタップして、

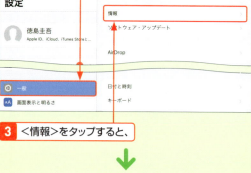

3 <情報>をタップすると、

4 「バージョン」でiOSのバージョンを確認できます。

New 003 » 古いiPadでは新しい機能は使えないの？

A iOS 11にアップデートすれば新しい機能を使えます。

iPad（第4世代）やiPad miniであっても、OSをiOS 11にアップデートすることで最新の機能を利用できるようになります（New.004参照）。たとえば＜メッセージ＞アプリでは連携アプリが表示され、ステッカーや音楽を送信できます。ただし機種によっては、iOS 11にアップデートしても、一部使えない機能があります。

iPad miniでもiOS 11にアップデートすれば、＜メッセージ＞アプリの下部に連携アプリが表示されます。

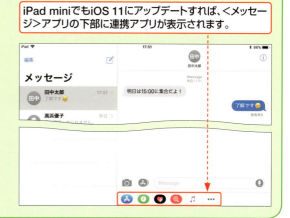

New 004 » iOS 11にバージョンアップしたい！

A 無線LANまたはiTunesを経由してアップデートします。

iOS 9.0や10.0を搭載しているiPadでは、無線LAN経由（Q.104〜113参照）でiOS 11にアップデートできます。＜設定＞→＜一般＞→＜ソフトウェア・アップデート＞をタップし、手順に従ってアップデートします。iTunesを経由する場合、パソコンにiPadを接続するとアップデートに関するウィンドウが表示されるので、＜ダウンロードして更新＞をクリックします。ウィンドウが表示されない場合は、画面左上の□をクリックしてiPadに接続し、画面上部の＜概要＞→＜更新を確認＞をクリックして、アップデートの確認をしましょう。なお、アップデートには数十分ぐらいかかる場合もあります。念のためバックアップ（Q.469、Q.501参照）をとってから、時間に余裕のあるときに更新するようにしましょう。

無線LAN経由でアップデートする

1 Q.104〜113を参考に無線LANに接続し、ホーム画面から＜設定＞をタップします。

2 ＜一般＞→＜ソフトウェア・アップデート＞をタップして、

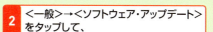

3 今すぐ＜インストール＞をタップします。

4 ＜同意する＞→＜同意する＞をタップすると、アップデートが開始されます。

New 005 » アプリ起動中にDockを表示したい！

Dock | iPad 5 | iPad mini 4 | iPad Pro 10.5inch | iPad Pro 12.9inch

A 画面下部を上方向にスワイプします。

iOS 11では、アプリの起動中に画面の下部を上方向にスワイプすることで、アプリを起動したままDockを表示できるようになりました。Dockのアプリをタップすると、そのアプリが起動します。

1 アプリの起動中に、画面下部を上方向にスワイプします。

2 Dockが表示されます。アプリのアイコンをタップすると、

3 タップしたアプリに切り替わります。

New 006 » Dockにアイコンが勝手に追加されるけど？

Dock | iPad 5 | iPad mini 4 | iPad Pro 10.5inch | iPad Pro 12.9inch

A 最近利用したアプリがDockに表示されます。

iOS 11のDockには、固定された5つのアプリのほかに、最近使用したアプリのアイコンが表示されるようになりました。初期状態では、固定されたアプリのみが表示されていますが、アプリを起動すると、そのアプリのアイコンがDockの右側に追加されます。最近利用したアプリのアイコンは3つまで表示され、それ以降は自動的に古いアイコンが新しいアイコンに置き換わっていきます。

1 任意のアプリをタップします。

2 アプリが起動します。

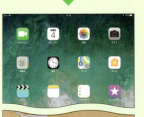

3 ホーム画面に戻ると、起動したアプリのアイコンがDockの右側に表示されています。

| | Dock | | iPad 5 | iPad mini 4 | iPad Pro 10.5inch | iPad Pro 12.9inch |

iOS 11

007 » Safariを使用中にメッセージを確認したい!

A　Dockのアプリをタッチ→ドラッグで、画面を分割表示します。

iOS 11では、アプリの起動中にDockを表示(New.005参照)して、アプリのアイコンをロングタッチ→ドラッグすることで、画面を分割表示して複数のアプリを同時に利用することができます。この機能のことを、「Split View」といいます。また、Split Viewの状態で━を下方向にドラッグすると、アプリの上にもう1つのアプリを表示させる「Slide Over」機能が利用できます。

Split View で同時にアプリを使用する

1　アプリの起動中にDockを表示して、同時に利用したいアプリのアイコンをタッチします。

2　そのまま画面の左端または右端へドラッグします。

3　画面がこのような状態になったら、指を離します。

4　画面が分割され、2つのアプリが表示されます。両方のアプリを同時に操作することができます。

━を左右にドラッグすると、表示幅を調整することができます。両端までドラッグスすると、一方のアプリが終了します。

Slide Over でほかのアプリを起動する

1　手順4の画面で━を下方向にドラッグします。

2　アプリがもう一方のアプリの上に表示されます。━を左右にスワイプして、位置を移動することも可能です。

iOS 11 | New | ドラッグ&ドロップ |

008 » ドラッグ&ドロップで写真やファイルを利用したい！

 Split ViewやSlide Overで2つのアプリを同時に表示します。

「Split View」機能を利用すれば、＜写真＞アプリから＜メモ＞アプリや＜メール＞アプリへ、ドラッグ＆ドロップでかんたんに写真やテキストなどを貼り付けることができます。貼り付けたい写真が保存されているアルバムを表示し、画面下端を上方向にスワイプしてDockを表示したら、貼り付けたいアプリをタッチして上にドラッグします。Split Viewで2つのアプリを同時に利用できるので、貼り付けたい写真をタッチしてドラッグ＆ドロップすれば、メモやメールに写真が添付されます。

1 ＜写真＞アプリで貼り付けたい写真の入っているアルバムを表示します。

2 画面下端を上方向にスワイプします。

3 Dockが表示されるので、写真を貼り付けたいアプリ（ここでは＜メモ＞）をタッチして、

4 上方向にドラッグします。

5 この状態で指を離します（Slide Over）。

6 画面の右側または左側にアプリが表示されるので、新規メモの作成画面を表示して、

7 貼り付けたい写真をタッチして、メモの作成画面にドラッグします。

8 メモに写真が添付されました。

New | メモ | iPad 5 / iPad mini 4 / iPad Pro 10.5inch / iPad Pro 12.9inch

009 » 書類をスキャンして保存したい！

 ＜メモ＞アプリで＜書類をスキャン＞を選択します。

iOS 11の＜メモ＞アプリでは、文書をカメラで撮影してスキャンすることで、そのままメモに保存しておけるようになりました。Q.448を参考にメモの作成画面を表示して、⊕をタップし、＜書類をスキャン＞をタップします。なお、この機能で保存した書類の文字も検索することができます。

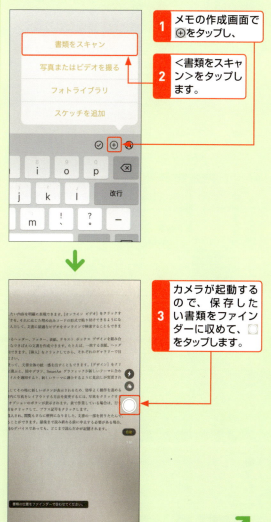

1 メモの作成画面で⊕をタップし、
2 ＜書類をスキャン＞をタップします。
3 カメラが起動するので、保存したい書類をファインダーに収めて、○をタップします。

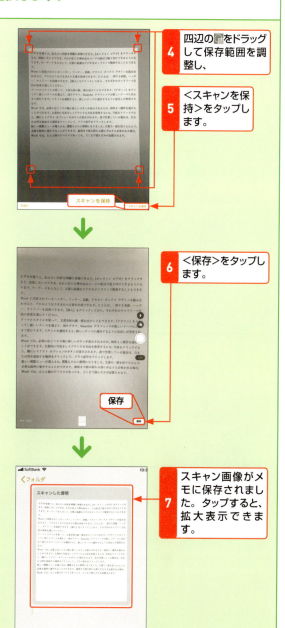

4 四辺の○をドラッグして保存範囲を調整し、
5 ＜スキャンを保持＞をタップします。
6 ＜保存＞をタップします。
7 スキャン画像がメモに保存されました。タップすると、拡大表示できます。

New 010 » コントロールセンターの表示方法は？

A 画面の下端を上方向にスワイプするか、ホームボタンを2回タップします。

iOS 11では、コントロールセンターの機能と表示方法が大きく変わりました。まず、今までは別々の画面だったコントロールセンターとアプリの切り替え画面が統合されたことで、アプリの切り替え（New.011参照）とWi-Fiやおやすみモードなどのオン／オフの切り替えが、同じ画面から行えるようになりました。また、画面の下端を上方向にスワイプする方法でも、ホームボタンを2回タップする方法でも、コントロールセンターを表示することができます。

1 Dock表示中に、画面の下端を上方向にスワイプします。

2 コントロールセンターが表示されます。

New 011 » アプリを切り替えるには？

A コントロールセンターまたはDockから、アプリをタップします。

アプリを起動した状態で別のアプリに切り替えたい場合は、コントロールセンター（New.010参照）またはDock（New.005参照）を表示して、切り替えたいアプリのアイコンをタップします。

1 New.010を参考にコントロールセンターを表示して、画面を右方向にスワイプします。

2 起動中のアプリが表示されるので、切り替えたいアプリをタップします。

3 タップしたアプリに切り替わります。

New | ロック画面 | iPad 5 / iPad mini 4 / iPad Pro 10.5inch / iPad Pro 12.9inch

012 » 通知を確認するには？

A iPad利用中にロック画面を表示します。

iOS 11では、ロック画面と通知センターが共通化され、「ロック画面」となりました。iPadを利用中に上端を下方向にスワイプすると、ロック画面が表示され、通知を一覧で確認することができます。通知をタップすると、アプリが起動します。なお、ロック画面を右方向にスワイプすると、ウィジェット画面が表示され、左方向にスワイプすると、＜カメラ＞アプリが起動します。

1 ホーム画面やアプリの起動中に、画面の上端を下方向にスワイプします。

2 ロック画面が表示され、iPadに届いている通知を確認できます。

3 通知をタップすると、

4 アプリが起動します。

New | ロック画面 | iPad 5 / iPad mini 4 / iPad Pro 10.5inch / iPad Pro 12.9inch

013 » ロックを解除しないで通知を確認するには？

A ロック画面を上方向にスワイプします。

スリープ中にスリープ／スリープ解除ボタンを押すと、ロック画面が表示されます。このロック画面を上方向にスワイプすると、通知を確認することができます。通知をタップまたは、右方向にスワイプするとアプリの起動（セキュリティ解除が必要）、左方向にスワイプすると、通知の消去や通知内容の表示をすることができます。また、ロック画面を右方向にスワイプすると「今日」が表示され、左方向にスワイプするとカメラが起動します。

1 ロック画面を表示中に、画面を上方向にスワイプします。

2 通知が表示されます。通知をタップまたは右方向にスワイプすると、アプリが起動します。通知を左方向にスワイプします。

3 ＜消去＞をタップすると、通知を消去できます。

 メッセージ

014 » iPhoneとメッセージを同期したい！

 iPhoneと同じApple IDでサインインし、iPhone側でiMessageの設定を行います。

iOS 11では、同じApple IDで利用している端末同士では、iMessageの送受信が同期されるようになりました。iMessage をiPhoneと同期させたい場合は、iPhoneで＜設定＞→＜メッセージ＞→＜送受信＞の順にタップして、＜iMessageにApple IDを使用＞をタップします。Apple IDのパスワードを入力して＜サインイン＞をタップすると、同じApple IDでサインインしているiPadの画面に、「＋81 ○○（電話番号）を〜追加しますか？」と表示されるので、＜はい＞→＜OK＞の順にタップすると、iMessageがiPhoneとiPadで同期されるようになります。

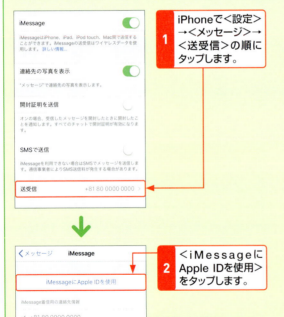

1 iPhoneで＜設定＞→＜メッセージ＞→＜送受信＞の順にタップします。

2 ＜iMessageにApple IDを使用＞をタップします。

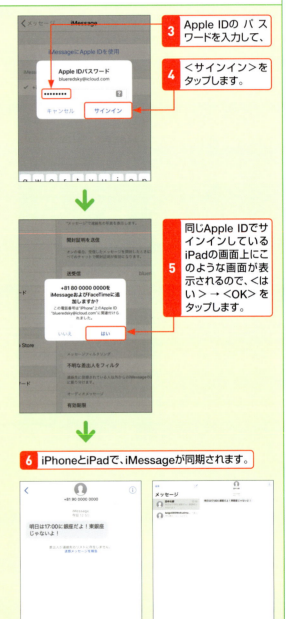

3 Apple IDのパスワードを入力して、

4 ＜サインイン＞をタップします。

5 同じApple IDでサインインしているiPadの画面上にこのような画面が表示されるので、＜はい＞→＜OK＞をタップします。

6 iPhoneとiPadで、iMessageが同期されます。

New | 写真

iOS 11

015 » Live Photosを活用したい！

 ＜カメラ＞アプリを起動して、◉が表示されている状態で撮影します。

iOS 11では、iPadの＜カメラ＞アプリで「Live Photos」機能を利用することができます。通常の写真は静止画ですが、Live Photosではシャッターを切る前後の動きや音までをとらえた、動く写真を撮影することができます。Live Photosは、カメラを起動すると、標準でオンになっています。オフにするには、◉をタップします。なお、Live Photosは通常の写真よりもファイルサイズが大きくなるため、iPadの容量が残り少ないときなどは、オフにしておくとよいでしょう。

Live Photos を再生する

1 ホーム画面で＜写真＞をタップし、画面下部の＜アルバム＞をタップして、

2 ＜Live Photos＞をタップします。

3 Live Photosの一覧が表示されるので、再生したいLive Photosをタップします。

4 キー写真（New.016）が表示されるので、画面上をタッチします。

5 タッチしている間、Live Photosが再生されます。

Live Photos をオフにする

1 ＜カメラ＞アプリを起動して、◉をタップします。

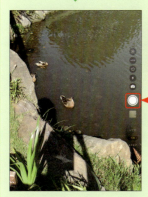

2 Live Photosがオフになりました。この状態で◯をタップすれば、通常の写真を撮影できます。

iOS 11

New ｜ 写真 ｜

016 ≫ Live Photosを編集したい！

 色調補正やトリミングのほか、キー写真の変更も可能です。

iOS 11の＜写真＞アプリでは、写真の編集機能も強化され、トリミングや色調補正といった一般的な編集機能のほか、Live Photosのコマ送り画像から「キー写真」を選択できるようになりました。キー写真とは、写真の一覧画面やLive Photosを表示した際に、最初に表示される写真のことです。キー写真を変更しても、Live Photosの再生時には影響ありません。

キー写真を設定する

1 Live Photosを表示して、＜編集＞をタップします。

↓

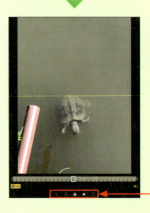

2 画面下部のメニューをタップすれば、通常の写真と同様に編集できます（Q.274〜280参照）。

1 画面下部のコマ送り画像をタップすると、

↓

2 タップした写真が大きく表示されます。＜キー写真に設定＞をタップすると、

↓

3 キー写真が変更されます。画面下部のをタップします。

↓

4 変更が反映されました。もとに戻したいときは、＜編集＞→＜元に戻す＞の順にタップします。

34

New 017 » QRコードを読み取りたい！

写真 | iPad 5 | iPad mini 4 | iPad Pro 10.5inch | iPad Pro 12.9inch

A ＜カメラ＞アプリで読み取ります。

iOS 11の＜カメラ＞アプリでは、QRコードを読み取れるようになりました。Q.244を参考に＜カメラ＞アプリを起動して、iPadの画面にQRコードを写せば読み取ることができます。読み取れない場合は、ホーム画面から＜設定＞→＜カメラ＞の順にタップして、＜QRコードをスキャン＞が になっているかを確認しましょう。

1 ＜カメラ＞アプリを起動して、画面にQRコードが写るようにします。

2 QRコードを読み取ると、＜○○をSafariで開く＞というバナーが表示されるので、バナーをタップします。

3 Webページが表示されます。

New 018 » iPad内のファイルを管理したい！

ファイル | iPad 5 | iPad mini 4 | iPad Pro 10.5inch | iPad Pro 12.9inch

A ＜ファイル＞アプリを利用します。

iOS 11で新しく登場した＜ファイル＞アプリでは、iPad内に保存されているファイルも、iCloud Driveなどのクラウド上に保存されているファイルも、まとめて管理することができます。容量の大きなファイルを削除したり、iCloud Driveに移動したり、フォルダを作って整理したりすることも可能です。

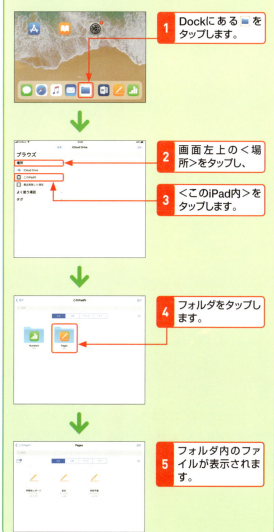

1 Dockにある をタップします。

2 画面左上の＜場所＞をタップし、

3 ＜このiPad内＞をタップします。

4 フォルダをタップします。

5 フォルダ内のファイルが表示されます。

iOS 11

35

New 019 » iCloudやDropboxのファイルを管理したい！

ファイル

A ファイルを開いて閲覧したり、フォルダにまとめて整理したりすることができます。

＜ファイル＞アプリでは、iCloud Drive（Q.542参照）やDropbox、Boxなど、クラウドサービス上に保存されているファイルを管理することもできます。ファイルをダウンロードしてiPadから閲覧したり、フォルダを作成して関連したファイルをまとめたりと、ファイルを効率的に管理することができ便利です。

iCloud Driveのファイルを管理する

1. ホーム画面から＜ファイル＞をタップし、画面左上の＜場所＞をタップして、＜iClouod Drive＞をタップします。

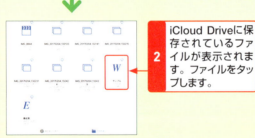

2. iCloud Driveに保存されているファイルが表示されます。ファイルをタップします。

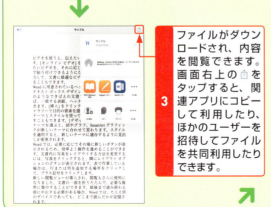

3. ファイルがダウンロードされ、内容を閲覧できます。画面右上の ⬆ をタップすると、関連アプリにコピーして利用したり、ほかのユーザーを招待してファイルを共同利用したりできます。

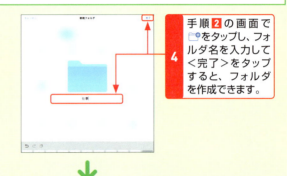

4. 手順2の画面で 🗂 をタップし、フォルダ名を入力して＜完了＞をタップすると、フォルダを作成できます。

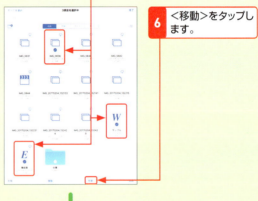

5. フォルダ作成後、画面右上の＜選択＞をタップして、ファイルを選択し、

6. ＜移動＞をタップします。

7. ＜iCloud Drive＞→作成したフォルダの順にタップして、

8. ＜移動＞をタップすれば、ファイルがフォルダに移動します。

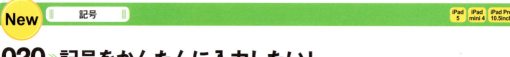

020 » 記号をかんたん入力したい！

 キーを下方向にスワイプします。

今までのiPadでは、文字入力中に数字や記号を入力するには、そのたびにキーボードを切り替える必要がありました。iOS 11では、文字も数字も記号も、1つのキーボードで入力できるようになりました。English（Japan）キーボードや日本語ローマ字キーボードでは、各キーの上部に数字や記号が表示されているので、入力したい数字または記号のキーを下方向にスワイプすれば、数字や記号をかんたんに入力できます。

1 入力したい記号が表示されているキーを、下方向にスワイプします。

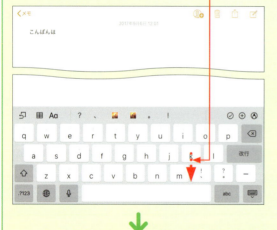

⬇

2 記号が入力できました。

3 同様に、数字が表示されているキーを下方向にスワイプすると、

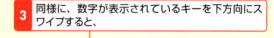

⬇

4 数字を入力することができます。

⬇

5 記号の半角／全角を変更したい場合は、変換候補から選択します。

New | Apple Pencil | iPad 5 | iPad mini 4 | iPad Pro 10.5inch | iPad Pro 12.9inch | iOS 11

021 » Apple Pencilって何？

 iPadで使えるタッチペンです。

iPadでの作業をより正確に、快適に行うためのタッチペンが「Apple Pencil」です。AppleのWebサイトから購入することができ、2017年11月現在、価格は10,800円（税別）です。対応しているアプリでは、Apple Pencilを使って線を描くことができ、ペンを傾けて描くことで線の濃さを調節することや、筆圧によって線の太さをコントロールすることができます。写真やPDFの上に書き込む（New.022参照）こともでき、クリエイティブな作業やビジネスシーンでの活用が広がります。Apple Pencilを利用するには充電が必要ですが、約15秒の充電で約30分間使用できるので、あまり充電を気にすることなく使えます。具体的な活用方法については、New.022を参照してください。

> Apple Pencilを使えば、紙に書くのと同じような感覚で、文字や絵を描くことができます。

Apple Pencil を iPad と接続する

1 Apple Pencilのキャップを外し、iPadに接続します。

↓

2 ペアリングを要求されるので、＜ペアリング＞をタップします。

↓

3 接続が完了します。Q.510を参考に「Bluetooth」画面を表示すると、Apple Pencilが接続されていることを確認できます。

New | Apple Pencil | iPad Pro 10.5inch | iPad Pro 12.9inch

022 » Apple Pencilで何ができるの？

 手書きのイラストを描いたり、写真や資料に注釈を書き込んだりできます。

Apple Pencilを使えば、紙にペンで書くのと同じ感覚で、iPad上に文字や絵を描くことができます。手書きのメモを作成することはもちろん、手書きのメッセージを書いて家族や友人に送ったり、資料を送る際に注釈を加えたりと、プライベートからビジネスシーンまで、活用方法はさまざまです。また、iOS11では新たに「インスタントメモ」と「インスタントマークアップ」機能が追加され、Apple Pencilの活躍の幅がさらに広がりました。

インスタントメモ

1 ロック画面を表示して、Apple Pencilで画面をタップします。

2 ＜メモ＞アプリが起動し新規メモの作成画面が表示されるので、すばやくメモを取ることができます。

インスタントマークアップ

1 Q.155を参考にスクリーンショットを撮影し、

2 画面左下に表示されるサムネイルをタップします。

3 下部のペンをタップして、文字などを書き込めます。

4 画面右上の をタップします。

そのまま＜写真＞アプリに保存する場合は＜完了＞をタップします。

5 メールで送信したり、＜メモ＞アプリに添付したりできます。

第1章

iPadの基本の「こんなときどうする？」

001 >>> 005	iPad とは
006 >>> 009	キャリア／料金
010 >>> 011	デバイス
012 >>> 019	iPad を使う前に
020 >>> 022	iPad とパソコン
023 >>> 027	Apple ID

Q 001 » iPadで何ができるの？

|iPad 5|iPad mini 4|iPad Pro 10.5inch|iPad Pro 12.9inch|

A メール、音楽やゲームなど、いろいろなことができます。

iPadの特徴は、なんといってもその薄さと軽さ、多機能さでしょう。インターネットはもちろん、音楽や動画の視聴をはじめ、＜メール＞ではGmailやiCloudといった複数のメールサービスのアカウントを使い分けることができます。また、ハイクオリティな写真や動画も撮影でき、コンテンツをTwitterやFacebookで共有したり、iPadやiPhoneと＜AirDrop＞でコンテンツを交換したりすることも可能です。そのほか＜Safari＞でキーワードを検索したり、＜リマインダー＞でスケジュール管理したりすることもできます。さらにApp Storeから、ゲームや本、100万以上の日々増え続ける新しいアプリの中から好きなものをインストールして、気軽に持ち運べる点も大きな魅力です。

Q 002 » iPadにはどんな種類があるの？

|iPad 5|iPad mini 4|iPad Pro 10.5inch|iPad Pro 12.9inch|

A Wi-FiモデルとWi-Fi + Cellularモデルがあります。

2015年秋にiPad miniの第4世代機種となるiPad mini 4、さらに2017年春にiPadの第5世代機種となる「新しいiPad（iPad 5）」、同年6月にiPad Proの第2世代機種となる「10.5インチiPad Pro」と「12.9インチiPad Pro」が発売されました。これにより、現在、日本で販売されているiPadは、iPad mini 4、新しいiPad、10.5インチiPad Pro、12.9インチiPad Proの4機種となりました。モデルはインターネットがWi-Fi経由で利用できる「Wi-Fiモデル」と、Wi-Fiに加え4G LTEネットワークを含む高速携帯電話回線に接続することができる「Wi-Fi + Cellularモデル」から選ぶことができます。

iPad mini 4

iPad miniの最新機種です。1世代前のiPad miniに比べるとよりよいプロセッサが搭載されたほか、軽く、薄くなりました。携帯性を重視される方に、おすすめです。

新しいiPad（iPad 5）

「新しいiPad」は、iPhone6s/6s Plusに搭載されているA9チップを搭載したiPadの5世代機種です。37,800円から購入することができ、初めてのタブレットにおすすめです。

iPad Pro（10.5インチ、12.9インチ）

iPad Proの最新機種です。現在発売されているiPadの中で、もっとも高性能なのがiPad Proの第2世代機種です。サイズは10.5インチと12.9インチの2種類から選ぶことができます。Apple PencilやSmart Keyboardが利用可能です。

Q 003 » iPadの記憶容量は増やせないの？

A あとから増やすことはできません。

iPadの記憶容量はあとから増やすことができません。記憶容量にはいくつかの種類がありますので、自分にあった容量のiPadを選ぶようにしましょう。

記憶容量

iPad mini 4	128GB
新しいiPad（iPad 5）	32GB/128GB
iPad Pro（10.5インチ、12.9インチ）	64GB/256GB/512GB

Q 004 » iPadのバッテリーは交換できないの？

A 自分で交換することはできません。交換を依頼しましょう。

バッテリーは消耗品で、充電を繰り返すうちに使用できる時間が短くなります。バッテリーの消耗が早いと感じたら、Apple StoreやAppleオンライン修理サービスなどに依頼して、バッテリーを交換してもらいましょう。使用中のiPadから直接手続きが可能で、保証期間内であれば無償、保証期間経過後は11,400円（税抜）で交換することができます。

iPad サポート 修理とサービスページ
https://support.apple.com/ja-jp/ipad/repair

1 問題点を確認し、該当するサポートオプションを選択します。

Q 005 » SIMカードって何？

A 電話番号や契約者の情報が記録されているICカードです。

SIMカードとは、携帯電話事業者との契約時に発行されるICカードのことで、電話番号や契約者の情報が記録されています。Wi-Fi + CellularモデルなどでSIMカードをiPadに装着することで、携帯電話ネットワークで、インターネットを利用することができます。iPad mini 4、新しいiPad（iPad 5）、iPad Pro（10.5インチ、12.9インチ）ではnano-SIMカードを使用します。SIMカードを交換する場合は、同梱されているSIM取出しツールや、クリップなどを使用します。SIMカードを取り付けるトレイは、「Wi-Fi+Cellularモデル」に用意されています。なお、iPad ProのWi-Fi + CellularモデルにはApple SIMと呼ばれるSIMカードも内蔵されています。

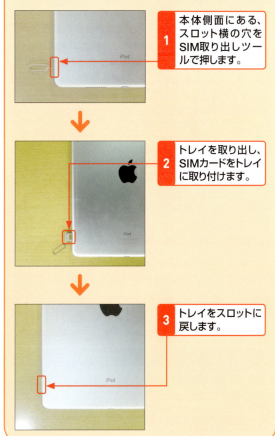

1 本体側面にある、スロット横の穴をSIM取り出しツールで押します。

2 トレイを取り出し、SIMカードをトレイに取り付けます。

3 トレイをスロットに戻します。

Q 006 ≫ Wi-Fi + CellularモデルとWi-Fiモデルはどう違う？

キャリア／料金 | iPad 5 | iPad mini 4 | iPad Pro 10.5inch | iPad Pro 12.9inch

A インターネット接続方法やGPS機能などが違います。

Wi-FiモデルのiPadでは、自宅のWi-Fiルーターや公衆無線LANサービスが提供するWi-Fiネットワークに接続することで、インターネットを利用できます。一方、Wi-Fi + Cellularモデルでは、ソフトバンクもしくはau、ドコモの携帯電話ネットワークでインターネットを利用することも可能です。また、iPad ProのWi-Fi + CellularモデルではApple SIM対応プロバイダーが利用できます。Wi-Fiモデルには現在位置を測定するGPS機能が搭載されておらず、Wi-Fiの位置情報しか利用できない点も異なります。

Wi-Fi + Cellularモデルなら、幅広いエリアでインターネットが利用できますが、ソフトバンクもしくはauやドコモの契約で、月ごとの利用料金が発生します。モバイルWi-Fiルーターなどをすでに持っている場合や、無線LAN環境のある自宅などでの利用が主な場合はWi-Fiモデル、外出先などどこでも快適にインターネットを楽しみたい場合や、GPS機能を利用したい場合はWi-Fi + Cellularモデルがおすすめです。

Wi-Fi + Cellular モデルと Wi-Fi モデルの違い

機種	Wi-Fi + Cellular モデル	Wi-Fiモデル
インターネット接続方法	・Wi-Fi接続 ・4G／LTE ・GSM／UMTSネットワーク	Wi-Fi接続
位置情報	・Wi-Fi ・デジタルコンパス ・Assisted GPS ・携帯電話通信	・Wi-Fi ・デジタルコンパス
通信事業者	ソフトバンク、au、ドコモ	無し
SIMカードスロット	有り	無し

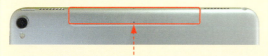

Wi-Fi+Cellularモデルの背面には、携帯電話ネットワークと通信するためのプラスチック部分があります。

Q 007 ≫ Wi-Fi + Cellularモデルを利用するのにかかる料金は？

キャリア／料金 | iPad 5 | iPad mini 4 | iPad Pro 10.5inch | iPad Pro 12.9inch

A iPadの購入費用と、データ通信サービス料が必要になります。

新しいiPad（iPad 5）のWi-Fi + Cellularモデルを購入する場合、本体の購入価格は52,800円（税別、32GBの場合）となり、Wi-Fiモデルの37,800円（税別、32GBの場合）よりも高価になります（2017年11月現在）。さらに、4G／LTEネットワークを含む高速携帯電話ネットワークを利用するため、ソフトバンクもしくはau、ドコモとのデータ通信サービス料金が別途必要になります。

料金プランは、それぞれのキャリアで、毎月一定料金で使い放題の定額制のプランが用意されています。そのほかスマートフォンや固定電話などとセットで利用するとお得になるプランなどもあります。

詳細については、各キャリアのホームページを確認しましょう。

auの料金プラン

https://www.au.com/ipad/charge/

ソフトバンクの料金プラン

http://www.softbank.jp/mobile/price_plan/ipad/

ドコモの料金プラン

https://www.nttdocomo.co.jp/ipad/charge/

Q 008 » Wi-Fiモデルは料金がかからないの？

キャリア／料金　iPad 5　iPad mini 4　iPad Pro 10.5inch　iPad Pro 12.9inch

A モバイルWi-Fiルーターなどを利用する場合、別途料金がかかります。

iPadのWi-Fiモデルの場合は、本体購入費だけでiPadを利用できます。auやソフトバンク、ドコモとの契約は必要ありません。使用するときは、自宅や外出先のWi-Fiネットワークを利用して、インターネットに接続します。自宅にWi-Fiルーターがない場合や、公衆無線LANサービスのない場所でもインターネットを利用したい場合は、モバイルWi-Fiルーターなどの利用が必要になり、別途料金が発生します。テザリング機能を搭載した携帯電話やスマートフォン、モバイルWi-Fiルーターをすでに持っている場合は、Wi-Fiモデルの購入費用だけで、広い範囲でインターネットを利用できるようになるので出費を抑えられます。

WiMAXなどのモバイルWi-Fiルーターを利用すれば、Wi-Fiモデルでも外出先でインターネットを利用できます。

テザリングとは

テザリングとは、スマートフォンや携帯電話を無線LANルーターとして使用し、携帯電話通信網を利用してノートパソコンやタブレット端末などを、インターネットに接続することです（Q.514参照）。
ワイモバイル、NTTドコモ、au、ソフトバンクの各社が、テザリングに対応したiPhoneやAndroid端末を提供しています。

Q 009 » iPadは外国でも使える？

キャリア／料金　iPad 5　iPad mini 4　iPad Pro 10.5inch　iPad Pro 12.9inch

A iPadは外国でもそのまま使えます。

iPadは特別な契約や設定をしなくても、外国でそのまま使用することができます。Wi-Fiモデルの場合、現地の無料Wi-Fiスポットを事前に調べてから渡航すると便利です。Wi-Fi + Cellularモデルの場合、知らない間にデータの通信をして高額な通信料を請求されることのないようにデータローミングをオフにするなど、注意が必要です。ソフトバンクでは「海外パケットし放題」という定額制のサービスがあります。使用できる国と地域に制限がありますが、海外でのデータローミングが使い放題になります。同様のサービスはauでも「海外ダブル定額」という名称で提供されています。ドコモでは「海外パケ・ホーダイ」や「海外1dayパケ」のサービスが用意されています。
必要なネットワークの設定や定額対象事業者への手動設定をサポートしてくれる専用のアプリもあります。

データローミングをオフにする

1 ホーム画面で＜設定＞をタップします。

↓

2 ＜モバイルデータ通信＞→＜モバイルデータ通信のオプション＞の順にタップし、

3 ＜データローミング＞の をタップして ○ にします。

Q 010 » 各iPadの違いは何？

A 画面の大きさや、操作性、処理速度です。

2017年6月に発売された、iPad Pro（10.5インチ、12.9インチ）はApple PencilやSmart Keyboardに対応、またA10Xチップが搭載されており、操作性、処理速度が、先行機種の新しいiPad（iPad 5）、iPad mini 4に比べて大幅に向上しています。画面の大きさは、iPad mini 4が7.9インチに対して、それ以外の機種は9.7インチ、10.5インチ、12.9インチとなっています。

10.5インチ iPad Pro　　　iPad mini 4

	10.5インチiPad Pro （Wi-Fi+Cellularモデル）	iPad mini 4 （Wi-Fi+Cellularモデル）
サイズ	H250.6×W174.1×D6.1mm	H203.2×W134.8×D6.1mm
重量	477g	304g
解像度	2,224×1,668ピクセル	2,048×1,536ピクセル
チップ	A10X	A8
カメラ	12メガピクセルの写真	8メガピクセルの写真
光学式手ぶれ補正	○	―
LivePhotos	○	―
ビデオ撮影	4K HDビデオ撮影	HDビデオ撮影
Smart Connector	○	―

Q 011 » iPadで電話はできないの？

A iPadで電話はできませんが、アプリを利用して音声通話やビデオ通話ができます。

iPadはWi-Fi + CellularモデルとWi-Fiモデルのどちらも、電話をすることができません。Wi-Fi + Cellularモデルは携帯電話ネットワークを使用できますが、利用できるのはデータ通信のみです。ただし、FaceTime（Q.436～446参照）を利用してビデオ通話をしたり、Skypeなどのアプリを使って、チャットや音声通話を無料で利用することもできます（Wi-Fi接続時、あるいはパケット定額契約の場合）。FaceTimeはWi-Fi接続や携帯電話ネットワークを利用したビデオ通話サービスです。iPhoneやiPod touch、iPadなど、対応デバイス間でビデオ通話を楽しむことができます。

Skypeはユーザー間であれば、無料で音声通話やチャット、ビデオ通話を利用できます。グループ通話や固定電話への発信も有料で利用できます。

FaceTimeはAppleが提供するビデオ通信サービスです。FaceTimeの詳しい操作方法はQ.436～446で紹介しています。

Q 012 » iPadに接続できる周辺機器は？

A イヤフォンやスピーカー、カードリーダーなどがあります。

iPadのパッケージには、本体のほか、Lightning - USBケーブルとUSB電源アダプタが同梱されています。Lightning - USBケーブルを利用して、iPadとパソコンを接続し、充電したりデータを転送したりすることができます。ケーブルをUSB電源アダプタに接続すれば、家庭用コンセントでiPadを充電できます。

また、Lightningコネクタ対応のスピーカーやSDカードリーダー、AVアダプタ／AVケーブルなども販売されています。本体上部にはヘッドセットコネクタが搭載されており、ステレオミニプラグを搭載しているイヤフォン・ヘッドフォンを利用することも可能です。

一方、パソコンなどに接続するUSBメモリや、インターネット接続用のLANケーブルは、iPadには接続できません。また、旧機種のiPad 2で使用されていた、Dockコネクタ対応の周辺機器もそのままでは使用できません。

同梱品

別売品

接続不可

Q 013 » そのほかのおすすめのアクセサリーは？

A カバー・ケースやBluetooth対応のスピーカーなどがおすすめです。

普段からiPadを持ち歩くのなら、ディスプレイを保護するカバー・ケースは必須でしょう。カバー・ケースはiPadに同梱されておらず、できれば自分の好みにあった商品を選びたいものです。また自宅で音楽などを聴くのにiPadを利用するときも、Bluetooth（Q.509参照）のスピーカーを使うとより臨場感が出ます。これらのアクセサリーは、たとえば下記のようなWebサイトで購入できます。

Apple 公式サイト

https://www.apple.com/jp/ipad/accessories/

au Online Shop

http://onlineshop.au.com/disp/CSfDispListPage_001.jsp?dispNo=001001005025022

SoftBank SELECTION ONLINE SHOP

http://www.softbankselection.jp/ipad/

Q 014 » iPadを利用するのに必要なものは？

A iPadに同梱されている付属品のみで利用できます。

iPadには、Lightning - USBケーブルとUSB電源アダプタが同梱されています。基本的にはこの2つがあれば、iPadを利用できます。
Lightning - USBケーブルは、パソコンとiPadを接続するときに使用します。パソコンのiTunesで購入したコンテンツをiPadに同期する際に利用しましょう。USB電源アダプタは、家庭用コンセントを使ってiPadを充電します。パソコンと接続するより早くバッテリーを充電することができます。完全にiPadのバッテリーが切れたときや、パソコンが近くにないときに活用するとよいでしょう。
iPadにはイヤフォンは同梱されていません。ヘッドセットコネクタは本体上部に用意されているので、一般的なイヤフォンやヘッドフォンの接続が可能となっています。お気に入りのイヤフォンやヘッドフォンで、音楽やビデオを楽しみましょう。

iPadの同梱品

Q 015 » iPadを利用するのに用意すると便利なものは？

A パソコン、iTunes、Wi-Fiルーターがあると便利です。

iPadはパソコンなしでも使用できます。しかし、パソコンがあればiPadを充電したり、いつも楽しんでいる音楽やビデオなどのデータをiPadに転送したりすることができます。パソコンとiPadを連携させるときに欠かせないのが、iTunes（Q.019参照）です。iTunesは、音楽やビデオ、アプリなどのコンテンツを再生・管理するソフトウェアです。パソコン内のコンテンツデータを管理・鑑賞できるほか、iTunes Storeというコンテンツ配信サービスで、音楽や映画、本などを購入することも可能です。iTunesで管理しているコンテンツは「同期」というしくみで、iPadに転送させることができます。
そのほか、ぜひ用意しておきたいのがWi-Fiルーターです。iPadのWi-Fiモデルでは、そもそもWi-Fiルーターや公衆無線LANがなければインターネットが利用できません。

Q 016 » アクティベーションって何？

A iPadを利用できる状態にすることです。

アクティベーションとは、iPadを利用できる状態にすることを指し、初期設定として必ず行わなければならないので、iPadを初期化した際など、自分で実行する場合は下記の手順を参照しましょう。

1	ホームボタンを押します。
2	＜日本語＞をタップします。
3	国または地域を選択で、＜日本＞をタップします。
4	＜手動で設定＞をタップします。
5	キーボードを選択し、＜次へ＞をタップします。
6	使用するネットワークをタップします。
7	必要に応じてパスワードを入力します。
8	＜Touch IDを後で設定＞→＜使用しない＞をタップします。
9	「パスコードを作成」で、パスコードを2回入力します。
10	＜新しいiPadとして設定＞をタップします。
11	＜この手順をスキップ＞をタップし、＜"設定"であとで設定＞→＜使用しない＞をタップします。
12	利用規約を確認し、＜同意する＞をタップします。
13	エクスプレス設定で＜続ける＞をタップします。
14	Siri／App解析／True Toneディスプレイを使用するかどうかを選択し、タップします。
15	Dockの説明が表示されるので、＜続ける＞を2回タップします。
16	＜さあ、はじめよう！＞をタップします。

Q 017 » iPadはどうやって操作するの？

A 画面に直接触れて操作します。

iPadは画面を指などでタッチして操作します。指をずらして画面を左右にスライドさせたり、2本の指を使って拡大・縮小表示したりと、さまざまな操作方法があります。そのときどきの状況に応じて使い分けましょう。

タップ

画面を指で軽く触れてすぐ離します。すばやく2回続けてタップすることを、ダブルタップといいます。

スワイプ

画面を指でなぞる操作です。ホーム画面の切り替えなどに使用します。

ドラッグ

アイコンや画面などをタッチした状態で指を動かす動作です。

ピンチオープン／ピンチクローズ

画面を2本の指で押さえながら広げたり（ピンチオープン）、縮めたりします（ピンチクローズ）。

タッチ

画面を1本の指で触れたままにします。

Q 018 ≫ 「位置情報サービス」って何？

A GPSなどを利用して、位置を測定するサービスです。

iPadはGPS、無線LAN、モバイルデータ通信を利用して、現在地を測定することができます。＜マップ＞アプリや＜カメラ＞アプリはこの位置情報を使って、今いる場所を画面上に表示したり記録したりすることができ、これらを「位置情報サービス」と呼びます。

通常はGPSによって現在地を測定します。GPSが利用できない場合は無線LANやモバイルデータ通信の基地局を代用します。＜マップ＞アプリで位置を測定した場合、現在地が●で表示されます。●の周りに表示されている青い円は、測定の精度を示しています。精度が高くなるほど、円の直径は狭まっていきます。

＜マップ＞アプリや＜カメラ＞アプリなどを初めて起動した場合、位置情報の利用を許可するかどうかの確認メッセージが表示されます。＜OK＞をタップすると、以降そのアプリは位置情報を利用するようになります。＜許可しない＞をタップすると、そのアプリで位置情報を取得できなくなります。位置情報の設定はあとからでも行うことが可能です。

ホーム画面から＜設定＞→＜プライバシー＞をタップして、＜位置情報サービス＞をタップしたあと、＜位置情報サービス＞の ◯／ ◯ をタップして切り替えます。

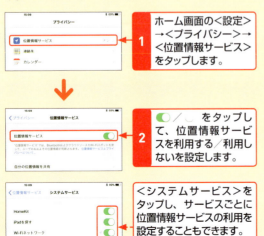

1 ホーム画面の＜設定＞→＜プライバシー＞→＜位置情報サービス＞をタップします。

2 ◯／ をタップして、位置情報サービスを利用する／利用しないを設定します。

＜システムサービス＞をタップし、サービスごとに位置情報サービスの利用を設定することもできます。

Q 019 ≫ iTunesって何？

A パソコンで音楽などの再生や購入ができるソフトウェアです。

iTunesとは、Appleが提供する楽曲などの再生・管理ソフトウェアです。AppleのWebサイトから無料でダウンロードできます（Q.020参照）。2017年9月には、最新版のiTunes 12.7がリリースされました。

iTunesは音楽CDから取り込んだ楽曲や、iTunes Storeから購入した楽曲を一括管理できます。このほか映画、アプリ、Podcast（デジタルオーディオプレーヤーで再生できる番組配信コンテンツ）、オーディオブック（本を音声で再生するデータ）、iTunes U（教育・学習コンテンツ）などを購入したり、インターネットラジオやテレビ番組も視聴できます。

さらにそうしたコンテンツはiPadにも転送可能です。手順としては、Lightening - USBケーブルでiPadとiTunesを起動させたパソコンをつなぐだけです（Q.021参照）。バージョンが12.7より前のiTunesを利用していた場合は、接続時の画面指示に従って、更新ソフトウェアをインストールしましょう。

iTunesはMacとWindowsで無料でインストールできます。音楽やアプリの管理など幅広い用途で活用可能です。

iTunes Storeでは好みの曲や映画を購入できます。

Q 020 » パソコンにiTunesをインストールしたい！

A Appleのホームページからダウンロードします。

MacにはiTunesが始めからインストールされています。Windowsの場合はAppleのホームページ（http://www.apple.com/jp/itunes/download/）からダウンロードして、パソコンにインストールします。
WindowsではiTunesをインストール後、デスクトップ上などにあるアイコンをダブルクリックすると起動します。スタート画面やスタートボタンからも起動可能です。Macの場合は、Dock内のiTunesアイコンから起動します。パソコンにiPadを接続すると、iTunesが自動的に起動します。

ダウンロードしたインストーラーをダブルクリックして起動すると、インストールが始まります。

画面の指示に従って、インストールしましょう。

Q 021 » パソコンのiTunesにiPadを登録したい！

A iPadをパソコンに接続しましょう。

付属のLightning - USBケーブルを使って、iPadをパソコンに接続すると、iTunesが自動的に起動します。初めて利用する際は、画面の指示に従って新しいiPadとして設定するか、バックアップからデータを復元するかを選択します。登録完了後、連絡先やカレンダー、アプリ、楽曲などをパソコンと同期させることができます。

1 iPadをパソコンに接続すると、iTunesが自動的に起動します。＜新しいiPadとして設定＞か、＜このバックアップから復元＞のどちらかをクリックし、

2 ＜続ける＞をクリックします。以降は画面の指示に従ってiTunesを起動します。

3 新しいiPadとして設定する場合は、iPadの名前を入力し、

4 データのバックアップ先を選択したあと、

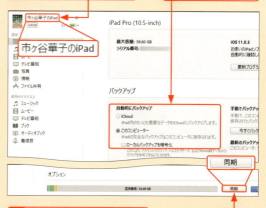

5 ＜同期＞をクリックします。

Q iPadとパソコン | iPad 5 | iPad mini 4 | iPad Pro 10.5inch | iPad Pro 12.9inch |

022» iPadとパソコンの接続を解除したい！

A 同期解除後、ケーブルをパソコンから取り外します。

iPadとパソコンの接続を解除したいときは、iTunesの画面右上にある＜iPad＞末尾の⏏をクリックして、iPadの表示が消えたあと、ケーブルをパソコンから取り外します。

iPadの情報を表示している画面では、⏏は画面の左上に表示されます。

1 ⏏をクリックして、

2 iPadの表示が消えたら、ケーブルを抜いてiPadとパソコンの接続を解除します。

Q Apple ID | iPad 5 | iPad mini 4 | iPad Pro 10.5inch | iPad Pro 12.9inch |

023» Apple IDって何？

A Appleのサービスを利用するために必要なアカウントです。

iTunes StoreやApp Store、Apple Music、iCloud、FaceTime、iMessage、iBook Store、Game CenterなどのAppleが提供するサービスを利用するには、Apple IDを入力してサインインする必要があります。

Apple IDはAppleのWebサイトやiTunes、iPadなどから無料で作成できます。1つあれば、Appleが提供するすべてのサービスを利用できるようになります。

パソコンのブラウザから利用する「iCloud.com」（Q.523参照）でも、Apple IDが必要です。

Q | Apple ID

iPad 5 / iPad mini 4 / iPad Pro 10.5inch / iPad Pro 12.9inch

024 » Apple IDを作りたい！

A iPadから無料で作成することができます。

Apple IDはAppleの公式Webサイトのほか、iTunesやiPadから作成することができます。料金などは一切かかりません。1つあればiCloudをはじめとするApple提供のサービスをすべて利用できるようになるので、ぜひ取得しておきましょう。ここでは、iPadから新規のメールアドレスでApple IDを作成する方法について説明します。

1 ホーム画面で＜設定＞をタップし、

2 ＜iPadにサインイン＞をタップします。

3 ＜Apple IDをお持ちでないか忘れた場合＞→＜Apple IDを作成＞の順にタップします。

4 生年月日を上下にスワイプして設定し、

5 ＜次へ＞をタップして、

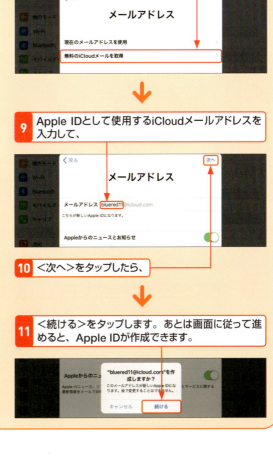

6 「姓」「名」をそれぞれ入力したら、

7 ＜次へ＞をタップします。

8 ＜無料のiCloudメールを取得＞をタップし、

9 Apple IDとして使用するiCloudメールアドレスを入力して、

10 ＜次へ＞をタップしたら、

11 ＜続ける＞をタップします。あとは画面に従って進めると、Apple IDが作成できます。

Q 025 » Apple IDのパスワードを忘れた！

A パスワードを再設定しましょう。

Apple IDのパスワードを忘れた場合は、パスワードを再設定しましょう。
Apple IDにサインインしていない状態でホーム画面の＜設定＞→＜iTunes StoreとApp Store＞→＜Apple IDまたはパスワードをお忘れですか？＞の順にタップすると、Safariが起動します。＜Apple ID＞をタップしてからApple IDを入力して＜次へ＞をタップします。そのあと＜Eメール認証＞→＜次へ＞をタップすれば再設定用のメールが送られてくるので、メールの指示に従って新しいパスワードを設定します。

1 ＜Apple IDまたはパスワードをお忘れですか?＞をタップします。

Q 026 » Apple IDに登録した個人情報を変更したい！

A ＜設定＞アプリから再設定します。

Apple IDやパスワード、情報メールの受信設定などは＜設定＞アプリからいつでも変更できます。
Apple IDにサインインしている状態でホーム画面の＜設定＞→＜iTunes StoreとApp Store＞→＜Apple ID＞→＜Apple IDを表示＞の順にタップし、パスワードを入力して＜OK＞をタップすると、アカウント情報が表示されます。Apple IDの下にある＜appleid.apple.com＞をタップして、内容を変更します。＜Safari＞アプリでApple IDの編集画面が開くので、Apple IDとパスワードを入力してサインインし、個人情報を変更します。

1 ＜appleid.apple.com＞をタップして内容を変更します。

Q 027 » Apple IDに支払情報を登録したい！

A ＜設定＞アプリから設定します。

Q.024の方法でApple IDを設定したあと、ホーム画面で＜設定＞→＜iTunes StoreとApp Store＞をタップし、Apple IDのパスワードを入力して＜サインイン＞をタップします。＜Apple ID＞→＜Apple IDを表示＞の順にタップし、＜お支払い情報＞をタップして、表示される手順に従って支払情報を登録します。

クレジットカードを登録するときはカードの種類をタップして選択し、カード番号やセキュリティコードなどの情報を登録します。

第 2 章

基本操作と設定の「こんなときどうする？」

028 >>> 029	初期設定
030 >>> 033	電源
034 >>> 040	ロック
041 >>> 053	画面
054 >>> 065	表示

初期設定

028 » iPadの各部名称が知りたい！

 iPadの各部の名称と基本的な役割を理解しておきましょう。

iPadにはいろいろなボタンやスイッチ、コネクタが付いています。iPadを使用する前に、各部の名称と基本的な役割を理解しておきましょう（下図は10.5インチiPad Proのものです）。

iPad（4th）以降の変更点と共通点

iPadのコネクタの形状は、第4世代以降、接続部の小さい「Lightningコネクタ」へと変更されました。現在販売されているすべてのiPadは、このLightningコネクタが採用されています。全機種ともヘッドセットジャックの位置は変わらず、本体上部に備えられています。iPad Proには10.5インチモデルと12.9インチモデルがあります。iPad mini 4のディスプレイサイズは7.9インチとB6の単行本並のサイズです。

Q 029 » 初期設定は必要？

 アクティベーションが済んでいれば、初期設定は必要ありません。

基本的に、iPadに初期設定は必要ありません。厳密にいうとアクティベーションという設定を行わなければなりませんが（Q.016参照）、ほとんどの場合は販売店スタッフが代行してくれます。購入後に本体を起動してから、Apple IDを取得し、表示される手順に沿ってユーザー情報を入力していけば、iPadを利用できるようになります。

ただ、アプリなどをインストールできる＜App Store＞や複数のアカウントを併用できる＜メール＞のように、初めての利用に際して、自身の設定が要るものもあります。

Apple IDは、ホーム画面から＜設定＞→＜iPadにサインイン＞の順にタップし、＜Apple IDをお持ちでないか忘れた場合＞→＜Apple IDを作成＞をタップして作成します（Q.024参照）。

メールを利用する場合は、サービスごとにアカウントを取得する必要があります。

Q 030 » iPadの電源をオフにするには？

 スリープ／スリープ解除ボタンを長押しして、＜スライドで電源オフ＞を右にドラッグします。

iPadを利用中にスリープ／スリープ解除ボタンを押したままにし、＜スライドで電源オフ＞が表示されたら右側にドラッグすると、電源が切れます。＜キャンセル＞をタップすると、もとの画面に戻ります。iPadの電源をオンにする場合は、スリープ／スリープ解除ボタンを長押しします。アップルロゴが表示され、電源がオンになります。ホームボタンを押してロックを解除し、パスコード入力画面が表示された場合は、パスコードを入力します（Q.494参照）。

1 本体上部のスリープ／スリープ解除ボタンを長押しします。

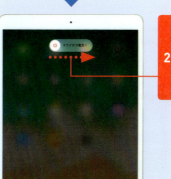

2 ＜スライドで電源オフ＞を右側にドラッグすると、電源がオフになります。

Q 初期設定

iPad 5 / iPad mini 4 / iPad Pro 10.5inch / iPad Pro 12.9inch

031 » iPadを充電したい！

A 家庭用コンセントか、パソコンに接続して充電します。

iPadは購入時に同梱されているLighthing - USBケーブルとUSB電源アダプタを使い、家庭用コンセントもしくはパソコンとiPadを接続して充電することができます。充電中はバッテリーのインジケータが画面に表示されます。

パソコンに接続して充電する

1 Lighthing - USBケーブルをiPadのLighthingコネクタに接続します。

2 Lighthing - USBケーブルの反対側のコネクタを、電源が入っているパソコンのUSBコネクタに接続すると、充電が始まります。

家庭用コンセントに接続して充電する

1 Lighthing - USBケーブルをiPadのLighthingコネクタに接続します。

2 Lighthing - USBケーブルのもう一方のコネクタを、USB電源アダプタに接続します。

3 USB電源アダプタを家庭用コンセントに接続すると、充電が始まります。

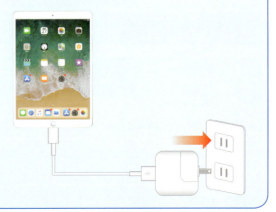

Q 032 » iPadは充電なしでどれぐらい使える？

A iPadの設定状態やエリアによって使用可能時間は変動します。

iPadはフル充電した状態だと、最大10時間、ビデオや音楽を再生したり、無線LANでインターネットを利用することができます（Wi-Fi + Cellularモデルでは、携帯電話ネットワークでも最大9時間インターネットを利用できます）。ただし、これはあくまでも仕様上の数値なので、iPadの設定状態やエリアによって実際の稼働時間は変動します。

たとえば、＜Wi-Fi＞や＜Bluetooth＞をオンに設定しているときは、定期的にWi-FiスポットやBluetooth機器と通信しているため、オフのときと比べて電池の減りが早くなります。電波の弱いエリアやサービスエリア外で使用するときも、iPadはネットワークに接続しようとして、電波の強いエリアよりも多くの電力を消費します。1回の充電でなるべく長くiPadを使いたい場合は、＜Wi-Fi＞や＜Bluetooth＞を必要なときだけオンに切り替える、電波の弱い地域あるいはサービスエリア外のときは＜機内モード＞にするなど、状況に応じてこまめに設定を変更しましょう。

1 画面を下端から上方向にスワイプし、コントロールセンターを表示します。

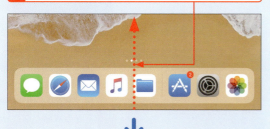

2 ボタンをタップすることで、＜Wi-Fi＞や＜Bluetooth＞のオン／オフを切り替えることができます。

Q 033 » バッテリーの残量を確認したい！

A バッテリーのパーセンテージを表示します。

バッテリーの残量をより正確に知りたいときは、ホーム画面から＜設定＞→＜バッテリー＞の順にタップします。＜バッテリー残量（％）＞がオフになっている場合は、タップして◯に切り替えます。ホーム画面右上に、バッテリー残量のパーセンテージが表示されます。またこの際、どのアプリにどれだけのバッテリーを消費しているか確認することも可能です。

1 ホーム画面で＜設定＞をタップします。

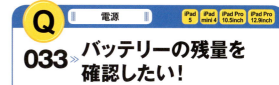

2 ＜バッテリー＞をタップすると、

3 各アプリのバッテリー消費量を確認できます。

4 「バッテリー残量（％）」がオフになっている場合は、タップして◯にします。

5 バッテリー残量のパーセンテージが表示されます。

Q034 iPadをスリープモードにしたい！

A スリープ／スリープ解除ボタンを押します。

iPadをスリープモードにしたい場合は、スリープ／スリープ解除ボタンを押すか、一定時間iPadの操作を中断します。後者は通常2分間でスリープモードに切り替わりますが、切り替わる時間は自分で変更することができます（Q.040参照）。スリープモード中は、タッチ操作ができません。

本体上部のスリープ／スリープ解除ボタンを押すと、スリープモードになります。

Q035 「スリープ」状態のとき、iPadはどうなってるの？

A 画面の表示は消えていますが、電源はオンで稼働中です。

スリープモードにすると画面の表示は消えますが、電源は入ったままなので、音楽を再生していた場合は引き続き聴くことができます。そのほか受信したメッセージや、リマインダーなどの通知が自動的に表示されます。スリープモードを解除するには、スリープ／スリープ解除ボタンかホームボタンを押します。

1 スリープ／スリープ解除ボタンを押すと、スリープモードになります。

2 スリープモード中は、電源がオンのまま、待受状態となります。

Q036 ロック画面を解除したい！

A ホームボタンを押します。

スリープモードになると、iPadは自動的にロックがかかります。iPadを利用したい場合は、スリープモード解除後にロック画面でホームボタンを押します。スリープモードになる前の画面が表示されます。パスコード（Q.494参照）を設定している場合は、パスコードを入力します。

1 ホームボタンを押します。

2 ロックが解除され、iPadが利用できる状態となります。

Q 037 » ロック画面に通知が表示されたら？

iPad 5 / iPad mini 4 / iPad Pro 10.5inch / iPad Pro 12.9inch

A 通知をタップすると、アプリを起動できます。

スリープモード中にメッセージを受信したり、リマインダーが起動したりした場合は、ロック画面に通知アイコンとその内容が通知されます。通知をタップ、または右側にスワイプすると、通知のアプリを起動することができます。なお、Touch IDやパスコードを設定している場合は、ロックの解除が必要です。また、通知を左側にスワイプし、＜消去＞をタップすると通知を消去できます。たとえば、スリープモード中にメッセージを受信した場合は、相手のメールアドレスと本文のプレビューが表示されます。ここで通知をタップすると、＜メッセージ＞アプリが起動し相手に返信することができます。また、スリープモード中にリマインダーが起動した場合は、ロック画面に登録内容が通知されます。ここで通知をタップすると、＜リマインダー＞アプリが起動します。

1 通知をタップします。

2 ロックを解除すると、通知されたアプリが起動します。

Q 038 » ロック画面の通知を非表示にするには？

iPad 5 / iPad mini 4 / iPad Pro 10.5inch / iPad Pro 12.9inch

A アプリごとにロック画面の通知を非表示に設定できます。

ロック画面には通知が表示され、ロック画面の上端を下方向にスワイプすると最近の通知を、その状態で画面の中央から上方向にスワイプすると、それより古い通知を確認することができます。アプリごとに、個別に通知を表示しないように設定することも可能です。ホーム画面で＜設定＞→＜通知＞をタップし、アプリ名をタップします。＜ロック画面に表示＞の ◯ をタップして、通知するかしないかを切り替えます。

1 ＜設定＞→＜通知＞をタップし、

2 設定を変更するアプリをタップします。

3 ＜ロック画面に表示＞の ◯ をタップして通知する／通知しないを切り替えます。

Q 039 » スリープモードにならないようにしたい！

A ＜自動ロック＞から設定することができます。

何も操作しないまま2分が経過すると、iPadは自動的にスリープモードとなり、ロックがかかるように設定されています。しかし設定を変更することで、何も操作しないままでもスリープモードにならず、画面を表示させておくことができます。

ホーム画面で＜設定＞→＜画面表示と明るさ＞→＜自動ロック＞→＜なし＞の順にタップすると、スリープモードへ切り替わらなくなります。

なお、＜自動ロック＞を＜なし＞に設定しても、本体上部のスリープ／スリープ解除ボタンを押せば、スリープモードに移行したり解除したりできます。スリープモードに切り替えないで画面を表示させたままにすると、電池の消耗が早まるので自動ロックの設定はこまめに行いましょう。

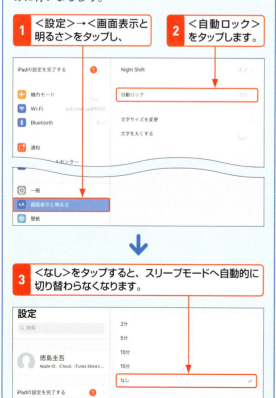

Q 040 » 自動ロックの時間を変更したい！

A 2分、5分、10分、15分の中から選択して変更できます。

通常iPadは2分間放置しておくと画面表示が消え、ロックがかかって操作できなくなります。ただメールの内容を検討している間に2分が過ぎていたということもあります。そのままだといちいちロックを解除しなければなりません。そうした手間を省きたいときは「設定」画面からスリープモードに切り替わるまでの時間を変更しましょう。

ホーム画面で＜設定＞→＜画面表示と明るさ＞→＜自動ロック＞の順にタップし、ロック状態になるまでの時間を2分、5分、10分、15分の中から選択できます。

ただ、画面を表示する時間が長くなるほど、電池の消耗は早まってしまいます。スリープ／スリープ解除ボタンを押してもスリープモードに切り替えられるので、時間設定と使い分けましょう。

| 画面 | iPad 5 | iPad mini 4 | iPad Pro 10.5inch | iPad Pro 12.9inch |

041 » 音量を上げたい／下げたい！

A 音量ボタンか、＜設定＞アプリを利用します。

本体右にある音量ボタンを押せば、「ミュージック」や「ビデオ」などアプリの音量を16段階で調整できます。音量ボタンの上を押せば音量が上がり、音量ボタンの下を押せば音量が下がります。マナーモードに切り替えたいときは、ホーム画面から＜設定＞→＜サウンド＞をタップし、＜ボタンで変更＞を 🔘 に切り替えましょう。そのあと下の音量ボタンを押し続けて「消音」にすると、メールなどの着信音がまったく鳴らなくなります。このほかコントロールセンターで 🔔 をタップし、🔕 に切り替えても、消音にできます（Q.475参照）。

音量ボタンで音量を調節する

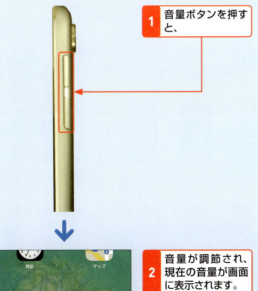

1 音量ボタンを押すと、

2 音量が調節され、現在の音量が画面に表示されます。

通知音の連動を解除する

1 ＜設定＞→＜サウンド＞をタップし、

2 ＜ボタンで変更＞をオフにしたあと、

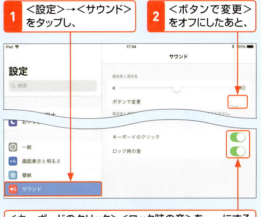

＜キーボードのクリック＞＜ロック時の音＞を 🔘 にすると、音を鳴らなくすることができます。

3 下側の音量ボタンを押し続けます。

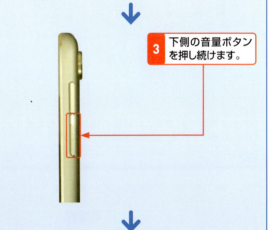

4 アプリや再生中の音楽などの音量のみを調節できるようになります。

Q 042 » iPadの画面の向きは変えられる？

A iPadを横向きにすると、画面も自動的に横向きに変わります。

iPadには加速度センサーが搭載されているため、iPadを横向きにすると、画面も自動的に横向きに変わります。これにより撮影した写真をワイドに表示したり、Webサイトを横画面で閲覧したりすることができます。縦画面に戻したいときは、iPadを縦向きに持つだけです。非常に直感的でわかりやすい操作となっています。
ただし、一部のアプリでは、向きに合わせた回転が行われない場合もあります。

iPadが縦向きの場合は、画面も縦向きになります。

⬇

iPadを横向きにすると、画面も横向きになります。iPadを縦にすれば、画面が縦向きに戻ります。

Q 043 » iPadを回転しても画面を固定したい！

A 画面の向きを固定できます。

iPadを横向きにすると、一部のアプリでは画面が自動的に横向きに変わりますが、横向きに変わらないように、画面の向きを固定することができます。
画面の下端から上方向にスワイプすると、画面右側にコントロールセンターが表示されます。コントロールセンターの🔒をタップすると、🔒に切り替わり、画面の向きが現在の状態にロックされます。ホームボタンを押すとホーム画面に戻るので、画面上部に🔒が表示されているかを確認してください。なお、横向きに画面を固定することも可能です。

1 画面を下端から上方向にスワイプし、🔒をタップします。

⬇

2 ステータスバーに🔒が表示され、画面が固定されます。

044 » ホーム画面って何？

A iPadの基本となる画面です。ここからアプリを起動できます。

ホーム画面はiPadの基本となる画面で、電源をオンにするか本体下部のホームボタンを押すと表示することができます。ホーム画面に配置されているアイコンをタップすると、アプリが起動します。アイコンは、アプリなどをインストールすることで、ホーム画面に追加されます。アイコンが1画面に表示しきれなくなると、自動的に新しいページが右側に作成されます。ほかのページを見るときは、画面を左または右にスワイプします。なお、最初のホーム画面で右にスワイプすると、情報がウィジェットで一覧できる「今日」が表示されます。ホーム画面のアイコンの配置は、変更することができます（Q.046参照）。もしも、インストールしたはずのアプリのアイコンが見つからない場合は、ホーム画面を中央部から下方向へスワイプすると表示される「Spotlight」という検索画面で、iPadに保存されているアプリを検索することができます（Q.063参照）。ホーム画面の一番下の段は「Dock」と呼ばれている部分で、表示アイコンは任意に変えることができます。Dockはいつでも表示できるので、普段よく使うアイコンを配置しておくと便利です。ホーム画面のどのページを表示しているかは、Dockの上にある●●●●で確認できます。白く表示されている円が、現在表示しているページです。

> iPadの基本となる画面で、ここからアプリを起動できます。

Dock

045 » ホーム画面を表示したい！

A ホームボタンを押すと、ホーム画面が表示されます。

どのようなアプリを使用していても、ホームボタンを押すとホーム画面に戻ることができます。ホーム画面にはデフォルトで＜設定＞や＜メモ＞＜App Store＞などといったアイコンがあり、タップすればアプリを起動することができます。アプリの使用中に別のアプリを使いたいときは、いったんホームボタンに戻ってアプリを起動しましょう。または、ホームボタンをすばやく2回押すか画面下端を上方向にスワイプして起動中のアプリ一覧を表示して、切り替えたいアプリをタップしましょう。本書で紹介する手順は、ほとんどがホーム画面を起点としているので、この操作方法はぜひ覚えておきましょう。

1 どの画面を表示していても、ホームボタンを押すと、

2 ホーム画面が表示されます。

3 左にスワイプすると、

4 ホーム画面が切り替わります。

Q 046 » ホーム画面のアイコン配置を変えるには？

A アイコンをタッチすると、アイコンの配置を変えることができます。

ホーム画面は、任意のアイコンをタッチすることで編集できます。

ホーム画面上で配置を変えたいアイコンをタッチします。アイコンが波打ち始めたら、ドラッグして動かします。アイコンを画面の端までドラッグして別のホーム画面に移動したり、画面下部の Dock に移動したりすることもできます。配置が決定したらホームボタンを押して、並べ替え後の順序を確定させます。

ホーム画面のアイコンの位置を移動したいときは、アイコンをほかのアイコンの間へ割り込ませるように意識して配置しましょう。アイコン同士を重ね合わせると、フォルダが作成され、アイコンがその中に格納されます（Q.049参照）。

1 任意のアイコンをタッチし、

2 アイコンを配置したい場所までドラッグすると、ほかのアイコンが自動的にずれます。

3 ホームボタンを押すと、アイコンの配置が決定します。

Q 047 » ホーム画面にはアイコンをいくつ配置できるの？

A 1ページに最大20個のアイコンを配置できます。

iPadでは、画面下部に表示されているDockに配置されるアイコンを含め、ホーム画面に最大25個のアイコンを配置することができます。そのうちDockには最大5個のアイコンを配置できるため、各ページで自由に配置できるのは実質20個になります。

すでにホーム画面に20個のアイコンが配置されている状態でアイコンが追加されると、自動的に作成された新しいページにそのアイコンが配置されます。ページはアイコンを移動させる際（Q.046参照）、画面右にドラッグして作り出すことも可能です。

ホーム画面は最大15ページまで増やせます。何度もスワイプする手間を省くため、頻繁に用いるアプリは、なるべく前のページに配置するとよいでしょう。

ホーム画面は1ページに最大20個のアイコンを配置できます。加えて、Dockには最大13個（＋最近使ったアプリ3個）のアイコンを配置できます。

ホーム画面は最大15ページまで増やせます。

Q 048 » 増やしたホーム画面の数を減らしたい！

A ホーム画面のアイコンを空にすると削除できます。

増やしたホーム画面は、アイコンをほかのページに移動させたり削除したりして、画面からすべてのアイコンがなくなると、自動的に削除されます。

ホーム画面は、任意のアイコンをタッチすることで編集できます。多くのアプリをインストールした結果、ページ数を今より減らしたくなった場合には、画面のアイコンをドラッグしてほかのページに移動させるか（Q.046参照）、アイコンの左上の⊗→＜削除＞タプしてアイコンを削除しましょう（アンインストールされます）。ページ内のすべてのアイコンがなくなった状態でホームボタンを押すと、そのページは削除されます。なお、削除できるのは自分で順次増やしていったページだけです。ホーム画面を1ページ以下に減らすことはできません。

1 アイコンをほかのページに移動させるか、をタップします。

ホーム画面を編集できる状態にすると（Q.046参照）、自動的にホーム画面のアイコンが1つ増えます。この場合、実際にアプリのアイコンがあるホーム画面は4ページです。

2 ホームボタンを押すと、空になったページが自動的に削除されます。

Q 049 » ホーム画面にフォルダを作りたい！

A アイコンを重ねると、フォルダを作成できます。

iPadではホーム画面のアイコンを、フォルダごとにまとめることができます。

最初にフォルダにまとめたいいずれかのアイコンをタッチます。そのアイコンをドラッグして同じフォルダに入れるアイコンの上に重ねると、フォルダを作成することができます。

フォルダ名はアイコンに関連する名前が自動的に付けられ、あとから好きな名前に変更することも可能です（Q.051参照）。入力を終えたあとで、ホームボタンを押すとフォルダの位置と名称が決定されます。

完全にアイコン同士を重ね合わせないと、フォルダが作成されず、アイコンの配置が変わるだけなので注意しましょう（Q.046参照）。

1 アイコンを重ねると、自動的にフォルダが表示されます。

タップするとフォルダの名前を変更できます。

2 ホームボタンを押すと、フォルダの位置と名前が決まります。

3 フォルダをタップすると、

4 格納されているアイコンが拡大表示されます。フォルダ以外の部分をタップするか、ホームボタンを押すとフォルダが閉じます。

Q050 » フォルダ内にアイコンを追加したい！

A アイコンをフォルダまで移動させれば、フォルダに追加できます。

いずれかのアイコンをタッチして、ホーム画面を編集できる状態にします。ホーム画面のアイコンをフォルダ上にドラッグすると、内部に格納されます。フォルダからアイコンを取り除きたい場合は、フォルダをタップして開き、取り除きたいアイコンをタッチしてフォルダ外にドラッグします。フォルダからすべてのアイコンを取り除くと、そのフォルダは自動的に削除されます。

アイコンをフォルダに追加する場合

1 ホーム画面で任意のアイコンをタッチし、

2 アイコンをフォルダの上までドラッグします。

アイコンをフォルダから取り除く場合

1 ホーム画面の編集中にフォルダをタップし、任意のアイコンをタッチしてフォルダ外にドラッグします。

Q051 » フォルダ名を変更できるの？

A フォルダ名は好きな名前に変更できます。

フォルダ名は作成した段階で自動的に付けられますが、あとで変更することも可能です。自身で名称を決めたいときに、活用しましょう。

ホーム画面でいずれかのアイコンをタッチして、ホーム画面を編集できる状態にします。名前を変更したいフォルダをタップし、名前の入力フィールドをタップします。キーボードが表示されるので、任意の名称を入力します。この際、絵文字や顔文字を入力することも可能です。文字数の制限はありませんが、日本語で8文字以上の長い名前を付けると、表示しきれない部分は省略されて表示されてしまうので、できるだけその範囲に収まる名称を付けるとよいでしょう。ホームボタンを押すと、フォルダ名が確定されます。

1 名前の入力フィールドをタップして、変更したい名前を入力します。

2 ホームボタンを押すと、フォルダ名が確定されます。

Q 052 » アイコンの右上に出てくる数字は何？

A 「バッジ」といい、各アプリの新着情報の数を表します。

ホーム画面のアイコン上に表示される通知を「バッジ」といいます。メールの新着メッセージの数など新しい項目が何個待機しているかを数字で表示したり、メッセージが送信できなかったなど何か問題が発生すると感嘆符（！）が表示されたりします。
バッジを非表示にしたいときは、ホーム画面で＜設定＞→＜通知＞の順にタップし、表示内のバッジを表示させたくないアプリをタップし、＜Appアイコンにバッジを表示＞の◯をタップして、表示するかしないかを切り替えます。

1 ホーム画面から、＜設定＞→＜通知＞をタップし、

2 バッジを非表示にするアプリをタップします。

3 ＜Appアイコンにバッジを表示＞の◯をタップして◯にすると、該当するアプリのバッジが表示されなくなります。

Q 053 » 壁紙を変更したい！

A ロック画面とホーム画面の壁紙を変更することができます。

iPadにあらかじめ保存されている画像や＜写真＞アプリに保存されている画像を、ロック画面やホーム画面の壁紙に設定することができます。ここでは、iPadにあらかじめ登録されている画像を壁紙に設定する方法を説明します。＜写真＞に保存されている画像を設定する場合も、基本的には手順は同じです。ホーム画面で＜設定＞→＜壁紙＞→＜壁紙を選択＞の順にタップします。そのあと＜ダイナミック＞または＜静止画＞をタップします。そして壁紙に設定したい画像の種類をタップすると、プレビューが表示されるので、どの画面に壁紙を設定するかをタップして選ぶと、選んだ画面の壁紙が変更されます。
＜写真＞に保存されている画像を壁紙に設定する場合は、プレビュー時に画像を拡大したり縮小するなどして、壁紙に設定する範囲を調整できます。

1 ＜設定＞→＜壁紙＞→＜壁紙を選択＞→＜ダイナミック＞または＜静止画＞のどちらか（ここでは＜静止画＞をタップして、

2 壁紙に設定したい画像をタップし、

3 壁紙を設定する画面をタップして選択します。

Q 054 » タップやロック時の音を消したい！

A 「サウンド」画面でオン／オフを切り替えます。

キーボードの入力音と、スリープ／スリープ解除ボタンを押した際に鳴る音は、「サウンド」画面の設定で消すことができます。ホーム画面で＜設定＞→＜サウンド＞の順にタップし、、＜キーボードのクリック＞または＜ロック時の音＞の をタップして、 に切り替えます。

なお、カメラのシャッター音などは、どのように操作しても完全に消すことはできません。

1 ＜設定＞→＜サウンド＞の順にタップします。

2 ＜キーボードのクリック＞または＜ロック時の音＞の をタップして に設定すると、音を消すことができます。

Q 055 » 日付と時刻を設定したい！

A iPadが自動で設定します。

iPadの日付と時刻は通常、自動で合わせるように設定されていますが、任意の日付と時刻に変更することもできます。

ホーム画面で＜設定＞→＜一般＞→＜日付と時刻＞の順にタップし、＜自動設定＞の をタップして に切り替えます。そのあと日付と時間の表示されている部分をタップすると、日付と時刻を設定するダイヤルが表示されます。ダイヤルをスワイプすると、日付と時刻が設定できます。日付と時刻を変更したら、ホーム画面に戻ります。設定完了後、着信履歴や画像の撮影日時などにも変更した日付と時刻が適用されるので注意しましょう。

1 ＜自動設定＞の をタップして にし、日付と時間の表示されている部分をタップします。

2 ダイヤルをスワイプして、日付と時刻を設定します。

Q 056 » ホーム画面の上に表示されるお知らせは何？

A さまざまな情報の通知です。

通知とは、メールの着信や間近に迫ったイベントなどをお知らせする機能です。iPadを利用中に新しいメッセージを受信したり、リマインダーの設定時刻になったりすると、その内容がダイアログや画面上部のバナーに表示されます。ロックをかけていたり、通話中やWebページを閲覧している最中でも表示されます。通知はしばらくすると消えますが、画面上部を下にスワイプしてロック画面を表示すれば、内容を確認することができます。
ダイアログの場合は、確認操作を行うまでダイアログボックスが消えることはないので、重要な連絡やイベントを見逃さずに済みます。

ほかのアプリなどが起動していても、画面上部に通知が表示されます。

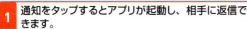

1 通知をタップするとアプリが起動し、相手に返信できます。

Q 057 » 通知にはどんな項目が表示される？

A 不在着信や新着メール、リマインダーなどが表示されます。

通知には、メッセージの着信やカレンダーに登録したイベントの期日、パスやリマインダーのタスク、ヒント、フォトストリームからの通知、現在地の天気などが表示されます。どれを画面に表示するか個別に設定することも可能で、＜設定＞→＜通知＞の順にタップして、アプリごとに指定します（Q.058参照）。

メッセージ	受信したメッセージの内容が表示されます。
リマインダー	リマインダーの通知内容が表示されます。
カレンダー	カレンダーに登録したイベントの内容が表示されます。
写真	フォトストリームからの通知内容が表示されます。
ヒント	iOS 11の新機能などについての通知内容が表示されます。
メール	受信したメールの内容が表示されます。

1 ホーム画面で＜設定＞→＜通知＞の順にタップします。

2 通知の設定をアプリごとに変更できます。

Q 表示

058 » 通知の表示内容を変更したい!

 <設定>アプリの<通知>で設定できます。

ロック画面はメールの受信やイベントの期日などをまとめて確認できる便利な機能ですが、画面内の情報が多すぎると読みづらくなってしまいます。そのような場合は、アプリごとにロック画面で表示しないよう設定することができます。
ホーム画面で<設定>→<通知>の順にタップし、「通知スタイル」から目的のアプリをタップします。<通知を許可>の をタップして に切り替えると、通知されなくなります。また<履歴に表示>の をタップしても、通知がロック画面に表示されなくなります（ダイアログやバナーでの通知は行われます）。FacebookやGmailなど、iPadにインストールすると、ロック画面で通知するアプリとして自動的に設定されるアプリもあります。

せん。
通知スタイルを変更するには、ホーム画面で<設定>→<通知>の順にタップし、目的のアプリをタップします。「バナーとして表示」で<一時的>／<持続的>のいずれかをタップします。

アプリごとに通知のスタイルを選択できます。

／ をタップして、ロック画面で表示する／表示しないを切り替えます。

 件名欄を表示しないようにします。

設定で<件名欄を表示>が になっていると、バナーの通知にメッセージなどの件名が表示されます。ホーム画面で<設定>→<メッセージ>をタップします。<件名欄を表示>の をタップして に切り替えると、通知内にプレビューが表示されなくなります。

をタップして にします。

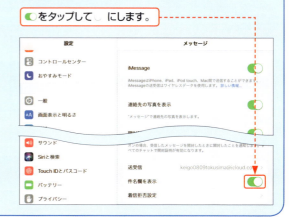

 通知スタイルを変更します。

iPadの通知スタイルには、<一時的>と<持続的>があります。<一時的>は、画面の上部に通知がバナーとして表示され、しばらくすると自動的に表示が消えます。<持続的>では、通知をタップしたり下方向にスワイプしたりして確認するまで、バナーの表示が消えま

 表示　　　　　　　　　　　　　　　　　　　iPad 5 / iPad mini 4 / iPad Pro 10.5inch / iPad Pro 12.9inch

059 » 画面の明るさを変更したい！

＜設定＞アプリの＜画面表示と明るさ＞から手動で調節します。

iPadには輝度センサーが搭載されており、周囲の明るさに応じて画面の明るさが自動的に調節されます。
ただし、照明の点灯や消灯などによって、周囲の明るさが急激に変わった場合などは、画面の明るさを適切に調節できないことがあります。そのような場合は、いったんiPadをスリープモードに設定して、解除してください（Q.034参照）。スリープモードの設定／解除を行うと、周囲の明るさに応じて画面の明るさが自動で調節されます。
画面の明るさを手動で調節できるように設定することもできます。ホーム画面で＜設定＞→＜画面表示と明るさ＞の順にタップし、スライダを左右にドラッグして画面の明暗を調節します。画面の明るさを上げすぎると、目に負担がかかったり、電池の消費が早くなったりするので注意しましょう。

1 ホーム画面から＜設定＞をタップし、

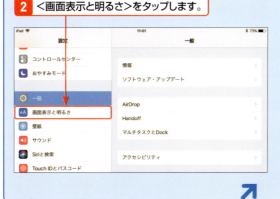

↓

2 ＜画面表示と明るさ＞をタップします。

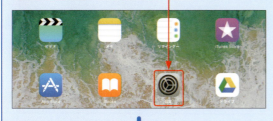

↑

3 スライダを左方向にドラッグします。

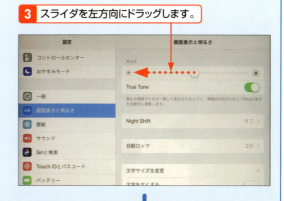

↓

4 画面が暗くなります。　　**5** スライダを右方向にドラッグします。

↓

6 画面が明るくなります。

基本操作と設定 2

| | | iPad 5 | iPad mini 4 | iPad Pro 10.5inch | iPad Pro 12.9inch |

表示

060 » 夜は画面を暗くしたい！

A Night Shift機能を利用します。

iPadでは、夜の間だけ目の負担になるブルーライトを軽減することができる、「Night Shift」機能を利用することができます。ホーム画面から＜設定＞→＜画面表示と明るさ＞→＜Night Shift＞の順にタップします。＜時間指定＞の をタップして ◯ にし、＜開始 終了＞をタップすると、Night Shiftを有効にする時間を設定することができます。＜手動で明日まで有効にする＞の をタップして ◯ にすると、その時点から一晩のみ有効になります。

1 ホーム画面から＜設定＞→＜画面表示と明るさ＞をタップし、

2 ＜Night Shift＞をタップします。

3 ＜時間指定＞の をタップして、

4 ＜開始 終了＞をタップします。

5 Night Shiftを有効にする時間を設定することができます。

6 ＜手動で明日まで有効にする＞の をタップして ◯ にすると、その時点から翌朝7時まで有効になります。

Q 061 » 誤って表記を英語にしてしまった！

A ＜Settings＞アプリから表記を日本語に戻します。

何らかの操作によってiPadの画面表記が英語に切り替わってしまっても、日本語の表記に戻すことができます。ホーム画面で＜Settings＞→＜General＞→＜Language & Region＞→＜iPad Language＞→＜日本語＞→＜Done＞→＜Continue＞の順にタップします。「言語を設定中」のメッセージが表示され、しばらく経つと表記が日本語に変わり、設定画面に戻ります。

1 ホーム画面で＜Settings＞→＜General＞をタップし、

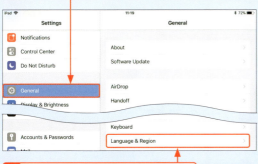

2 ＜Language & Region＞をタップし、

3 ＜iPad Language＞→＜日本語＞をタップして、

4 ＜Done＞→＜Continue＞をタップします。

5 言語の変更が完了すると、設定画面が日本語で表示されます。

Q 062 » 「充電していません」と表示される！

A 充電機器を確認します。

最初にパソコンとiPadがきちんと接続されているか確認しましょう。次に、Lightning - USB ケーブルに異常や破損がないか確認します。異常や破損がある場合はケーブルを交換しましょう。

A パソコンの状態を確認します。

iPadを接続しているパソコンがスリープモードやスタンバイモードになっていないかを確認しましょう。ノートパソコンの場合は、本体が開いているか確認してください。パソコンがスリープモードもしくはスタンバイモードになっている場合や、ノートパソコンの本体が閉じている場合は、iPadを充電できないことがあります。

A 家庭用コンセントから充電します。

iPadの電源を入れ直してください（Q.030参照）。iPadの充電を完全に使い切ってしまっている場合、USBアダプタを使って家庭用コンセントから充電する必要があります。しばらく充電してから電源を入れてみましょう。パソコンのUSB端子には、電力量の出力が低いものがあります。パソコンと何度接続しても「充電していません」と表示される場合は、家庭用コンセントから充電するようにしましょう。

電力量の低いパソコンのUSBポートと接続すると、「充電していません」と表示されることがあります。

Q  表示

063 » 本体内もWebも一度に検索したい！

 Spotlight検索を利用します。

Spotlight検索とは、iPadに保存されているアプリやミュージック、メール、連絡先などを検索できる機能です。たとえばインストールしたアプリ、もしくは重要な相手からのメールがなかなか見つからないときなどに重宝します。

また推奨されたWebサイト、BingのWeb検索結果も確認することができます。Spotlightで検索したキーワードについて、より深く知りたいときなどに、利用するとよいでしょう。

Spotlightで検索する

1 ホーム画面を右方向に何度かスワイプすると、画面上部にSpotlight検索の検索フィールドが表示されます。

2 検索するキーワードを入力すると、

3 該当するアプリや推奨されたWebサイト、Googleの検索結果などが表示されます。検索候補をタップすると、アプリが起動します。

検索条件を変更する

1 ＜設定＞→＜Siriと検索＞の順にタップし、

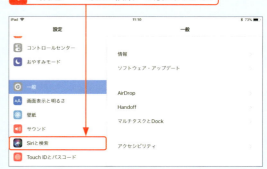

2 検索対象から除外したいアプリ（ここでは＜連絡先＞）をタップします。

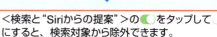

3 ＜検索と"Siriからの提案"＞の ◯ をタップして ◯ にすると、検索対象から除外できます。

Q 表示

064 » iPadの使用可能容量を確認したい！

iPadで確認します。

写真や動画を撮影して保存したり、音楽やアプリをダウンロードするたびに、iPadの記憶容量は減っていきます。この記憶容量には限りがあり、過去のデータを破棄しないといずれゼロになります。どれだけのデータが保存できるのかは「設定」画面から確認できます。ホーム画面で＜設定＞→＜一般＞→＜iPadストレージ＞の順にタップし、使用中の容量と空き容量を表示します。使用状況には、ダウンロードしたアプリとその容量が一覧で表示されます。不要なアプリや容量の大きいアプリをタップして＜Appを削除＞→＜Appを削除＞タップすると、そのアプリとデータはすべて削除されます。

iTunesで確認します。

iPadをパソコンに接続している場合は、iTunesでiPadの使用容量を確認できます。iTunesの画面左上に表示される＜iPad＞をクリックし、画面下部でiPadの使用状況を確認します。

この際iTunesで同期させるデータを意図的に減らして、iPadの使用容量を削減することが可能です。同期させる項目を減らすには、画面左上にある＜ミュージック＞や＜ムービー＞といった各項目をクリックします。そのあと＜音楽を同期＞、＜ムービーを同期＞などにチェックを付け、同期させたいデータだけをクリックして選択してから＜適用＞をクリックすると、iTunesとの同期が実行され、選択されなかったデータはiPadから自動的に削除されます。

1 ホーム画面で＜設定＞→＜一般＞をタップし、

2 ＜iPadストレージ＞をタップして、

3 削除したいアプリをタップします。

4 ＜Appを削除＞→＜Appを削除＞をタップすると、アプリが削除されます。

iPadの使用容量と空き容量をバーで確認することができます。

同期させるデータを限定すると、iPadの使用容量を削減できます。

77

| Q | 表示 | iPad 5 / iPad mini 4 / iPad Pro 10.5inch / iPad Pro 12.9inch |

065 » ホーム画面をもとに戻したい！

A ホーム画面のレイアウトをリセットします。

ホーム画面のレイアウトを購入時の状態に戻したいときは、ホーム画面で＜設定＞→＜一般＞→＜リセット＞をタップし、＜ホーム画面のレイアウトをリセット＞→＜リセット＞をタップします。リセットすると、購入後にインストールしたアプリは2番目のページに移動します。ただし、作成したフォルダはすべてなくなってしまうので注意が必要です。

1 ホーム画面から＜設定＞をタップします。

2 ＜一般＞をタップし、

3 ＜リセット＞をタップして、

4 ＜ホーム画面のレイアウトをリセット＞をタップします。

5 ＜リセット＞をタップします。

6 ホーム画面のレイアウトがリセットされます。

第**3**章

入力の
「こんなときどうする？」

066 >>> 068	キーボード
069 >>> 086	入力
087 >>> 090	記号／顔文字／絵文字
091 >>> 094	応用
095 >>> 097	音声入力
098 >>> 103	便利技

Q 066 » キーボードを隠したい！

A キーボードの をタップすると隠すことができます。

iPadは検索画面を表示したり、文字入力フィールドをタップすると自動的にキーボードが表示されます。文章の全体を確認する際には、キーボードを隠すことも可能です。キーボードの右下をタップすると、キーボードが一時的に非表示となります。キーボードが邪魔になってすべての文章が閲覧できないときに、覚えておくと便利な操作です。再度キーボードを表示したいときは、文字入力フィールドをタップします。

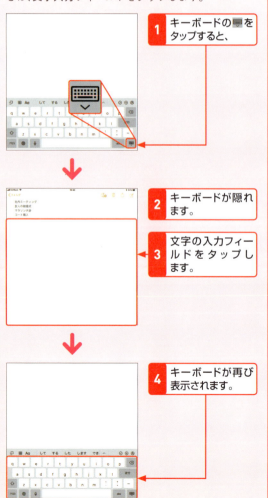

1 キーボードの🖥をタップすると、

2 キーボードが隠れます。

3 文字の入力フィールドをタップします。

4 キーボードが再び表示されます。

Q 067 » iPadで使えるキーボードの種類は？

A 日本語かな、日本語ローマ字、絵文字、English（Japan）が使えます。

初期状態では、日本語かな／日本語ローマ字／絵文字／English（Japan）という4種類のキーボードを利用できます。さらに別言語のキーボードを追加／削除することも可能です（Q.098〜099参照）。日本語や英語以外で連絡を取り合うときに利用しましょう。

日本語かなキーボード

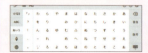

ひらがなが五十音順に配置されるキーボードです（Q.069参照）。利用するには設定が必要です。

日本語ローマ字キーボード

パソコンのキーボードと同じキー配列で、日本語を入力できるキーボードです（Q.071参照）。

絵文字キーボード

絵文字を入力できるキーボードです（Q.090参照）。

English（Japan）キーボード

パソコンのキーボードと同じキー配列で、英語を入力できるキーボードです。

| キーボード |

Q 068 » キーボードの種類を切り替えたい！

A 🌐をタップして切り替えます（絵文字の場合はＡＢＣ）。

キーボードの🌐をタップするたびに、キーボードが以下の順番で切り替わります（絵文字の場合はＡＢＣをタップ）。

日本語かな → 日本語ローマ字 → 絵文字 → English（Japan）

A iPadを横向きにします。

iPadを横向きにすると、自動的に横画面になります。画面を横向きにしてもキーボードは切り替わりませんが、縦向きのときと配列は同じまま大きく表示されるので、キーをタップしやすくなります。

> 画面の幅が広いため、横画面のキーボードは縦画面のキーボードよりもキーが大きくなります。

A 🌐をタッチして選択します。

キーボードの🌐をタッチすると、キーボードリストが表示されます。使いたいキーボードをタップすると、キーボードが切り替わります。キーボード名が表示されるので、キーボードを追加している場合（Q.072、Q.098参照）はとくに使いやすい機能です。

1 🌐をタッチして、

2 任意のキーボード名をタップします。

3 キーボードの種類が切り替わります。

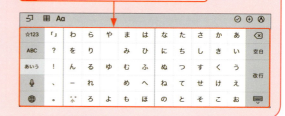

Q 069 » 日本語かな入力で日本語を入力したい！

入力 | iPad 5 | iPad mini 4 | iPad Pro 10.5inch | iPad Pro 12.9inch

A 日本語かなキーボードで入力します。

iPadに用意されている日本語かなキーボードは、五十音順に文字が表示されている特殊なキー配列となっています。入力したい文字をタップすると、選択した文字が入力されます。濁音／半濁音／拗音を入力したいときは、清音を入力し、゛をタップします。なお、日本語かなキーボードは、デフォルトでは「あ行」がキーボード右側に配置されています。キーボード左側に「あ」行を配置したいときは、ホーム画面で＜設定＞→＜一般＞→＜キーボード＞をタップし、＜あ行が左＞を◯にしましょう。

1 え→い→か とタップし、最後の文字のあとに゛をタップすると、「えいが」と入力されます。

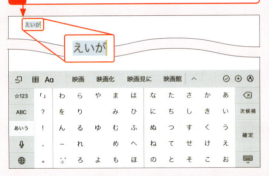

入力する文字の種類を切り替えるには、ABCもしくは☆123をタップします。ABCをタップするとアルファベットが、☆123をタップすると記号と数字を入力することができます。

1 ☆123をタップすると、記号入力に切り替わります。

2 ABCをタップすると、英数字入力に切り替わります。

Q 070 » フリック入力がしたい！

入力 | iPad 5 | iPad mini 4 | iPad Pro 10.5inch | iPad Pro 12.9inch

A 日本語かなキーボードを分割するとフリック入力が使えます。

フリック入力とは、タップしたキーを前後左右にスワイプして文字を入力する方法のことです。iPhoneの日本語かなキーボードでは、「あ」キーを下方向にスワイプすると「お」を入力することができます。
iPadの日本語かなキーボードは、濁音などをフリックで入力することができます。iPhoneのようにフリック入力を利用したい場合は、日本語かなキーボードを分割すると、フリック入力ができます（Q.077参照）。

1 キーをタッチして、上下左右にスワイプします。

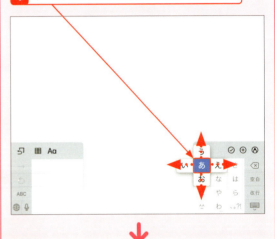

2 キーをタッチせずに、上下左右にスワイプして入力することも可能です。

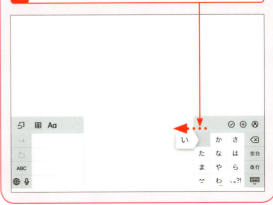

Q 071 » 日本語ローマ字入力で日本語を入力したい！

iPad 5 / iPad mini 4 / iPad Pro 10.5inch / iPad Pro 12.9inch

A 日本語ローマ字キーボードで入力します。

ローマ字で日本語を入力する場合は、日本語ローマ字キーボードを使用します。パソコンと同じキー配列となっているので、パソコンの操作に慣れた人はすぐに使いこなすことができるでしょう。アルファベットを入力したいときは、入力したいキーをタッチして、バルーンを表示します。そのままバルーンの方向にスワイプすると、アルファベットが確定入力されます。大文字を入力したいときは、変換候補から大文字のアルファベットをタップしましょう。

日本語を入力する

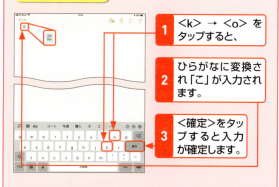

1 <k> → <o> をタップすると、
2 ひらがなに変換され「こ」が入力されます。
3 <確定>をタップすると入力が確定します。

アルファベットを入力する

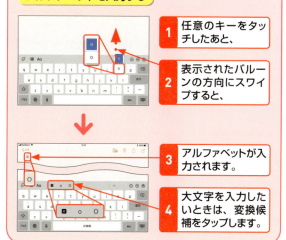

1 任意のキーをタッチしたあと、
2 表示されたバルーンの方向にスワイプすると、
3 アルファベットが入力されます。
4 大文字を入力したいときは、変換候補をタップします。

Q 072 » 日本語入力で別のアプリを使いたい！

iPad 5 / iPad mini 4 / iPad Pro 10.5inch / iPad Pro 12.9inch

A サードパーティ製キーボードをインストールします。

iOS 8以降では、<App Store>からインストールを行えば、自分で新しく導入したキーボードを使って、文字を入力できるようになりました。ぜひ自分に合ったサードパーティ製キーボードを探して、文字の入力操作をより快適に行いましょう。

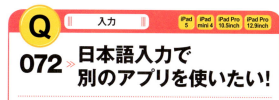

1 Q.360を参照して、サードパーティ製キーボードをインストールします。

2 Q.098を参照して「新しいキーボードを追加」画面を表示して、

3 手順1でインストールしたキーボードをタップします。

4 「キーボード」画面で追加したキーボードをタップし、<フルアクセスを許可>を にして、<許可>をタップしたあと、

5 Q.068を参照して🌐を何回かタップすると、
6 新しいキーボードを利用できます。

入力 3

83

Q 入力
073 » 漢字に変換したい！

A 変換候補から選択します。

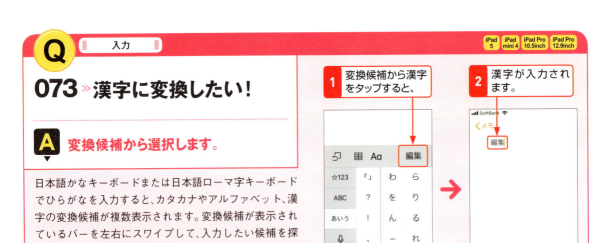

日本語かなキーボードまたは日本語ローマ字キーボードでひらがなを入力すると、カタカナやアルファベット、漢字の変換候補が複数表示されます。変換候補が表示されているバーを左右にスワイプして、入力したい候補を探し、タップすると文字が入力されます。変換候補は直近の入力順に表示されます。

Q 入力
074 » 変換候補に目的の文字が見つからない！

A 変換候補を一覧表示しましょう。

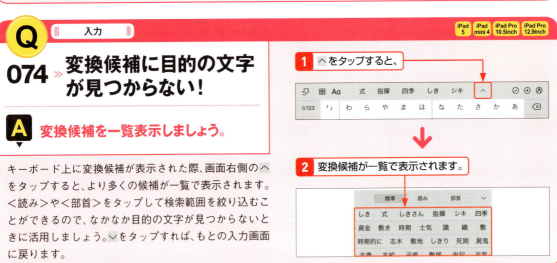

キーボード上に変換候補が表示された際、画面右側の∧をタップすると、より多くの候補が一覧で表示されます。＜読み＞や＜部首＞をタップして検索範囲を絞り込むことができるので、なかなか目的の文字が見つからないときに活用しましょう。∨をタップすれば、もとの入力画面に戻ります。

Q 入力
075 » 変換候補の表示は消せる？

A 消せません。

変換候補の表示を消すことはできません。ただ、変換候補の学習状態を購入時の状態に戻すことはできます。ホーム画面で＜設定＞→＜一般＞→＜リセット＞→＜キーボードの変換学習をリセット＞→＜リセット＞の順にタップします。必要に応じてパスコードを入力しましょう。

Q 076 » キーボードの位置を変更したい！

iPad 5 / iPad mini 4 / iPad Pro 10.5inch / iPad Pro 12.9inch

入力

A ▭をタッチします。

iPadのソフトウェアキーボードが、下に表示されている画面を遮って文章を入力しづらいと感じたときは、キーボードの位置を移動させましょう。キーボード右下の▭をタッチしたまま、＜固定解除＞に指をスライドして離したあと、▭を上下にドラッグすると、キーボードの位置を自由に変更することができます。もとの位置に戻したいときは再度▭をタッチしたまま、＜固定＞に指をスライドして離します。

キーボードの位置を変更すると、キーボードが分割されることがあります。分割を解除する手順は、Q.078を参照してください。

1 ▭をタッチしたまま、

2 ＜固定解除＞に指をスライドして離します。

3 ▭を上下にドラッグして位置を変更できます。

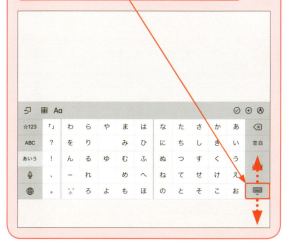

Q 077 » キーボードを分割したい！

iPad 5 / iPad mini 4 / iPad Pro 10.5inch / iPad Pro 12.9inch

入力

A キーボードを左右にスプレッドします。

iPadはiPhoneに比べ画面が大きいため、中央のキーを押しづらく感じるかもしれません。両手で持って親指で文字を入力するときなどに便利なのが、キーボードの分割表示機能です。日本語ローマ字、English（Japan）キーボードでは、キーボードを左右にスプレッドすることで、キーボードを左右に分けて表示させることができます。これにより、手の小さな人でも両手で文字を入力しやすくなります。

日本語かな、絵文字キーボードでキーボードを分割したいときは、▭をタッチしたまま、＜分割＞に指をスライドして離します。

1 キーボードを左右にスプレッドします。

2 キーボードが左右に分割表示されます。

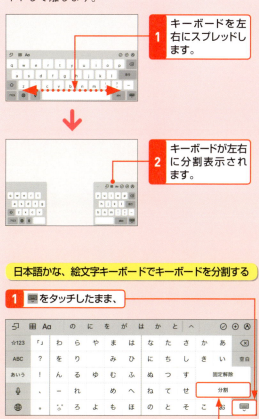

日本語かな、絵文字キーボードでキーボードを分割する

1 ▭をタッチしたまま、

2 ＜分割＞に指をスライドして離します。

Q 078 » キーボードの分割を解除したい！

入力 | iPad 5 | iPad mini 4 | iPad Pro 10.5inch | iPad Pro 12.9inch

A 分割されたキーボードを中央に向かってピンチします。

日本語ローマ字、English（Japan）キーボードの分割を解除したいときは、左右のキーボードを中央に向かってピンチします。日本語かな、絵文字キーボードでキーボードの分割を解除したいときは、⌨をタッチしたまま、＜結合＞に指をスライドして離します。＜固定して分割解除＞は、キーボードが画面の最下部に移動し、分割が解除されます。

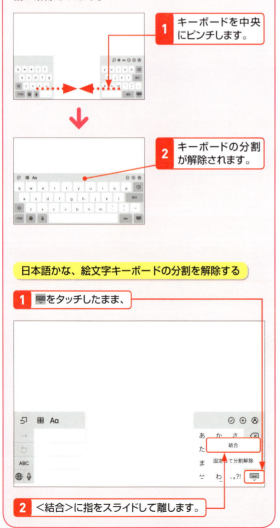

1 キーボードを中央にピンチします。
2 キーボードの分割が解除されます。

日本語かな、絵文字キーボードの分割を解除する

1 ⌨をタッチしたまま、
2 ＜結合＞に指をスライドして離します。

Q 079 » キーボードが分割されないようにしたい！

入力 | iPad 5 | iPad mini 4 | iPad Pro 10.5inch | iPad Pro 12.9inch

A ＜設定＞でキーボードの分割をオフに設定します。

iPadでキーボードの位置を移動すると、キーボードが自動で分割されることがあります。このキーボードの分割機能が必要ないときは、機能自体をオフに設定することもできます。ホーム画面で＜設定＞→＜一般＞→＜キーボード＞をタップし、＜キーボードを分割＞の をタップして に切り替えます。以降は、キーボードの分割が行われなくなります。ただし、＜キーボードを分割＞をオフに設定すると、キーボードの移動機能（Q.076参照）も利用できなくなります。

1 ホーム画面で＜設定＞→＜一般＞をタップし、

2 ＜キーボード＞をタップして、

3 ＜キーボードを分割＞の をタップして に切り替えます。

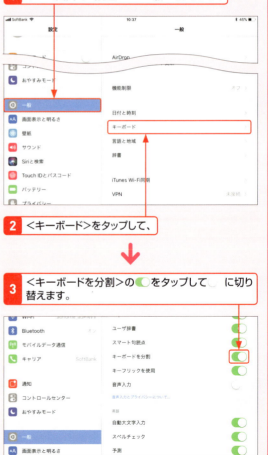

Q 080 » 文章をコピー&ペーストしたい！

A オプションメニューを利用します。

オプションメニューを使うと、指定した範囲の文章をコピーすることができます。コピーした文章はiPadに記憶されるので、同じファイルだけではなく、別の文字入力画面やアプリでペーストすることもできます。コピーした文章をペーストしたいときは、文章をタッチしてペーストしたい位置にカーソルを移動して、＜ペースト＞をタップします。なお、キーボードの をタップしてコピーやペーストをすることもできます。

文章をコピーする

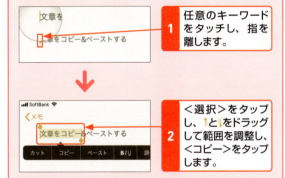

1. 任意のキーワードをタッチし、指を離します。
2. ＜選択＞をタップし、 と をドラッグして範囲を調整し、＜コピー＞をタップします。

文章をペーストする

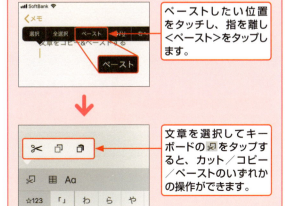

ペーストしたい位置をタッチし、指を離し＜ペースト＞をタップします。

文章を選択してキーボードの をタップすると、カット／コピー／ペーストのいずれかの操作ができます。

Q 081 » 文字を削除したい！

A をタップします。

文字を確定する前でも、文字を確定したあとでも、 をタップすると、カーソルの左側の文字が削除されます。 をタップし続けると、連続で文字が削除されます。また、削除する範囲を指定（Q.080参照）して をタップすると、指定した範囲の文字をまとめて削除することができます。

文字を削除する

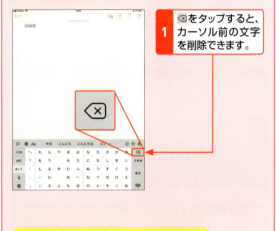

1. をタップすると、カーソル前の文字を削除できます。

指定した範囲の文字をまとめて削除する

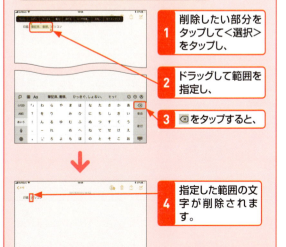

1. 削除したい部分をタップして＜選択＞をタップし、
2. ドラッグして範囲を指定し、
3. をタップすると、
4. 指定した範囲の文字が削除されます。

87

Q 082 » 長い文章をまとめて選択したい！

 オプションメニューを利用します。

文章の作成画面などで任意の箇所をタッチしてから指を離すと、＜選択＞＜全選択＞＜写真を挿入＞、何かコピーしていれば＜ペースト＞という4つのオプションメニューが表示されます。そのうちの＜全選択＞をタップすると、すべての文章を選択することができます。

1 任意の箇所をタッチしてから指を離し、

2 ＜全選択＞をタップすると、すべての文章が選択できます。

 文章を2本の指でダブルタップします。

2本の指を使う方法もあります。文章を2本指で同時にダブルタップすると、タップした段落の文章が選択されます。範囲がずれている場合は、↑と↓をドラッグして調整します（Q.080参照）。

1 2本指で文章をダブルタップすると、ダブルタップした段落の文章を選択できます。

Q 083 » 目的の場所に文字を挿入したい！

 拡大鏡を利用します。

カーソルは画面をタップして移動できますが、思い通りの場所に移動できないことがあります。その場合は、拡大鏡を使って拡大表示し、カーソルを目的の場所に確実に移動させます。画面をタッチすると拡大鏡が表示され、タッチしている辺りが拡大表示されます。拡大鏡の中にはカーソルが表示されています。そのまま指を移動させると、拡大鏡とカーソルが移動して、目的の場所までカーソルを移動できます。指を離すと拡大鏡が消え、オプションメニューが表示されます。

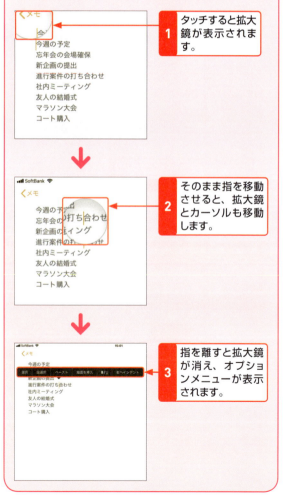

1 タッチすると拡大鏡が表示されます。

2 そのまま指を移動させると、拡大鏡とカーソルも移動します。

3 指を離すと拡大鏡が消え、オプションメニューが表示されます。

Q 084 » 「ば」「ぱ」「ゃ」「っ」などを入力したい！

A ⼩をタップします。

日本語かなキーボードでひらがなを入力して、⼩をタップすると、濁音／半濁音／拗音／促音を入力できます。たとえば、「は」を入力してから⼩をタップすると、「ば」に切り替わります。⼩をもう一度タップすると「ぱ」に切り替わり、もう一度タップすると「は」に戻ります。「つ」の場合は、「っ」→「づ」→「つ」の順に切り替わります。なお、濁音などの表記がないひらがなを入力して⼩をタップしても、何も起こりません。

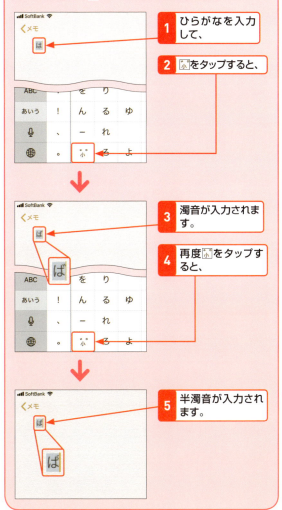

1 ひらがなを入力して、
2 ⼩をタップすると、
3 濁音が入力されます。
4 再度⼩をタップすると、
5 半濁音が入力されます。

Q 085 » アルファベットの大文字を入力したい！

A ⇧をタップします。

⇧はパソコンのキーボードでいう Shift に相当します。⇧をタップすると、大文字と小文字を切り替えることができます。⇧をタップすると、表示が⬆に切り替わります。この状態でキーボードをタップすると、大文字を入力することができます。英語入力の場合、文頭にカーソルがあるときは⬆が表示され、自動的に大文字が入力できるように設定されています。自動で大文字が入力されないように設定することもできます（Q.100参照）。

1 キーボード上で⇧をタップすると、
2 ⬆に切り替わります。
3 キーボードをタップすると、
4 アルファベットの大文字が入力できます。

Q 086 » 大文字を連続で入力したい！

入力 | iPad 5 | iPad mini 4 | iPad Pro 10.5inch | iPad Pro 12.9inch

A をダブルタップします。

⇧のダブルタップは、パソコンのキーボードの Caps Lock に相当します。Caps Lockは、入力したアルファベットを大文字に固定する機能です。⇧をダブルタップすると、表示が⬆に切り替わります。この状態でキーボードをタップすると、大文字のアルファベットを連続で入力できるようになります。
Caps Lock を解除するには、もう一度⬆をタップします。⇧の表示に戻り、Caps Lockが解除されます。

1 ⇧をダブルタップすると、

2 ⬆に切り替わります。

3 キーボードをタップすると、

4 アルファベットの大文字を連続で入力できます。

Q 087 » 数字や記号を入力したい！

記号／顔文字／絵文字 | iPad 5 | iPad mini 4 | iPad Pro 10.5inch | iPad Pro 12.9inch

A 数字入力モードで入力します。

キーボードを数字入力モードにすると、数字や記号を入力することができます。日本語かな入力の場合は、☆123 をタップすると、数字入力モードに切り替わります。各キーに数字や記号が割り当てられているので、目的のキーをタップして数字や記号を入力します。日本語ローマ字キーボードやEnglish（Japan）キーボードの場合は、.?123 をタップすると、数字入力モードに切り替わります。#+= ／ 123 をタップして、数字キーボードと記号キーボードを切り替えることができます。「きごう」と入力し、変換候補から記号を入力することも可能です。また、キーの上にグレーで表示されている文字や記号は、そのキーを下にスワイプすると、入力できます。

日本語かなキーボードの場合

☆123 をタップすると、各キーに数字や記号が割り当てられています。

日本語ローマ字キーボード／English（Japan）キーボードの場合

#+= ／ 123 をタップすると、数字キーボードと記号キーボードが切り替わります。

Q 088 » 記号を全角で入力したい！

A ＜全角＞をタップしてから記号を入力します。

キーボードで記号を入力すると、日本語かなキーボードの場合でも半角で入力されます。全角の記号を入力するには、英字入力モードもしくは数字記号入力モードを表示し、＜全角＞をタップします。このあと、英数字や記号のキーをタップすると、文字が全角で入力されるようになります。

1 ＜全角＞をタップすると、

2 記号が全角で入力できます。

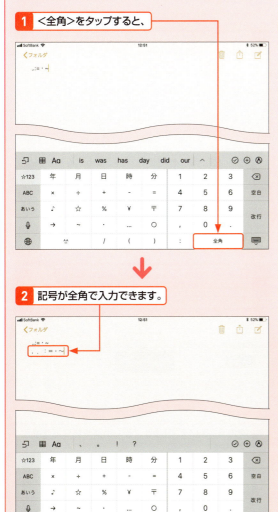

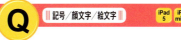

Q 089 » 顔文字を入力したい！

A をタップします。

iPadでは、日本語かな、日本語ローマ字キーボードで顔文字を入力することができます。日本語かなキーボードでは☆123をタップし、日本語ローマ字キーボードでは.?123をタップして、数字記号入力モードに切り替えます。^_^をタップすると、顔文字の候補が表示されるので、任意の顔文字をタップして入力します。

1 ^_^をタップして∧をタップすると、

2 顔文字の一覧が表示されるので、入力したい顔文字をタップします。

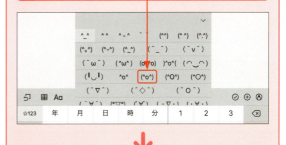

3 選んだ顔文字が入力されます。

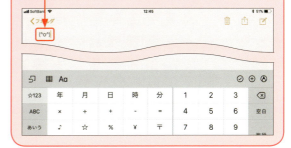

91

Q 090 ≫ 絵文字を入力したい！

記号／顔文字／絵文字　　iPad 5／iPad mini 4／iPad Pro 10.5inch／iPad Pro 12.9inch

A 絵文字キーボードを利用します。

絵文字を入力したいときは、🌐をタップし、絵文字キーボードに切り替えます。どのようなものを入力したいか決まっている場合は、画面下の◎😀🐻🍔⚽🚗💡🔣🏁をタップしカテゴリを選択しましょう。左右にスワイプするとページが切り替わります。そのあと、任意の絵文字をタップすると、選択した絵文字が入力されます。

1 のいずれかをタップしてカテゴリを切り替え、

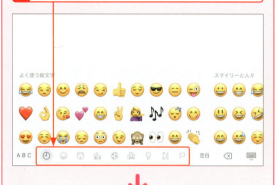

2 入力したい絵文字をタップします。

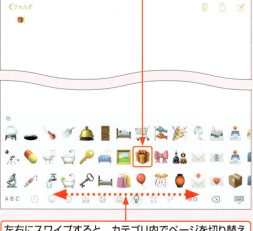

左右にスワイプすると、カテゴリ内でページを切り替えることができます。

Q 091 ≫ 間違って入力した英単語を修正したい！

応用　　iPad 5／iPad mini 4／iPad Pro 10.5inch／iPad Pro 12.9inch

A 自動修正や、オプションメニューを利用します。

English（Japan）キーボード使用時であれば、スペルが誤って入力されていた場合、入力した文字列に近い、正しい単語が変換候補に青文字で表示されます。その変換候補をタップすると、正しい英単語が入力されます。また、修正したい英単語をダブルタップして＜置き換える＞をタップすると、正しいスペルの候補が表示されます。

1 スペルが間違っていると、正しいスペルの英単語が青文字で変換候補に表示されます。

2 変革候補をタップすると、正しい英単語に置き換えられます。

オプションメニューを表示して修正する

1 Q.080を参照してオプションメニューを表示し、＜置き換える＞をタップすると、正しい英単語の候補が吹き出しで表示されます。

2 吹き出しをタップすると、正しい英単語に置き換えられます。

Q 092 » 直前の入力操作をキャンセルしたい！

応用 / iPad 5 / iPad mini 4 / iPad Pro 10.5inch / iPad Pro 12.9inch

A ＜取り消す＞をタップします。

文字の入力・貼り付け後に、直前の入力内容を取り消したいときは、＜取り消す＞をタップします。日本語かなキーボードでは、ABCをタップし英字入力モードに切り替えると、＜取り消す＞をタップすることができます。日本語ローマ字キーボードの場合は、.?123をタップし、数字記号入力モードに切り替えると、＜取り消す＞をタップできます。English (Japan) キーボードの場合も、.?123をタップし、数字記号入力モードに切り替え、＜undo＞をタップすると、直前の入力内容を取り消すことができます。

1 日本語かなキーボードでは、ABCをタップし、

2 ＜取り消す＞をタップします。

直前に取り消した入力をやり直す

1 ⬆をタップすると、

2 ＜やり直す＞機能が利用できます。

Q 093 » よく使う単語をかんたんに入力したい！

応用 / iPad 5 / iPad mini 4 / iPad Pro 10.5inch / iPad Pro 12.9inch

A ユーザ辞書に登録します。

よく使う単語や、通常変換されないような単語をユーザ辞書に登録すると、登録したよみを入力するだけで、変換候補にその単語が表示されるようになります。これにより入力の手間を省略することができます。たとえば、「いつもお世話になっています。」という単語を、「いつも」というよみで登録した場合、文字入力画面で「いつも」と入力すると、変換候補に「いつもお世話になっています。」が表示されます。

ユーザ辞書に単語を登録するには、ホーム画面で＜設定＞→＜一般＞→＜キーボード＞→＜ユーザ辞書＞→＋の順にタップし、変換する「単語」と単語を表示する「よみ」を入力します。＜保存＞をタップすると、単語がユーザ辞書に登録されます。

1 「単語」と「よみ」を入力し、

2 ＜保存＞をタップします。

3 登録したよみを入力すると、

4 変換候補に登録した単語が表示されます。

3 入力

93

Q 094 » 自作の顔文字を登録したい！

応用 | iPad 5 | iPad mini 4 | iPad Pro 10.5inch | iPad Pro 12.9inch

A ユーザ辞書を利用します。

ユーザ辞書には自作の顔文字も登録することができます。文字入力画面でをタップすると、候補一覧に登録した顔文字が表示されます。
に顔文字を登録するには、ユーザ辞書の「よみ」にを入力する必要があります。Q.093と同様に、ホーム画面で＜設定＞→＜一般＞→＜キーボード＞→＜ユーザ辞書＞→＋の順にタップし、「単語」に登録したい顔文字を、「よみ」にを入力します。は、キーボードのをタップし、変換候補に表示される「(*☻-☻*)」を編集して入力します（Q.089参照）。＜保存＞をタップすると、入力した顔文字がに登録されます。

1 「単語」に顔文字、「よみ」にを入力し、

2 ＜保存＞をタップします。

3 をタップすると、

4 登録した顔文字が顔文字一覧に表示されます。

Q 095 » 音声で文章を入力できる？

音声入力 | iPad 5 | iPad mini 4 | iPad Pro 10.5inch | iPad Pro 12.9inch

A をタップします。

文字入力画面でをタップし、初回は＜音声入力を有効にする＞をタップすると、音声で文字を入力することができます。をタップし、「ピッ」と音が鳴ったら、マイクに向かって入力したい文字を話します。話した内容は自動的に漢字に変換されて入力されます。漢字が多い文章の入力時などに利用しましょう。

1 文字入力画面でをタップします。

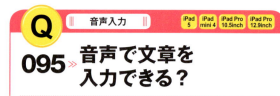

2 マイクに向かって入力したい内容を話すと、文字が入力されます。

3 をタップすると音声入力が終了し、キーボードに戻ります。

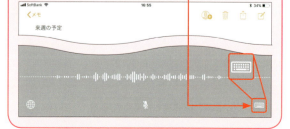

Q 096 » 音声入力で改行したい!

A 「改行」と話しかけます。

iPadでは、＜改行＞や＜return＞をタップすることで次行に文字を入力することができます。そのほか音声入力を利用する方法もあります。キーボード下の 🎤 をタップし、「改行(かいぎょう)」と話しかけます。

1 文字入力画面で 🎤 をタップします。

2 「改行」と話しかけると、

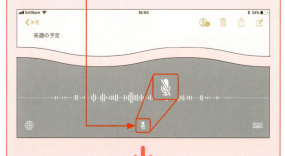

3 文章が改行されます。

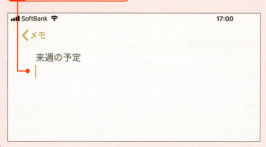

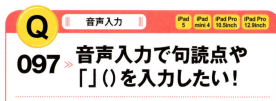

Q 097 » 音声入力で句読点や「」()を入力したい!

A 句読点やカッコの名称を話しかけます。

音声入力で句読点や「」()を入力する場合は、キーボード下部の 🎤 をタップし、iPadに向かって以下の名称を話しかけます。

、	とうてん	)	かっことじる
。	まる	「	かぎかっこ
(	かっこ	」	かぎかっことじる

1 文字入力画面で 🎤 をタップします。

2 「かぎかっこ」と話しかけると、

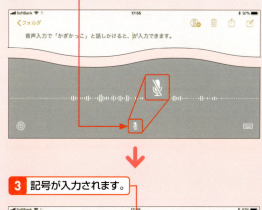

3 記号が入力されます。

95

Q 098 » 別の言語のキーボードを使いたい！

A キーボードを追加します。

iPadでは、日本語／英語以外の言語のキーボードを追加して、文字入力画面で使用することができます。ホーム画面で＜設定＞→＜一般＞→＜キーボード＞→＜キーボード＞→＜新しいキーボードを追加＞の順にタップし、追加する言語をタップします。文字入力画面で🌐をタップすると、追加した言語のキーボードに切り替えられます（Q.068参照）。

1 ホーム画面から＜設定＞→＜一般＞→＜キーボード＞→＜キーボード＞の順にタップし、

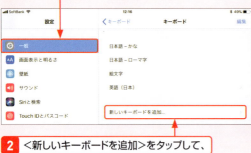

2 ＜新しいキーボードを追加＞をタップして、

3 追加したい言語をタップします。

4 文字入力画面で、追加した言語のキーボードに切り替えられるようになります。

Q 099 » 必要ないキーボードを削除したい！

A キーボードを削除します。

ホーム画面で＜設定＞→＜一般＞→＜キーボード＞→＜キーボード＞→＜編集＞の順にタップし、削除したいキーボードの⊖→＜削除＞→＜完了＞の順にタップすると、キーボードが削除されます。

1 削除したいキーボードの⊖をタップし、

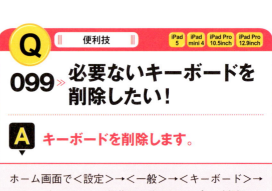

2 ＜削除＞をタップします。

3 ＜完了＞をタップすると、キーボードが削除できます。

Q100 » 大文字が勝手に入力されるのを止めたい！

便利技　iPad 5 / iPad mini 4 / iPad Pro 10.5inch / iPad Pro 12.9inch

A <自動大文字入力>をオフにします。

ホーム画面で<設定>→<一般>→<キーボード>の順にタップし、<自動大文字入力>の ● をタップして、● に設定すると、文字入力中に ⇧ をタップしない限り、大文字アルファベットを入力しなくなります。

1 <自動大文字入力>の ● をタップして ● に切り替えると、

2 自動で大文字が入力されないようになります。

デフォルトではEnglish（Japan）キーボードでメールの本文を入力したときなどに、文頭のアルファベットが大文字で入力されます。

Q101 » かんたんにピリオドとスペースを入力したい！

便利技　iPad 5 / iPad mini 4 / iPad Pro 10.5inch / iPad Pro 12.9inch

A スペースキーをダブルタップします。

iPadのEnglish（Japan）キーボードでは、スペースキーをタップして文章を区切ることができます。文章を入力したあと、スペースキーをダブルタップしましょう。文末にピリオドが打たれ、同時にスペースが入力されます。メモやメールで長文を作成するときなどに、活用するとよいでしょう。

1 文章を入力したあと、スペースキーをダブルタップすると、

2 ピリオドとスペースが連続で入力されます。

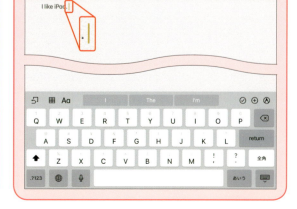

97

Q 102 便利技 「.co.jp」や「.com」をかんたんに入力したい！

iPad 5 / iPad mini 4 / iPad Pro 10.5inch / iPad Pro 12.9inch

A ．をロングタッチします。

メールの宛先アドレスやSafariのURLを入力する際に、「.com」「.co.jp」の入力をかんたんに行いたいときは、．をロングタッチしましょう。バルーンが表示されるので、その中に含まれている＜.co.jp＞や＜.com＞＜.jp＞など入力したい文字に指をスワイプすると、画面に表示されます。誤入力を防ぐうえでも、重宝する機能です。

1 ．をロングタッチすると、

2 バルーンが表示されるので、スワイプして文字を選択します。

Q 103 便利技 キーボードの操作音が鳴らないようにしたい！

A キーボードのタップ音を消します。

キーボードをタップしたときに、音が鳴らないように設定できます。ホーム画面で＜設定＞→＜サウンド＞の順にタップし、＜キーボードのクリック＞の◯をタップして◯に設定します。

＜キーボードのクリック＞の◯をタップして◯に設定すると、キーボードのタップ音が消えます。

本体の右側にある、下側の音量ボタンを押してiPadを「消音」にしても、キーボードのタップ音を消すことができます（Q.041参照）。

第 **4** 章

インターネットと Safariの 「こんなときどうする?」

104 >>> 113	Wi-Fi
114 >>> 135	Safari
136 >>> 144	ブックマーク
145 >>> 148	リーディングリスト
149 >>> 152	セキュリティ
153 >>> 159	便利技

Q 104 » 無線LANやWi-Fiって何？

| Wi-Fi | iPad 5 | iPad mini 4 | iPad Pro 10.5inch | iPad Pro 12.9inch |

A 電波を使ったネットワークとブランド名のことです。

通常のネットワーク（LAN）では、ルーターやパソコンをケーブルでつないで、データを通信します（有線接続）。無線LANとは、さまざまな機器を電波を使ってネットワークにつなぐためのしくみです。ケーブルの取りまわしを気にせず、複数の機器をネットワークに接続することができます。無線LANと同じ意味で使われる単語として、「Wi-Fi」が挙げられます。Wi-Fiとは「Wi-Fi Alliance」という業界団体が策定したプログラムをクリアして、相互接続性が認定された無線LAN機器のブランド名です。対応した機器同士であれば、問題なく接続されることが保証されています。

無線LAN接続時は画面左上に 🛜 が表示されます。

Wi-Fiとして認定された機器は、「http://www.wi-fi.org/」で確認することができます。

Q 105 » 無線LANがないとインターネットができない？

| Wi-Fi | iPad 5 | iPad mini 4 | iPad Pro 10.5inch | iPad Pro 12.9inch |

A Wi-Fi + Cellular モデルは携帯電話通信網でインターネットが利用できます。

無線LANが使えない場所でも、iPadのWi-Fi + Cellularモデルは携帯電話通信網を使用してインターネットに接続できます。無線LANに比べ速度・安定性は低くなりますが、無線LAN アクセスポイントが必要な無線LAN とは異なり、ほぼ全国で利用できます。状況によって両者を使い分けましょう。

携帯電話通信網利用時は「4G」、「3G」などと表示されます。

Q 106 » 無線LANを使うには何が必要？

A 「SSID」と「パスワード」が必要です。

iPadで自宅などの無線LANに接続したい場合は、「SSID」と「パスワード」の2つが必要になります。SSIDとは、いわばネットワークの名前です。無線LANは電波でデータを送受信するため、電波が届く範囲内にあるどのネットワークにつなぐのか、名前を指定する必要があります。無線LANルーターを利用しているのであれば、一般的にSSIDはルーター購入時に同梱されているシールや書面に記載されていることが多いようです。

iPadを無線LANに接続するには、ホーム画面で＜設定＞アプリを起動し、＜Wi-Fi＞をタップします。「ネットワークを選択」に接続できるネットワークの候補がSSIDで表示されるので、任意のSSIDをタップして、必要に応じてパスワードを入力します。パスワードはセキュリティキーとも呼ばれ、ルーターの購入後に自身でパソコンから設定するか、接続先ネットワークのWebサイト上で確認できるので、事前に確認しておきましょう。

無線LANに接続する際、「ネットワークを選択」欄に接続するSSIDの候補が表示されます。

🔒のマークが付いたSSIDに接続するには、パスワードが必要になります。

Q 107 » 暗号化方式って何？

A 無線LANの通信内容を守るための設定です。

無線LANには、何者かが電波を拾い通信をのぞき見る危険性があります。そのため、通信内容を暗号化して、第三者が見てもわからないようにします。暗号化方式とは、どのような手順で暗号化するのかを定めたものです。一般的に利用されている暗号化方式には「WPA」「WPA2」などがあります。

直接SSIDとパスワードを入力（Q.111参照）する場合、暗号化方式を選択する必要があります。

Q 108 » 通信速度って何？

A 1秒間に送受信できるデータ量のことです。

通信速度とは、1秒間にどれくらいのデータを送受信できるかを指し、「bps」という単位で表します。数字が大きいほど速度は速くなります。最新のiPad Wi-Fi + Cellularモデルは4G／LTEという通信方式に対応し、携帯電話通信網で最大100Mbpsという高速データ通信が利用できます。ただし、ネットワーク機器や回線の状況にも影響を受けるので、実際に利用できる速度は変動します。

通信の上り・下りとは

- 「上り」とはファイルの送信やサーバーへの保存といった「アップロード」を指す
- 「下り」とはWebページの閲覧、アプリのインストールなどの「ダウンロード」を指す

Q Wi-Fi

iPad 5 / iPad mini 4 / iPad Pro 10.5inch / iPad Pro 12.9inch

109 » キャリア以外の公衆無線LANサービスを利用したい！

A ほかにもさまざまな公衆無線LANのサービスがあります。

公衆無線LANは、各キャリアが提供するソフトバンクWi-Fiスポットやau Wi-Fi SPOT、docomo Wi-Fi以外にも多種多様なサービスが用意されています。

大手コンビニエンスストアのLAWSONが提供している「LAWSON Free Wi-Fi」は、メールアドレスの登録が必要ですが、店内で無線LANを無料で利用でき1回60分、1日に5回までが可能です。一度メールアドレスを登録すると、1年間は再登録なしで利用できます。

「Wi2 300」は、有料で街中にあるアクセスポイントを利用できる公衆無線LANサービスです。Webサイト（http://300.wi2.co.jp/）や専用のアプリで利用可能なアクセスポイントを検索することができます。初期費用や入会金がかからず、月々362円（税抜）の月額固定プランや、24時間800円（税込）、1週間2,000円（税込）のように短期間プランも用意されているので、出張や旅行中など、用途に合わせて利用できる点も魅力的です。サークルKサンクスでは現金で決済が可能な「Wi2ワンタイムチケット」を購入することができ、350円で最低6時間以上、無線LANを利用できます。

LAWSON Free Wi-Fi

LAWSON Free Wi-Fiは「LAWSON_Free_Wi-Fi」という名前のアクセスポイントに接続して利用します。

Wi2 300

アクセスポイントを事前に検索できるので便利です。

接続後、＜Safari＞を開き、メールアドレスを登録しましょう。

＜設定＞→＜Wi-Fi＞をタップし、Wi2サービスのネットワーク名をタップすると、ログイン画面が自動表示されるので、＜ログインID＞と＜パスワード＞を入力して、＜ログイン＞をタップすると接続完了です。

Q110 接続する無線LANを選びたい！

A ＜設定＞アプリからネットワークを選択して接続します。

＜設定＞アプリの「Wi-Fi」画面には、接続できるネットワーク名（SSID）が表示されます。利用したいネットワークを選択し、ネットワーク名に🔒が表示されている場合は、パスワードを入力して、無線LANに接続できます。ネットワーク名（SSID）を隠している（ステルス化）場合は、ネットワークの名前とセキュリティ（暗号化方式）、パスワードを手動で入力する必要があります（Q.111参照）。

1 ホーム画面から、＜設定＞→＜Wi-Fi＞をタップして、

2 ＜Wi-Fi＞の をタップして●にして、

3 接続したいネットワーク名をタップします。

⬇

4 パスワードを入力して、

5 ＜接続＞をタップすると、無線LANに接続されます。

Q111 「ネットワークを選択」画面に無線LANが出てこない！

A 直接ネットワーク名とパスワードを入力しましょう。

セキュリティ対策でSSIDがステルス化（隠れている）されている場合、直接ネットワークの名前とセキュリティ（暗号化方式）、パスワードを手動で入力する必要があります。自宅の無線LANなどであれば、ネットワーク名やパスワードを確認しましょう。iPadのホーム画面から＜設定＞→＜Wi-Fi＞→＜その他＞をタップし、ネットワーク名（SSID）やセキュリティ（暗号化方式）、パスワードを入力します。＜接続＞をタップすると、指定した名前のネットワークに接続することができます。SSIDやパスワードがわからない場合は、Q.106や購入した無線LANルーターのWebサイトなどを参考に確認しましょう。

1 Q.110手順3の画面で、＜その他＞をタップして、

⬇

2 ＜名前＞、＜セキュリティ＞、＜パスワード＞を入力して、

3 ＜接続＞をタップすると、無線LANに接続されます。

Q 112 » 毎回無線LANに接続する作業が必要なの？

A 一度接続した無線LANには自動的に接続できます。

iPadには、一度接続したことのある無線LANネットワークに自動で接続する機能があります。ネットワークに自動で接続できないときも、新しいネットワークに接続するかどうか確認するように設定できます。ホーム画面から＜設定＞→＜Wi-Fi＞の順にタップして、＜接続を確認＞の ○ をタップして ● にすると、Safariなどを使用中に無線LANネットワークに接続できないときに「ワイヤレスネットワークを選択」画面が表示されます。一覧のなかから接続したい無線LANのネットワーク名をタップすると、そのまま無線LANに接続されます。無線LANに接続しないときは＜キャンセル＞をタップします。

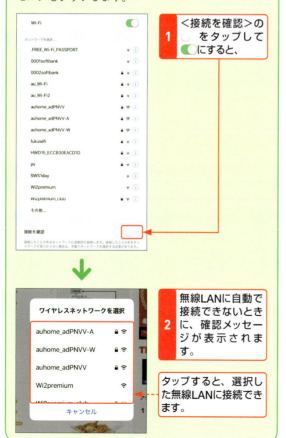

1 ＜接続を確認＞の ○ をタップして ● にすると、

2 無線LANに自動で接続できないときに、確認メッセージが表示されます。

タップすると、選択した無線LANに接続できます。

Q 113 » 無線LAN接続を切断したい！

A ＜設定＞アプリで＜Wi-Fi＞をオフにします。

無線LANのネットワーク接続を切断したいときは、ホーム画面から＜設定＞→＜Wi-Fi＞の順にタップします。＜Wi-Fi＞の ● をタップして ○ にすると、接続が切断され、Wi-Fi + Cellularモデルの場合は4G（LTE）回線に切り替わります。iPadでは、無線LANに接続しているときは、ステータスバーに が表示されます。Wi-Fi + Cellularモデルの場合、無線LAN接続を切断して、4G／LTE回線に切り替えると、ステータスバーには「4G」と表示されます。一度Wi-Fiをオフにすると、次にWi-Fiをオンにするまで、無線LANに自動で接続することはありません。

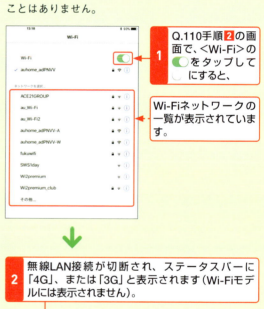

1 Q.110手順 2 の画面で、＜Wi-Fi＞の ● をタップして ○ にすると、

Wi-Fiネットワークの一覧が表示されています。

2 無線LAN接続が切断され、ステータスバーに「4G」、または「3G」と表示されます（Wi-Fiモデルには表示されません）。

Wi-Fiネットワークの一覧が表示されなくなりました。

114 » Safariって何？

A iPadに搭載されているWebブラウザです。

Safariは、iPadやパソコンなどで利用できるWebブラウザです。iPadに搭載されているSafariでは、パソコンにはない、iPad独自の機能が用意されています。たとえば、タッチ操作への最適化、オートコレクト機能、端末の向きに合わせて画面の向きを変更する機能などがあります。

Safariを使ってWebを閲覧するときは、WebサイトのURLを直接入力したり、ブックマークや履歴、Googleなどの検索エンジンを利用します。iPadには、Safariが始めからインストールされており、ホーム画面にあるアイコンをタップするとSafariが起動し、インターネットを楽しむことができます。

1 ホーム画面で＜Safari＞をタップすると、

2 Safariが起動します。

Safariでは、iPadの画面に最適化されたWebページはもちろん、パソコン用のWebページも見ることができます。

115 » SafariでWebページを見たい！

A 検索フィールドにURLを入力しましょう。

iPadでWebページを閲覧したいときは、ホーム画面で＜Safari＞をタップして起動し、画面上部の検索フィールドに閲覧したいWebページのURLを直接入力します。＜Go＞をタップすると、Webページが表示されます。URLを入力するとブックマークしているページや履歴に残っているページが候補に表示されるので、候補名をタップして、Webページを表示することも可能です。Webページが表示されないときは、URLを確認し、もう一度検索フィールドをタップしてURLを入力してから、＜Go＞をタップしましょう。記号などの入力や文字を削除する方法は、第3章で詳しく解説しています。

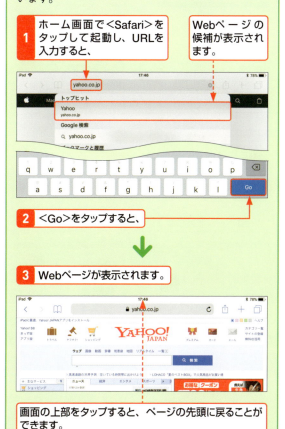

Q116 » Webページの表示を拡大・縮小したい！

Safari | iPad 5 | iPad mini 4 | iPad Pro 10.5inch | iPad Pro 12.9inch

A 画面をピンチします。

iPadでWebページを閲覧している最中、文字が小さくて見づらいと感じたら、ピンチオープンすると画面が拡大表示されます（Q.017参照）。
反対に画面をピンチクローズ（Q.017参照）すれば、画面が縮小表示され、Webページを見やすい大きさに調整できます。
こうした画面サイズの調整は、ピンチだけではなく、拡大／縮小したい箇所をダブルタップすることでも行えます。

Webページを拡大する

1 画面をピンチオープンすると、
2 Webページが拡大されます。

Webページを縮小する

1 画面をピンチクローズすると、
2 Webページが縮小されます。

Q117 » 前に見ていたWebページに戻りたい！

Safari | iPad 5 | iPad mini 4 | iPad Pro 10.5inch | iPad Pro 12.9inch

A をタップします。

1つ前のWebページに戻りたいときは、＜をタップします。戻る前のページに進みたい場合は、＞をタップします。Webページ上に＜戻る＞や＜前のページ＞のようなボタンがある場合は、そこをタップしても前のWebページに戻ることができます。

前のページに戻る

1 画面左上の＜をタップすると、

2 前のページに戻ります。

戻る前のページに進む

1 画面左上の＞をタップすると、

2 戻る前のページに進みます。

Q118 表示しているWebページを更新したい！

A ⟳をタップします。

表示しているWebページの最新情報を確認したいときは、Webページを更新します。ニュースの速報などは、短時間に何度も新しい情報が追加されていきます。Webページを更新すれば、一度Webページを閉じて開きなおす手間を省くことができます。閲覧中のWebページを再度読み込んで、最新の情報にしたいときは、画面上部の検索フィールドにある⟳をタップしましょう。Webページが更新されます。途中でWebページを読み込むのを中止したいときは✕をタップしましょう。表示したいWebページをうまく読み込めない場合でも、Webページを更新してもう一度読み込むと、表示できる場合があります。

1 ⟳をタップすると、

2 Webページの表示が更新されます。

Q119 URLをすばやく入力したい！

A ドメインなどを省略して入力してみましょう。

SafariでURLを入力しWebページを表示（Q.115参照）するときに、閲覧したいWebページのURLをすべて入力するのは手間がかかります。iPadでは、検索フィールドにURLを指定してWebページを閲覧するとき、「http://」や「.com」などのURLの一部の入力を省略することができます。さらに、URLの一部を入力すれば、Webページの候補が検索フィールド下部に自動表示されます。一覧から目的のURLをタップすると、すばやくWebページを表示できます。
URLの入力をうまく省略して、検索フィールドの下に表示される予測候補を利用しながら、Webページにアクセスしましょう。

1 URLの一部を入力すると、

2 URLの候補が表示されます。

3 目的のURLをタップすると、

4 Webページが表示されます。

Q 120 » Webページの文章だけを読みたい！

A 検索フィールドに表示されるリーダーを利用しましょう。

iPadのSafariで、ニュース記事などのWebページを閲覧しているとき、広告やメニューなどのコンテンツをなくして、文章だけをじっくり読みたいときがあります。そんなときは、検索フィールド内に表示されている☰をタップすると、リーダー表示へ移行し、ページの文章のみを見ることができます。ただし、リーダー機能はすべてのWebページで利用できるわけではありません。検索フィールドに☰が表示されているときに、リーダー機能が利用できます。ニュース記事やコラムなど、文章をじっくり読むようなWebページは、リーダー機能が利用できることが多いので、☰を見つけたらタップしてみましょう。

1 ☰をタップすると、

2 Webページの文章のみが表示されます。

3 もとに戻すときはもう一度☰をタップします。

Q 121 » リンク先を新規ページで開きたい！

A 開きたいリンクをタッチします。

iPadのSafariでは、現在のWebページを表示しながら、新しいタブでリンク先のWebページを開くことができます。開きたいリンクをタッチして＜新規タブで開く＞をタップすると、新しいタブにリンク先のWebページが表示されます。

なお、横画面のときは、リンクをタッチすると、＜Split Viewで開く＞という項目が表示され、タップするとリンク先のWebページともとのWebページが分割されて表示され、見比べたりすることができます。

1 リンクをタッチして、

2 ＜新規タブで開く＞をタップすると、新しいタブでリンク先が開かれます。

3 タブをタップすると、Webページを切り替えられます。

Q 122 » 別のページに移動したい！

Safari | iPad 5 | iPad mini 4 | iPad Pro 10.5inch | iPad Pro 12.9inch

A 画面右上の□をタップして移動しましょう。

Safariでは、複数のページを同時に開くことができるタブ機能が搭載されています。別のページを表示したいときは、目的のページを開いているタブをタップして閲覧できます。開いているタブ数が多い場合は、□をタップすると隠れている開いているページ一覧を表示させることができます。

1 タブの数が多いときは、□をタップして、

2 一覧から見たいページをタップすると、

<プライベート>→<完了>をタップすると、プライベートブラウズが起動し、閲覧履歴が残らなくなります。再度<プライベート>をタップすると、もとに戻ります。

3 目的のページを開くことができます。

Q 123 » 新しくページを開きたい！

Safari | iPad 5 | iPad mini 4 | iPad Pro 10.5inch | iPad Pro 12.9inch

A ＋をタップして新しいタブを開きましょう。

現在のページを開いたまま、ほかのことを調べたい場合や、同時に２つの検索エンジンを利用したいときなどは、新しくタブを開きましょう。＋をタップすると、新しくタブが追加されます。また、横画面時はタッチして＜Split Viewを開く＞をタップすると、新しいタブが、分割表示で開きます。すべてのタブを閲覧したいときは、□をタップすると一覧表示されます（Q.122参照）。

1 ＋をタップすると、

2 新しいタブが表示されます。

4 インターネットとSafari

Safari

124 » ページを閉じたい！

A タブ上の ✕ をタップして、ページを閉じます。

タブを複数開いているときに、不要なページを閉じるときは、タブの左端にある ✕ をタップします。タブが多くてバーから隠れてしまった古いタブを再び表示させたいときなどに、活用しましょう。画面に表示していたページを閉じた場合は、別のWebページが自動表示されます。

1 ✕ をタップすると、
2 タブが閉じます。

Safari

125 » リンク先に移動せずにページを開きたい！

A Safariの設定を変更します。

ホーム画面から＜設定＞→＜Safari＞をタップして、＜新規タブをバックグラウンドで開く＞の ○ をタップして ● にすると、リンク先のWebページを開く際（Q.121参照）に、画面を切り替えずに、新しいタブでリンク先のWebページを開けるようになります。表示ページを戻すのが手間なときなどに利用しましょう。

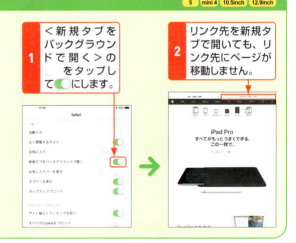

1 ＜新規タブをバックグラウンドで開く＞の ○ をタップして ● にします。
2 リンク先を新規タブで開いても、リンク先にページが移動しません。

Safari

126 » 前のWebページに一気に戻りたい！

A ＜ をタッチします。

表示しているWebページを戻す際、何度も ＜ をタップするのは面倒です。そのようなときは、＜ をタッチして、閲覧したWebページの履歴を表示し、一気に前のページに戻りましょう。同じWebサイトで複数のページを開いている場合は、各サイトごとに閲覧したページの履歴が表示されます。

1 ＜ をタッチすると、
2 Webページの履歴が表示されます。

Q 127 » 以前見たページをもう一度見たい！

A 履歴を利用しましょう。

過去にアクセスしたWebページを表示したいときは、🔖をタップして、🕐をタップしましょう。その日から9日前までの閲覧履歴が表示され、閲覧したいページ名をタップすると、Webページが開きます。履歴は直近分と日付ごとのフォルダで表示されます。

1 Safariを起動し、🔖をタップして、

2 🕐をタップすると、

3 閲覧したページの履歴が表示されます。

タップするとWebページが表示されます。

履歴は曜日や日付ごとに分類されています。

Q 128 » 履歴を消したい！

A ブックマーク画面で<消去>をタップします。

閲覧したWebページの履歴は、ブックマーク画面で消去できます。ホーム画面からSafariを起動して、🔖→🕐→<消去>→いずれかの項目を順にタップすると、履歴が消去されます。履歴を残さずにインターネットを見たい場合は、プライベートブラウズを設定しておくとよいでしょう（Q.122参照）。

1 <Safari>をタップして起動し、🔖→🕐→<消去>をタップし、

2 いずれかの項目をタップします。

Q 129 » Safariでパソコン版のWebページを表示したい！

A 検索フィールドをタッチします。

iPadのSafariでパソコン版のWebページを閲覧したいときは、まず画面上部の検索フィールドの右にある🔄をタッチしましょう。そのあと<デスクトップ用サイトを表示>をタップすると、画面の表示が切り替わります。

1 🔄をタッチします。

2 <デスクトップ用サイトを表示>をタップします。

111

Q130 » Webページ内の文字を検索したい！

Safari | iPad 5 | iPad mini 4 | iPad Pro 10.5inch | iPad Pro 12.9inch

A Webページを開いたまま、検索したい文字を検索フィールドに入力します。

Safariの画面上部にある検索フィールドを利用すると、Webページ内の文字を検索できます。参照したい項目が見つからないときや、知りたい部分だけを閲覧したいときなどに活用しましょう。検索結果は黄色くハイライトで表示されます。検索結果が複数ある場合は、画面左下に表示される  をタップすると、前後の検索結果に移動できます。

1 検索フィールドをタップして、

↓

2 探したい文字を入力します。

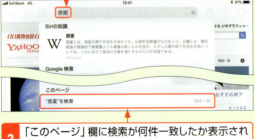

3 「このページ」欄に検索が何件一致したか表示されるので、＜"○○"を検索＞をタップすると、

↓

4 検索結果が表示されます。

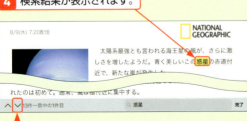

5 をタップすると、次の検索結果が表示されます。

Q131 » インターネットを検索したい！

Safari | iPad 5 | iPad mini 4 | iPad Pro 10.5inch | iPad Pro 12.9inch

A 検索フィールドに語句を入力します。

Safariでは、検索フィールドを使ってWebページを検索することができます。検索フィールドに検索したい語句を入力して＜開く＞をタップすると、検索エンジン（初期設定ではGoogle）の検索結果が表示されます。

1 Safariを起動し、

2 検索フィールドをタップして、

↓

3 検索したい語句を入力して、

4 キーボードの＜開く＞をタップします。

↓

5 検索結果が表示されます。

検索欄のリンクをタップすると、Webページが表示されます。

112

Q 132 » 開いているタブの中から目的のタブを検索したい！

A タブの一覧画面で検索します。

1. Q.122手順2の画面で＜検索タブ＞をタップし、キーワードを入力すると、
2. 該当するタブの名前が絞り込まれ、表示されます。

たくさんのWebページを新しいタブで開き、「さっき開いたページはどこだろう」とタブを探すときに便利なのが、タブの名前を検索する機能です。Q.122手順2の画面で、「検索タブ」欄にキーワードを入力して検索すると、該当タブを絞ることができます。

Q 133 » 検索結果をもっと絞り込みたい！

 検索ワードを増やしましょう。

間にスペースを入れて、キーワードを入力します。キーワードを増やしすぎると、検索にヒットする数が大幅に減ってしまうので注意しましょう。

検索結果が多く、なかなか目的のページにたどり着けない場合は、キーワードを増やして検索結果を絞り込みましょう。
たとえば、「iPad」ではなく「iPad ケース」にすると、検索結果が絞り込まれ、目的のページをより見つけやすくなります。

Q 134 » Webページ内の単語の意味を調べたい！

 調べたい単語を選択して＜調べる＞をタップします。

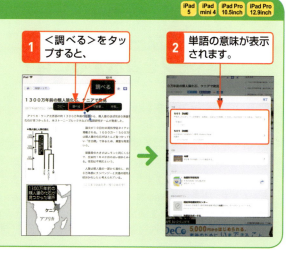

1. ＜調べる＞をタップすると、
2. 単語の意味が表示されます。

iPadでは、Webページ中の単語をタッチなどで選択（Q.080参照）して、＜調べる＞をタップすると、単語の意味を調べられます。わざわざ辞書アプリやWebサイトで調べる必要がないので便利です。初回は＜辞書を管理＞をタップし、辞書のダウンロードが必要です。辞書を閉じたいときは、辞書の説明画面以外の箇所をタップします。

113

Q 135 検索エンジンを変更したい！

Safari | iPad 5 | iPad mini 4 | iPad Pro 10.5inch | iPad Pro 12.9inch

A <設定>アプリで変更できます。

検索エンジンは、普段使い慣れているものを利用したほうが便利です。iPadで使用する検索エンジンは、Google・Yahoo・Bing・DuckDuckGoの4種類から選択できます。初期設定ではGoogleに設定されていますが、変更することが可能です。変更後に検索フィールドを利用すると、指定された検索エンジンで検索されます。

1. ホーム画面で<設定>→<Safari>をタップし、<検索エンジン>をタップします。
2. 変更したい検索エンジンをタップします。

Q 136 Webページをブックマークに登録したい！

ブックマーク | iPad 5 | iPad mini 4 | iPad Pro 10.5inch | iPad Pro 12.9inch

A ブックマークに登録したいページで□をタップしましょう。

閲覧頻度の高いWebページはブックマークに登録すると便利です。登録したいWebページを開いたまま、□をタップします。<ブックマークを追加>をタップし、<保存>をタップすると、ブックマークに登録できます。初期設定では、「お気に入り」フォルダに保存されます。フォルダを変更する場合は<場所>をタップします。

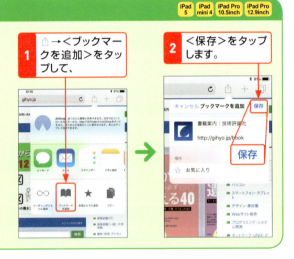

1. □→<ブックマークを追加>をタップして、
2. <保存>をタップします。

Q 137 ブックマークに登録したページを表示するには？

ブックマーク | iPad 5 | iPad mini 4 | iPad Pro 10.5inch | iPad Pro 12.9inch

A □をタップしましょう。

Safariを起動してから、□をタップすると、ブックマークに登録したWebページが一覧表示されます。閲覧したいブックマーク名をタップすると、目的のWebページが表示されます。表示中のWebページを残しておきたい場合は、＋をタップしてタブを追加してから（Q.123参照）、ブックマークのWebページを表示しましょう。

1. Safariを起動し、□をタップすると、
2. ブックマークが表示されます。

ブックマークではなく、履歴やリーディングリストが表示されたら、□をタップします。

Q138 ブックマークを並べ替えたい！

A ブックマークを表示して、＜編集＞をタップします。

ブックマークの順番は、ブックマークを表示したあと＜編集＞をタップして、並べ替えることができます。ただし、最初からブックマークに登録されているお気に入りや履歴など≡のないものの順番を入れ替えることはできません。

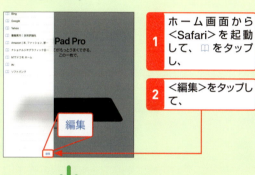

1 ホーム画面から＜Safari＞を起動して、📖をタップし、

2 ＜編集＞をタップして、

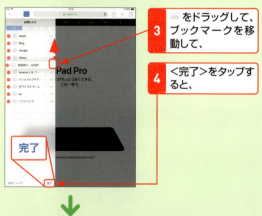

3 ≡をドラッグして、ブックマークを移動して、

4 ＜完了＞をタップすると、

5 ブックマークの順番が入れ替わります。

Q139 ブックマークを削除したい！

A ブックマークの編集画面から削除できます。

ブックマークに登録したページを削除したいときは、ブックマークを表示して＜編集＞をタップし、●→＜削除＞をタップします。不要なブックマークは定期的に削除して、ブックマークを整理するようにしましょう。

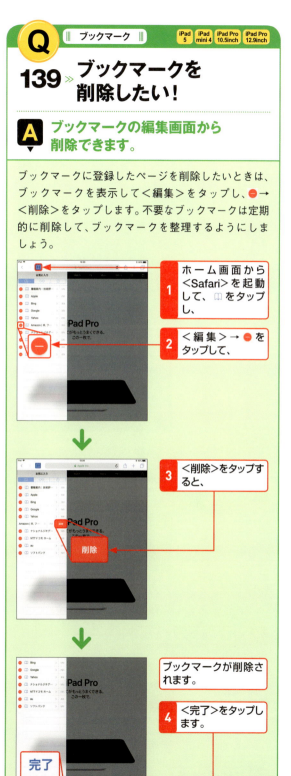

1 ホーム画面から＜Safari＞を起動して、📖をタップし、

2 ＜編集＞→●をタップして、

3 ＜削除＞をタップすると、

ブックマークが削除されます。

4 ＜完了＞をタップします。

4 インターネットとSafari

115

Q ブックマーク

iPad 5 / iPad mini 4 / iPad Pro 10.5inch / iPad Pro 12.9inch

140 » ブックマークを整理したい！

A フォルダを利用しましょう。

登録したブックマークが多くなってきたら、メールなどのように、フォルダを作成してブックマークを整理しましょう。ホーム画面から＜Safari＞→📖→＜編集＞の順にタップして、＜新規フォルダ＞をタップします。フォルダの名前を入力して＜完了＞をタップすると、フォルダを作成できます。カテゴリなどでブックマークをフォルダ別に管理するとよいでしょう。

フォルダを作成する

1 Q.138手順 **3** の画面で、＜新規フォルダ＞をタップして、

⬇

2 フォルダ名を入力し、 / フォルダの中にフォルダを作る場合は、ここをタップして選択します。

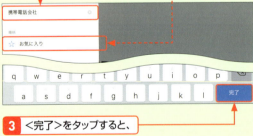

3 ＜完了＞をタップすると、

⬇

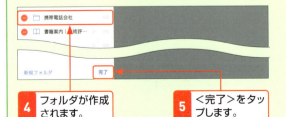

4 フォルダが作成されます。 **5** ＜完了＞をタップします。

ブックマークをフォルダに移動する

1 左の手順 **4** の画面で、 **2** 移動させたいブックマークをタップします。

⬇

3 ＜場所＞をタップします。

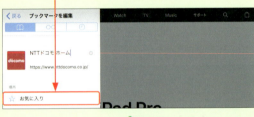

⬇

4 表示されるフォルダ一覧から、ブックマークを移動させたいフォルダをタップして選択します。

⬇

5 前の画面に戻ったら＜戻る＞をタップします。そのあと、手順 **1** の画面に戻るので、＜戻る＞をタップし編集を終了させます。

Q141 お気に入りバーって何？ ブックマーク [iPad 5] [iPad mini 4] [iPad Pro 10.5inch] [iPad Pro 12.9inch]

A ツールバーの下に表示される「お気に入り」のブックマークのことです。

お気に入りバーとは、Safariのツールバーの下部に表示される「お気に入り」のブックマークのことです。お気に入りバーを表示しておけば、ブックマークを開くことなく「お気に入り」に登録したWebページをすばやく閲覧できて便利です。＜設定＞アプリから、＜Safari＞をタップし、＜お気に入りバーを表示＞の ◯ をタップして ◉ に切り替えると、Safariのツールバーの下部にお気に入りバーが表示されるようになります。

1 ホーム画面で、＜設定＞をタップします。

2 ＜Safari＞をタップし、＜お気に入りバーを表示＞の項目にある ◯ をタップして ◉ にします。

3 ＜Safari＞を開くと、

4 お気に入りバーが表示されています。

Q142 よく開くブックマークをかんたんに開きたい！ ブックマーク [iPad 5] [iPad mini 4] [iPad Pro 10.5inch] [iPad Pro 12.9inch]

A ホーム画面にリンクを追加します。

毎日開くようなWebページを、ブックマークよりもさらにすばやく閲覧したいときは、ホーム画面にリンクを追加しましょう。よく開くWebページを表示して、□→＜ホーム画面に追加＞をタップします。必要に応じて名前を変更し、＜追加＞をタップすると、ホーム画面にリンクが追加されます。

1 Safariを起動し、保存したいWebページを表示して、

2 □→＜ホーム画面に追加＞をタップして、

3 ＜追加＞をタップすると、

必要に応じて名前を変更します。

4 ホーム画面にリンクのアイコンが追加され、タップするとWebページが開きます。

インターネットとSafari

Q143 ホーム画面のリンクを削除したい！

対応: iPad 5 / iPad mini 4 / iPad Pro 10.5inch / iPad Pro 12.9inch

A アイコンをタッチして削除します。

ホーム画面上のアイコンは、タッチして、 をタップすると削除できます。削除できるのは、購入したアプリや追加したWebページのリンクなどです。始めからインストールされている＜写真＞や＜Safari＞などのアプリは、アイコンをタッチしても が表示されず、削除することはできません。

1. ホーム画面で、削除したいリンクのアイコンをタッチして、

2. をタップして、

3. ＜削除＞をタップすると、

4. リンクが削除されるので、本体のホームボタンを押します。

Q144 リンク先のURLをコピーしたい！

対応: iPad 5 / iPad mini 4 / iPad Pro 10.5inch / iPad Pro 12.9inch

A リンクをタッチして、＜コピー＞を選択します。

Safariで、URLをコピーしたいリンクをタッチして＜コピー＞をタップすると、リンク先のURLをコピーすることができます。→＜コピー＞をタップすれば、表示しているWebページのURLがコピーされます。

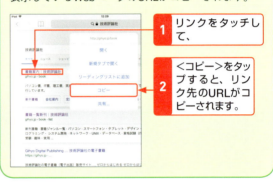

1. リンクをタッチして、
2. ＜コピー＞をタップすると、リンク先のURLがコピーされます。

Q145 リーディングリストって何？

対応: iPad 5 / iPad mini 4 / iPad Pro 10.5inch / iPad Pro 12.9inch

A あとで読みたいWebページを保存することができます。

気になるWebページをあとでゆっくり見たい場合は、リーディングリストを利用しましょう。リーディングリストに登録されたWebページは、ブックマーク（Q.137参照）内のリーディングリストに保存され、好きなときに閲覧できます。オフライン時でも閲覧することができるので便利です。

リーディングリストは、オフライン時にも閲覧できます。あとで読みたいWebページを保存しておいて、時間のあるときに閲覧するなどして活用しましょう。

Q 146 » リーディングリストにWebページを登録したい！

A →＜リーディングリストに追加＞の順にタップします。

リーディングリストにWebページを登録したいときは、Safariを起動して保存したいWebページを表示します。→＜リーディングリストに追加＞をタップすれば、ブックマーク（Q.137参照）のリーディングリスト内にWebページが保存され、オフラインでも閲覧できるようになります。Webページ上のリンクをタッチしてから、＜リーディングリストに追加＞をタップして、リンク先のWebページをリーディングリストに追加することも可能です。頻繁にアクセスするWebページはブックマーク、あとで読みたいニュース記事やコラムなどはリーディングリストに登録するようにして、うまく使い分けましょう。

1 Safariを起動し、保存したいWebページを表示して、

2 をタップし、

↓

3 ＜リーディングリストに追加＞をタップすると、

4 Webページがリーディングリストに追加されます。

Q 147 » リーディングリストの中のWebページを見たい！

A 📖→∞ の順にタップします。

リーディングリストに登録したWebページの一覧を見たいときは、Safariを起動して、📖→∞ をタップすると、保存したすべてのリーディングリストが表示され、＜未読のみ表示＞をタップすると、まだ見ていないWebページだけを表示できます。

1 Safariを起動して、📖 をタップし、

2 ∞ をタップします。

↓

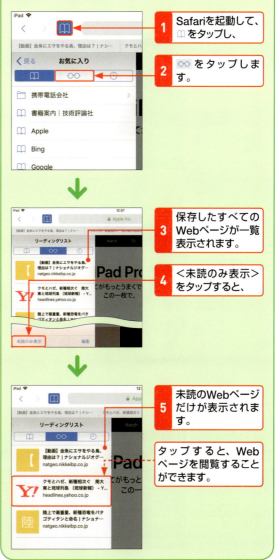

3 保存したすべてのWebページが一覧表示されます。

4 ＜未読のみ表示＞をタップすると、

↓

5 未読のWebページだけが表示されます。

タップすると、Webページを閲覧することができます。

119

Q148 リーディングリストからWebページを削除したい！

A 削除したいページを左にスワイプします。

リーディングリストに保存したWebページを削除したいときは、Safariを起動して、📖→∞ をタップします。削除したいWebページを左方向にスワイプして、＜削除＞をタップすると、保存したWebページを削除できます。

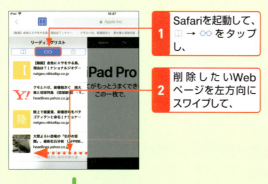

1 Safariを起動して、📖→∞ をタップし、

2 削除したいWebページを左方向にスワイプして、

3 ＜削除＞をタップすると、

4 Webページが削除されます。

Q149 Cookieって何？

A Webサイトが、訪問者の情報を記録するための機能です。

Cookieは、Webサイトの運営側が、サイトに訪れたユーザーの訪問回数や、最後に訪れた日時などの情報を一時的にWebブラウザに記録させる機能です。SNSのWebサイトなどでログイン時のアカウントを記憶するときや、ネットショッピングのカート機能などに利用されています。Cookieを拒否するには、ホーム画面からSafariを起動して、＜設定＞→＜Safari＞の順にタップして、「すべてのCookieをブロック」の をタップします。「すべてのCookieをブロックしてもよろしいですか？」画面が表示されるので、＜すべてブロックする＞をタップしましょう。なお、＜設定＞アプリでCookieを受け入れるように設定していても、プライベートブラウズ（Q.122参照）を利用している場合は、Cookieを利用することはできません。

1 ホーム画面から＜設定＞→＜Safari＞をタップして、

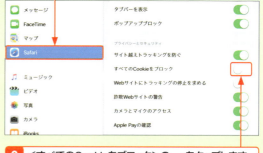

2 ＜すべてのCookieをブロック＞の をタップします。

3 ＜すべてブロックする＞をタップします。

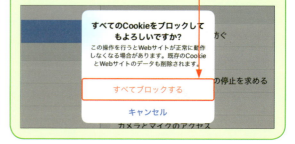

Q 150 » Cookieを削除したい！

A <設定>アプリから削除できます。

Cookieは、同じWebページに何度もアクセスするときに便利ですが、ほかの人にiPadを貸す場合などには、セキュリティ面に不安を残します。そのような場合には、Cookieの情報を削除しましょう。ホーム画面から<設定>→<Safari>をタップして、<履歴とWebサイトデータを消去>→<消去>の順にタップします。なお、この操作をすると、閲覧や検索の履歴も消去されます。Webページの閲覧履歴だけを削除したい場合は、Q.128を参照して履歴を消去しましょう。

1 ホーム画面から<設定>→<Safari>をタップして、

2 <履歴とWebサイトデータを消去>をタップします。

3 <消去>をタップすると、Cookieを削除できます。

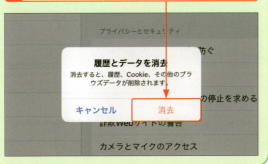

Q 151 » セキュリティを強化したい！

A <詐欺Webサイトの警告>を設定しましょう。

快適にWeb閲覧を楽しむにはセキュリティ対策が欠かせません。iPadでは、<詐欺Webサイトの警告>機能をオンに設定すると、危険な詐欺サイトへアクセスしようとしたときに警告が表示されるようになります。ホーム画面から<設定>→<Safari>の順にタップして、<詐欺Webサイトの警告>の をタップして に切り替えましょう。Safariを利用しているときに、詐欺サイトの警告画面が表示されたら、内容を確認して、できる限りそのWebページを表示しないようにしましょう。

1 ホーム画面から<設定>をタップして、

2 <Safari>をタップして、

3 <詐欺Webサイトの警告>の をタップして にします。

Q152 子供がブラウザを使えないようにしたい！

セキュリティ | iPad 5 | iPad mini 4 | iPad Pro 10.5inch | iPad Pro 12.9inch

A 機能制限でSafariをオフにします。

Webページには、子供に見せられないようなものも少なからず存在します。ブロッキングなどの対策も有効ですが、一番確実なのはiPadの機能制限で、Safari自体を利用できないようにすることでしょう。ホーム画面から＜設定＞をタップし、＜一般＞→＜機能制限＞をタップします。そのあと＜機能制限を設定＞をタップし、パスコードを2回入力してから、＜Safari＞の をタップして に切り替えます。解除するにはパスコードを再び入力しなければならないので、知らぬ間に子供がSafariを利用していたということもありません。

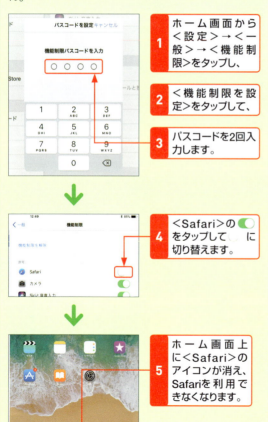

1 ホーム画面から＜設定＞→＜一般＞→＜機能制限＞をタップし、

2 ＜機能制限を設定＞をタップして、

3 パスコードを2回入力します。

4 ＜Safari＞の をタップして に切り替えます。

5 ホーム画面上に＜Safari＞のアイコンが消え、Safariを利用できなくなります。

Q153 Flashで作成されたページが表示されない！

便利技 | iPad 5 | iPad mini 4 | iPad Pro 10.5inch | iPad Pro 12.9inch

A Flashで作成されたWebページは閲覧できません。

Flashは、アニメーションや音声、動画を組み合わせてWebコンテンツを作成するソフトウェアです。企業やブランドのWebサイトのトップページなどによく使用されていますが、iPadでは、Flashで作成されたWebページを表示することができません。Flashで作成されたWebページを閲覧したい場合は、アプリをインストールする必要があります。Flashで作成されたページを表示するアプリはいくつかありますが、おすすめは「Puffin Web Browser」です。有料アプリですが、アドビフラッシュサポートを2週間無料で利用できるFree版もリリースされています。まずFree版をインストールして試用し、気に入ったら有料版をインストールしましょう。

1 Q.359を参考に「Puffin Web Browser」をインストールします。

2 Puffin Web Browserを起動して、

3 画面上部の入力フィールドをタップし、閲覧したいFlashで作成されたサイトのURLを入力して、＜検索＞をタップします。

4 Flashで作成されたWebページが表示されます。

Q 154 » Webページの画像を保存したい！

便利技

iPad 5 | iPad mini 4 | iPad Pro 10.5inch | iPad Pro 12.9inch

A 保存したい画像をタッチしましょう。

SafariでWebページを閲覧しているときに、Webページ内でiPadに保存したい画像を見つけたら、画像をタッチしましょう。表示されるメニューで＜イメージを保存＞をタップすると、カメラロール内に画像を保存されます。＜コピー＞をタップすると、メールなどに画像をペーストできます。

1 画像をタッチして、

2 ＜イメージを保存＞をタップします。

Q 155 » Webページの画面をそのまま撮影したい！

便利技

iPad 5 | iPad mini 4 | iPad Pro 10.5inch | iPad Pro 12.9inch

A スクリーンショット機能を使います。

iPadに表示されているWebページをそのまま画像として保存したいときは、iPad本体のホームボタンとスリープ／スリープ解除ボタンを同時に押せば、スクリーンショットを保存することができます。スクリーンショット機能はSafari以外のアプリでも使えます。

1 本体のホームボタンとスリープ／スリープ解除ボタンを同時に押せば、画面の画像を保存できます。

Q 156 » スクリーンショット機能で撮影した画像はどこにあるの？

便利技

iPad 5 | iPad mini 4 | iPad Pro 10.5inch | iPad Pro 12.9inch

A ＜写真＞アプリ内に保存されます。

スクリーンショット機能で撮影した画像は、＜写真＞アプリの「スクリーンショット」フォルダ内に保存されるほか、通常の画像や動画と一緒に「すべての写真」フォルダ内にも保存されます。必要に応じて画像ファイルを移動させたり、利用目的別にアルバム（Q.286参照）を作成して管理しましょう。

1 ホーム画面から＜写真＞→＜アルバム＞→＜スクリーンショット＞をタップします。

2 スクリーンショット機能で撮影した画像をタップして表示します。

Q157 ユーザー名とパスワードを自動入力したい！

便利技 | iPad 5 / iPad mini 4 / iPad Pro 10.5inch / iPad Pro 12.9inch

A 自動入力を設定します。

自動入力を設定すると、入力したユーザー名やパスワード、自分の連絡先などをWebページの入力フォームに自動で入力してくれるようになります。＜設定＞アプリから操作を行いましょう。またTouch IDを利用すれば、Apple IDのパスワードを入力せずにアプリをインストールできます（Q.497参照）。

1. ホーム画面から＜設定＞→＜Safari＞→＜自動入力＞の順にタップして、

2. ＜ユーザ名とパスワード＞の ○ を タップして ● にします。

Q158 Safari以外のWebブラウザを使いたい！

便利技 | iPad 5 / iPad mini 4 / iPad Pro 10.5inch / iPad Pro 12.9inch

A App Storeからブラウザアプリをダウンロードしましょう。

iPadでは、Safari以外にもさまざまなブラウザが利用可能です。たとえば、かんたんにタブが切り替えられ、片手で操作しやすい画面が特長の「iLunascape Webブラウザ」や「Opera Mini Webブラウザ」などがあります。Webブラウザは、App Storeからアプリとしてインストールできます（Q.359参照）。

App Storeには、さまざまな機能に特化したWebブラウザアプリがあります。

Q159 閲覧履歴と検索履歴を消去したい！

便利技 | iPad 5 / iPad mini 4 / iPad Pro 10.5inch / iPad Pro 12.9inch

A ＜設定＞アプリから履歴を消去しましょう。

閲覧履歴だけでなく、検索履歴も消去したいときは、＜設定＞アプリから履歴を消去します。ホーム画面から＜設定＞をタップして、＜Safari＞→＜履歴とWebサイトデータを消去＞の順にタップします。

1. ホーム画面から＜設定＞→＜Safari＞をタップし、
2. ＜履歴とWebサイトデータを消去＞をタップして、

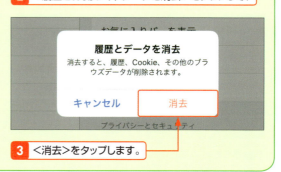

3. ＜消去＞をタップします。

第**5**章

メールと連絡先の「こんなときどうする?」

160 >>> 211　メール

212 >>> 218　連絡先

219 >>> 243　メッセージ

Q メール

160 » iPadで使えるメールはどんなものがあるの？

A Gmail、iMessageなどが利用できます。

iPadの＜メール＞アプリでは、GmailやYahoo!メールといった有名なWebメールサービスを利用することができます。そのほか、Appleのクラウドサービス「iCloud」のiCloudメールや、企業のメールサーバーとしてよく利用される「Microsoft Exchange」にも対応しています。Wi-Fi + Cellularモデルは、au、ソフトバンク、もしくはドコモのキャリアメールを利用することもできます（ドコモではドコモの契約があればWi-Fiモデルでも利用可能）。auでは「Eメール（○○@ezweb.ne.jp）」、ソフトバンクでは「Eメール(i)（○○@i.softbank.jp）」、ドコモでは「ドコモメール（○○@docomo.ne.jp）」という名称でメールサービスが提供されています。

キャリアメールやWebメールは、＜メール＞アプリから使用します。

ただし、電話番号でメッセージの送受信ができるSMSは、Wi-Fiモデル、Wi-Fi + Cellularモデルのいずれも利用できません。一方、iPadやiPhoneなどのiOSデバイス同士であれば「iMessage」が利用できます。

iMessageで相手と連絡するときは、ホーム画面で＜メッセージ＞アプリを起動しましょう。

各種メールの比較

	iMessage	Webメール	Eメール（au）	Eメール(i)（ソフトバンク）	ドコモメール（ドコモ）
利用アプリ	＜メッセージ＞アプリ	＜メール＞アプリ	＜メール＞アプリ	＜メール＞アプリ	＜メール＞アプリ
送受信容量	—	メールサービスによって異なる	3MB	1MB	10MB
保存容量	—	メールサービスによって異なる	200MB (5,000件)	200MB (5,000件)	1GB (20,000件)
期間	—	メールサービスによって異なる	無期限	無期限	無期限
ファイル添付	○	○	○	○	○
メールアドレス	○○@icloud.com など	メールサービスによって異なる	○○@ezweb.ne.jp ※2018年4月以降の新規取得分より「au.com」に変更	○○@i.softbank.jp	○○@docomo.ne.jp
使用できるモデル	Wi-Fiモデル Wi-Fi + Cellularモデル	Wi-Fiモデル Wi-Fi + Cellularモデル	Wi-Fi + Cellularモデル（auと契約している端末）	Wi-Fi + Cellularモデル（ソフトバンクと契約している端末）	Wi-Fiモデル（ドコモの回線契約が必要）Wi-Fi + Cellularモデル

iMessageは＜メッセージ＞アプリで利用できます。チャット形式で気軽にメッセージをやり取りできるのが特長です。

Webメールやキャリアメールは＜メール＞アプリで利用できます。GmailやYahoo!メールのメールアドレスを追加することも可能です。

Q161 データ通信契約番号って何？

iPad 5 / iPad mini 4 / iPad Pro 10.5inch / iPad Pro 12.9inch

A いわゆる「電話番号」のことです。

Wi-Fi + CellularモデルのiPadには、「データ通信契約番号」という11桁の番号が個々の端末に割り振られています。この番号は、いわば携帯電話の電話番号と同じ役割を果たしており、携帯電話の回線でデータ通信を行うために必要となります。

「My SoftBank」や「au ID」、「docomo ID」などのキャリア固有サービスを利用する際にデータ通信契約番号が必要となる場合もあります。データ通信契約番号は、ホーム画面で＜設定＞→＜一般＞→＜情報＞の順にタップすると、「データ通信契約番号」欄で確認することができます。「不明」や「空欄」と表示されている場合は、iPadの電源を入れなおしてみましょう。

iPadのWi-Fiモデルには、「データ通信契約番号」の欄は表示されません。

1 ホーム画面で＜設定＞→＜一般＞をタップし、
2 ＜情報＞をタップすると、

3 データ通信契約番号を確認できます。

Q162 Wi-Fi + Cellularモデルは電話やSMSができる？

iPad 5 / iPad mini 4 / iPad Pro 10.5inch / iPad Pro 12.9inch

A データ通信契約番号があっても、電話やSMSはできません。

Wi-Fi + CellularモデルのiPadには、データ通信契約番号が割り振られていますが、通話やSMSの送信番号としては利用できません。iPadにはFaceTimeやiMessageといった機能が用意されているので、こちらで代用するとよいでしょう。

FaceTimeはかんたんな設定で利用できるビデオ通話機能です。ただし、通話ができる相手は、iPadやiPhone、iPod touchなどのiOSデバイスやMacのユーザーに限られます。FaceTimeについては、Q.436～446で詳しく解説しています。

iMessageはiOSデバイスやMacのユーザーとメッセージをやりとりできる機能です。＜メッセージ＞アプリから起動し、iPhoneやiPod touchのSMSやMMSと同じように操作します。iMessageについては、Q.220で詳しく解説しています。

FaceTime

電話は利用できませんが、FaceTimeを使ってiOSユーザーとビデオ通話や、音声通話をすることはできます。

iMessage

iMessageはSMSと同じ操作でiOSユーザーとメッセージをやりとりできます。

127

Q 163 » Webメールのアカウントを設定したい！

A 設定画面から追加できます。

iPadでは、WebメールやPCメールのアカウントを追加して使用することができます。ホーム画面で＜設定＞→＜アカウントとパスワード＞→＜アカウントを追加＞の順にタップします。Webメールを設定する場合は一覧から該当するメールサービスをタップして選択します。一覧にないWebメールやPCメールを設定したい場合はQ.164を参照してください。ここでは、Yahoo!メールの設定方法を例に挙げて解説します。

1 ホーム画面で＜設定＞→＜アカウントとパスワード＞をタップし、

2 ＜アカウントを追加＞をタップします。

3 ＜YAHOO!＞をタップし、

4 Yahoo!メールのアドレスを入力して、

5 ＜続ける＞をタップします。

6 Yahoo!メールのパスワードを入力し、

7 ＜説明＞には任意のアカウント名を入力して、

8 ＜次へ＞をタップします。

9 ＜メール＞が ◯ になっていることを確認し、

10 ＜保存＞をタップします。

11 Yahoo!メールのアカウントが追加されます。

164 » PCメールのアカウントを設定したい!

A 設定画面から追加できます。

iPadの＜メール＞アプリでは、代表的なメールサービスを、メールアドレスとパスワードを入力するだけで利用できます。それら以外のプロバイダメールといったPCメールのアカウントをiPadに設定する場合は、ホーム画面で＜設定＞→＜アカウントとパスワード＞→＜アカウントを追加＞をタップしたあとに、＜その他＞を選択します。

＜その他＞のメールアカウントの設定では、メールサーバーの入力も必要となります（POPとIMAPに対応）。メールサーバーの設定はプロバイダごとに異なるため、事前に確認が必要です。

1 Q.163の手順3の画面で＜その他＞をタップし、

2 ＜メールアカウントを追加＞をタップします。

3 ＜名前＞＜メール＞＜パスワード＞＜説明＞を入力し、

4 ＜次へ＞をタップします。

5 ＜POP＞もしくは＜IMAP＞をタップし、

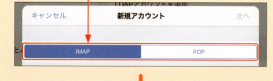

6 「受信メールサーバ」の項目を入力して、

7 「送信メールサーバ」の項目の入力をしたら、

8 ＜次へ＞をタップします。

メールと連絡先

 メール

iPad 5 | iPad mini 4 | iPad Pro 10.5inch | iPad Pro 12.9inch

165 » Gmailを使いたい!

 設定画面からGmailアカウントを追加します。

iPadでGmailを使用する場合、設定画面からGmailのアカウントを追加すれば、細かい設定を行う必要はありません。ホーム画面で＜設定＞→＜アカウントとパスワード＞をタップして、＜アカウントを追加＞→＜Google＞をタップします。追加したいGmailのメールアドレスやパスワードを入力し、＜次へ＞をタップすると、サーバーに接続され、確認が完了すればアカウントが追加されます。

1 ホーム画面で＜設定＞→＜アカウントとパスワード＞→＜アカウントを追加＞をタップし、

2 ＜Google＞をタップします。

3 Gmailのメールアドレスを入力して、

4 ＜次へ＞をタップします。

5 パスワードを入力し、

6 ＜次へ＞をタップします。

7 同期するアプリをタップし、

8 ＜保存＞をタップします。

9 Gmailアカウントが追加されます。

Q メール

iPad 5 / iPad mini 4 / iPad Pro 10.5inch / iPad Pro 12.9inch

166 » 「データの取得方法」って何？

A メールなどのデータを自動で受信するときの設定です。

携帯電話は、auやソフトバンク、ドコモなどのサーバーからメールが自動的に端末に送られてきます。このデータ取得方法を「プッシュ」といいます。一方、メールやアプリの起動時にデータを取得したり、定期的に、端末側がメールを取得しにいく方法を「フェッチ」といいます。iPadのWi-Fi＋Cellularモデルで利用できるキャリアメールはプッシュ受信に対応しています。プッシュ受信に対応していないメールサービスは、フェッチでメールサーバーを定期的に確認しないと、新着メールが確認できません。たとえば、Gmailは＜Gmail＞アプリの利用時はプッシュ受信ですが、＜メール＞アプリで受信すると、フェッチとなります。しかし、頻繁に確認をすると、バッテリーを消耗します。

＜設定＞アプリの「アカウントとパスワード」にある「データの取得方法」では、プッシュ受信の利用と、フェッチ受信の頻度（自動／15分ごと／30分ごと／1時間ごと／手動）を設定することができます。バッテリーの持ちを長くしたい場合は、取得頻度を下げるようにしましょう。

1 ホーム画面で＜設定＞→＜アカウントとパスワード＞をタップし、

2 ＜データの取得方法＞をタップします。

3 ＜プッシュ＞のオン／オフスイッチをタップすると、プッシュ受信の利用を切り替えられます。

4 「フェッチ」で任意の項目をタップすると、どれくらいの頻度でフェッチ受信を行うかを設定できます。

Q167 » Gmailで不要なメールを整理したい！

A アーカイブして「すべてのメール」に保存します。

Gmailで送信／受信したメールは、削除されたものを除いて「すべてのメール」に保存されています。Gmailではアーカイブという機能を利用して当面必要のないメールの整理をすることができます。アーカイブとは、チェック済みのメールや、削除すると困るけれど普段は見る必要がないメールなどを、受信トレイ上から見えなくする機能です。アーカイブしたメールは削除しない限り、「すべてのメール」に残っています。

1 ホーム画面で＜設定＞→＜アカウントとパスワード＞→「アカウント」の＜Gmail＞→＜アカウント＞→＜詳細＞とタップし、＜アーカイブメールボックス＞→＜すべてのメール＞をタップして選択します。

2 ホーム画面で＜メール＞→アカウントの＜Gmail＞→＜受信＞をタップし、アーカイブしたいメールを表示して、

3 をタップすると、表示中のメールがアーカイブされます。

Q168 » アーカイブしたメールを見たい！

A 「すべてのメール」というメールボックスをチェックします。

アーカイブされたメールは、受信トレイには表示されなくなります。アーカイブされたメールを閲覧したいときは、「すべてのメール」というメールボックスから確認することができます。アーカイブしたメールのみを表示する場合は、手順1の画面で「GMAIL」の＜[Gmail]＞をタップします。

1 ＜メール＞アプリの「メールボックス」画面で、「GMAIL」の＜すべてのメール＞をタップすると、

2 アーカイブを含むすべてのメールが表示されます。

Q169 デフォルトのアカウントをGmailにしたい！

A 設定画面から変更できます。

複数のメールアカウントを登録しており、Gmailをデフォルトのメールアカウントとして使用したい場合、Gmailのアカウントを追加したあとに、ホーム画面で＜設定＞→＜メール＞をタップし、＜デフォルトアカウント＞をタップします。登録したGmailアカウントをタップして、チェックを入れると、デフォルトのメールアカウントがGmailに変更されます。

1 ホーム画面で＜設定＞→＜メール＞→＜デフォルトアカウント＞をタップし、

2 ＜Gmail＞をタップして選択すると、

3 デフォルトアカウントがGmailアカウントに変更されます。

Q170 Gmailのもっと便利な機能をiPadで使いたい！

A Gmailの専用アプリを利用してみましょう。

＜メール＞アプリは、追加したアカウントを一括で管理できますが、すべてのメールが検索できるわけではないなど、Gmailの機能を使い切れているとはいえません。Gmailだけを個別に管理・閲覧したい場合は、Googleからリリースされている Gmailの公式アプリをiPadにインストールしましょう。公式のアプリでは、＜メール＞アプリでは管理できない、迷惑メールの設定などを行うことができます。パソコンでGmailをよく使っている方におすすめです。

Q.354やQ.359などを参考にして、App StoreからGmail公式アプリをインストールします。

Gmailならではの細かい設定ができます。

Q 171 » Gmailで迷惑メールを制限したい！

A 迷惑メールをGmailに学習させましょう。

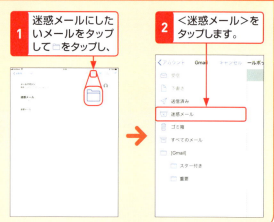

iPadの＜メール＞アプリでは、迷惑メールのフィルタリング機能が備わっていません。その代わり、受信したメールを「迷惑メール」フォルダに移動させることで、次回からはGmailがそのアドレスを迷惑メールとして認識し、受信をブロックしてくれます。🏳→＜"迷惑メール"に移動＞でも設定できます。

Q 172 » メールを送りたい！

A ＜メール＞や＜連絡先＞アプリからメールを作成できます。

＜メール＞アプリの上部メニューから ✏ をタップすると、「新規メッセージ」画面に切り替わります。

iPadの＜メール＞アプリでは、複数のアカウントを使って相手へメールを送ることができます。ホーム画面で＜メール＞をタップしたあと、画面右上の ✏ をタップします。新規メール作成画面が表示されるので、宛先と件名、本文を入力し、＜送信＞をタップすると、メールが送信されます。

Q 173 » どのメールアカウントで送信される？

A 設定したデフォルトアカウントで送信されます。

差出人にはデフォルトアカウントで設定したアカウントが表示されます。デフォルトアカウントの変更方法は、Q.169を参照しましょう。

iPadでメールを送信する場合は、デフォルトアカウントで設定したメールアカウントでメールが送信されます（Q.169参照）。メールの作成中の画面に表示される「差出人:～」が、メールが送信されるアカウントになります。追加したメールアカウントが複数ある場合、メールアカウントの切り替えも可能です（Q.187 参照）。

Q174 送信したメールを確認したい！

A 「送信済み」に保存されています。

送信したメールは、「送信済み」というメールボックスに自動で保存されています。メールのアカウント別に保存されているので、目的の送信メールが見つからないときはメールを送信したアカウントになっているかどうか確認してみましょう。

1. ＜メール＞アプリのメールボックス画面で、送信メールを確認したいアカウントの＜送信済み＞をタップします。

2. 選択したメールアカウントの送信済みメールが確認できます。

Q175 メールボックスを作りたい！

A メールの編集メニューからメールボックスを作成します。

iPadの＜メール＞アプリでは、ユーザーが独自のメールボックスを追加することができます。メールボックスは、メールを管理するためのフォルダの役割を果たします。
各メールアカウントにはあらかじめ「送信済み」「ゴミ箱」などのメールボックスが作成されています。新しいメールボックスを追加したいときは、＜編集＞→＜新規メールボックス＞をタップします。

1. ＜メール＞アプリでメールボックス画面を表示し、
2. ＜編集＞をタップして、

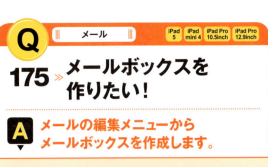

3. ＜新規メールボックス＞をタップします。

4. 任意のメールボックス名を入力し、

5. ボックスの場所を選択して、
6. ＜保存＞→＜完了＞をタップすればメールボックスが作成されます。

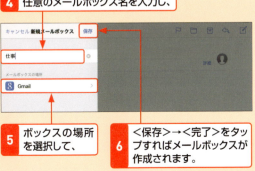

Q176 メールボックスにメールを移動させたい！

A メールの詳細画面から移動させます。

閲覧中のメールを別のメールボックスに移動したいときは、一覧から移動したいメールをタップして詳細を開き、さらに上部のメニューバーの🗀をタップして、移動先のメールボックスをタップします。

1 移動したいメールをタップし、上部のメニューバーから🗀をタップします。

2 移動先のメールボックスをタップします。

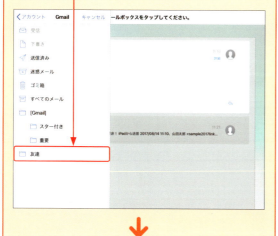

3 指定したメールボックスにメールが移動します。

Q177 メールボックスを整理したい！

A 編集メニューでメールボックスの階層化や編集／削除ができます。

メールボックスを階層化すると、メールボックスをより効率的に活用できます。たとえば、＜プライベート＞というメールボックスのメールが多い場合、その下の階層に「○○さんから」というメールの多い人専用のメールボックスを作成して管理すれば、メールを探しやすくなります。既にあるメールボックスの場所を移動することもできます。また、必要ないメールボックスを削除することもできます。

1 ＜編集＞→移動して階層化させたいメールボックスの順にタップし、

2 「メールボックスの場所」から、移動先のメールボックスをタップして選択して、

3 ＜保存＞をタップします。

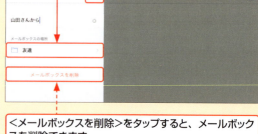

＜メールボックスを削除＞をタップすると、メールボックスを削除できます。

4 ＜完了＞をタップします。

Q178 » メールでCcやBccを使いたい！

A <差出人>をタップすると
Cc／Bcc項目が表示されます。

iPadでは<メール>の新規メッセージ作成時、Cc／Bccを設定して送信できます。<Cc／Bcc, 差出人>をタップしてCc／Bccを設定します。「宛先」と同様、各項目をタップして手入力もしくは⊕をタップして、連絡先から送信先を選択します。

宛先／Cc／Bccの違い

宛先(To)	送信先が1人、もしくはお互い連絡先を知っているなど同等に送りたい場合に使用。送信先全員のアドレスが公開される。
Cc	メインの宛先ではないが、メール内容を共有しておきたい場合に使用。Cc設定された人のアドレスはそのほかの送信先全員に公開される。
Bcc	内容は共有したいが、送信先それぞれのアドレスを公開したくない場合に使用。一斉送信など個人情報の保護のために活用される。

Cc／Bccを設定する

1 メール作成時に<Cc／Bcc, 差出人：(アカウント名)>をタップすると、

2 Cc／Bcc入力欄が表示されます。
3 ⊕をタップするとすべての連絡先が表示されます。

Q179 » メールで署名を使いたい！

A メール設定から任意の署名を追加できます。

ホーム画面で<設定>→<メール>→<署名>をタップし、署名を入力すれば、メール入力時に自動的に署名が追加されるようになります。メールを送る際に、本文中に名前や連絡先などを表記しておくと、そのメールが誰から送信されたものかわかるので、便利です。

1 ホーム画面で<設定>→<メール>→<署名>をタップし、

2 すべてのアカウントか、アカウントごとに署名を有効にするかを選択します。

3 任意の署名を入力し、

4 <メール>をタップすると、署名が追加されます。

「新規メッセージ」画面のテキストフィールドに、設定した署名が表示されます。

Q180 メールに写真を添付したい！

A <写真>アプリから画像を選択して添付します。

<写真>アプリで任意の画像を表示し、□→<メール>をタップします。画像を複数添付したい場合は、<写真>アプリのサムネール一覧画面で<選択>をタップして画像を選択し□→<メール>をタップすると、選択した画像がすべてメールに添付されます。

1 <選択>をタップして画像を複数選択し、
2 □→<メール>をタップします。

Q181 メールで写真の画像サイズを変更して添付したい！

A 画像サイズが大きい場合は送信前にサイズを変更できます。

メールに添付する画像のサイズを変えたい場合は、メールの作成画面で<画像:(ファイルのサイズ)>をタップすると、「画像サイズ」の項目が表示されるので、小／中／大／実際のサイズの4種類から選ぶことができます。メールに添付できるサイズを超えている場合「画面サイズ」の項目が自動で表示されます。

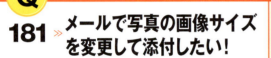

1 <画像:(ファイルのサイズ)>をタップします。
2 変更するサイズを選択します。

Q182 送信メールの文字を太字や斜体にしたい！

A 新規メッセージ作成画面で文字の太字／斜体を設定できます。

新規メッセージ作成画面では、文字に太字／斜体／下線を設定することができます。文字範囲を指定し、文字をタッチして文字編集メニューを表示し、B/U→<ボールド>や<イタリック>、<アンダーライン>をタップします。また、キーボードのB/Uをタップしても設定することができます。

1 文章を選択し、B/Uをタップをします。
2 <ボールド>、<イタリック>、<アンダーライン>をタップして、字体を変更します。

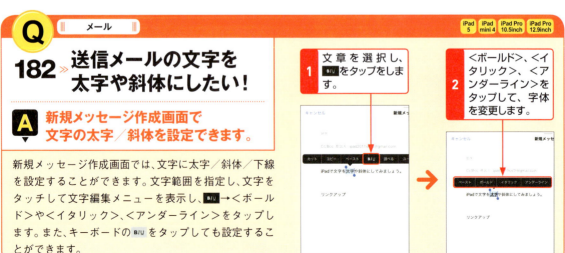

Q183 » 写真や動画をすばやくメールに添付するには？

A 新規メッセージ作成画面で写真や動画を添付できます。

写真や動画は、新規メッセージを作成している状態で添付できます。添付するときは、新規メッセージ画面のテキストフィールドをダブルタップし、＜写真またはビデオを挿入＞をタップして、写真や動画を選択します。

> 本文欄をダブルタップして、＜写真またはビデオを挿入＞をタップします。写真を選択したら、＜使用＞をタップします。

Q184 » 作成途中のメールを保存したい！

A ＜キャンセル＞→＜下書きを保存＞をタップすると、作成途中のメールを保存できます。

入力途中のメールを下書きとして保存したい場合は、＜キャンセル＞→＜下書きを保存＞の順にタップすると、作成中のメールが「下書き」というメールボックスに保存されます。GmailやiCloudなどのWebメールでは、メールを下書きとして保存すると、メールサービスの「下書き」フォルダにも同様に保存してくれます。下書きは削除（Q.185参照）をしない限り、サーバーからなくなることはありません。

> 「新規メッセージ」画面で＜キャンセル＞をタップし、＜下書きを保存＞をタップします。

Q185 » 下書き保存したメールの続きを作成したい！

A 「下書き」メールボックスから下書きメールの続きを作成します。

下書き保存したメールを編集したい場合は、ホーム画面で＜メール＞をタップし、下書きを保存しているメールアカウントの＜下書き＞をタップして、編集したいメールを一覧からタップしたあと編集します。下書きしたメールを削除する場合は＜編集＞をタップして、削除したいメールをタップしてから、＜ゴミ箱＞をタップしましょう。

下書きメールを編集する

1 メールアカウントから＜下書き＞をタップし、

2 編集したいメールを一覧からタップして選択すると、下書きメールの続きが作成できます。

下書きメールを削除する

1 下書きメールを削除したい場合は、上の手順2の画面で、＜編集＞をタップして、

2 削除したいメールをタップしてチェックを付け、

3 ＜ゴミ箱＞をタップします。

Q186 受信したメールを読みたい！

A 受信したメールはすべて受信ボックスに保存されています。

iPadで受信したメールは、＜メール＞アプリの「受信」に保存されます。そのなかで＜全受信＞をタップすると、＜メール＞アプリに登録している全メールアカウントの受信メールを確認できます。個別のアカウントごとに受信メールを確認したいときは各メールアカウントの＜受信＞をタップします。
受信メールの一覧で任意のメールをタップすると、そのメールの本文が表示されます。

1 ＜メール＞アプリの「メールボックス」画面で、確認したい受信トレイをタップします。 / 数字は未読メール件数を表しています。

2 受信メールの一覧が表示されます。確認したいメールをタップすると、

3 選択したメールの本文が確認できます。

Q187 別のアカウントでメールを送信したい！

A 差出人をタップすると、アカウントを切り替えることができます。

iPadの＜メール＞アプリでは、差出人は常にデフォルトアカウントから送信するように設定されています。デフォルトアカウント以外のアカウントでメールを送りたい場合は、メールの作成画面で＜Cc／Bcc, 差出人:（アカウント名）＞→＜差出人＞をタップします。登録してあるメールアカウントが表示されるので、送信元として使用したいアカウントをタップして選択すれば、アカウントが切り替わります。

1 ＜Cc／Bcc, 差出人＞をタップします。

2 ＜差出人＞をタップし、

3 切り替えたいアカウントをタップして選択します。

Q188 メールボックスの順番を変更したい！

A ＜メール＞アプリを起動して＜編集＞をタップします。

多くのメールアカウントを＜メール＞アプリに登録すると、目的のメールアカウントやメールボックスを探し出すのに苦労します。そうしたときには、Q.189のように利用していないメールアカウントを削除するか、メールボックスなどを整理しましょう。ホーム画面で＜メール＞をタップし、「メールボックス」画面を表示して、＜編集＞をタップすると、各メールボックスやメールアカウントの右側に≡が表示されます。≡を上下にドラッグすると、メールボックスなどの順番が変更されます。順番の変更が終わったら＜完了＞をタップすると、設定完了です。

1 ＜メール＞アプリを起動して「メールボックス」画面を表示し、

2 ＜編集＞をタップします。

3 ≡を上下にドラッグして順番を変更し、

4 ＜完了＞をタップします。

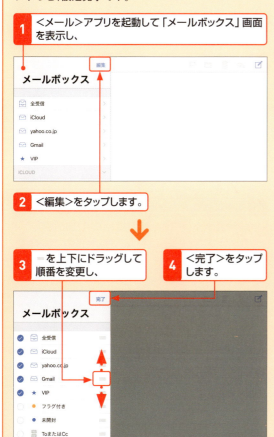

Q189 不要になったメールアカウントを削除したい！

A アカウントの削除は＜設定＞から行います。

Q.163～164で紹介したように、iPadでは複数のメールアカウントを登録できます。ただし、多数のアカウントを登録すると、メールが非常に見づらくなってしまいます。アカウント登録数に制限はありませんが、メールの保存件数には制限があるので、使用頻度が低かったり、使わないアカウントは削除しましょう。

1 ホーム画面で＜設定＞→＜アカウントとパスワード＞をタップし、

2 削除したいアカウントをタップします。

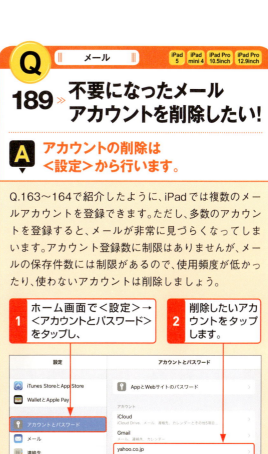

3 ＜アカウントを削除＞をタップして、

4 ＜削除＞をタップすると、設定したアカウントがメールボックスから削除されます。

| | メール | iPad 5 | iPad mini 4 | iPad Pro 10.5inch | iPad Pro 12.9inch |

190 » VIPリストって何？

A 重要なメールを自動的に仕分けすることができる機能です。

「VIPリスト」は、重要な連絡先を登録する機能です。VIPリストに登録された連絡先から受信したメールは、自動的に「VIP」メールボックスに表示されるため、重要なメールを見逃す心配もなくなります。VIPリスト内の連絡先には、通知音を設定したり、ロック画面に表示したりするなどメールを受信したときの通知の方法を設定でき、ほかの通知よりも優先して適用されます。VIPリストに連絡先を登録すると、メールボックスの＜VIP＞の横に ⓘ が表示されます。また、受信したメールには ★ が表示されます。

1 ＜VIP＞をタップすると、

2 VIPに登録してあるユーザーのメールが一覧で表示されます。

| | メール | iPad 5 | iPad mini 4 | iPad Pro 10.5inch | iPad Pro 12.9inch |

191 » VIPリストに追加したい！

A ＜メール＞アプリから VIPリストに追加できます。

「VIPリスト」は、「メールボックス」画面の＜VIP＞の横の ⓘ をタップして、連絡先の一覧から追加できます。「VIPリスト」を初めて使う場合は＜VIP＞フォルダをタップし、＜VIPを追加＞をタップして追加します。

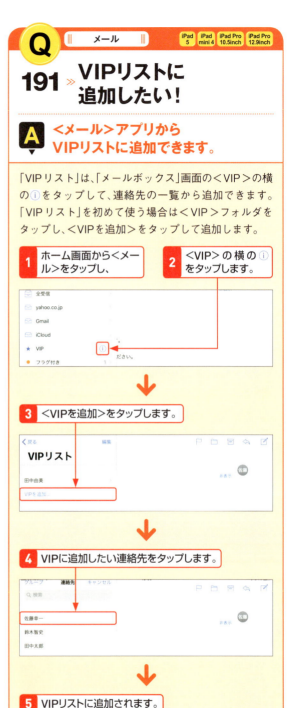

142

Q192 重要なメールに目印を付けたい！

A メールにフラグを付けることができます。

とくに重要なメールは、「フラグ」という目印を付けられます。受信トレイからメールをタップして、上部のメニューから⚑→＜フラグ＞をタップすると、選択したメールにフラグマークが付きます。フラグを付けると、フラグを付けたメールだけをまとめて閲覧でき（Q.193参照）、視覚的にも管理しやすくなります。

1. ⚑をタップして、
2. ＜フラグ＞をタップします。

Q193 フラグを付けたメールだけを見たい！

A 「フラグ付き」スマートメールボックスで閲覧できます。

メールにフラグを付けると、「フラグ付き」というメールボックスが自動的に作成されます。メールボックスが作成されない場合は、Q.188手順3の画面で＜フラグ付き＞にチェックを入れましょう。＜フラグ付き＞をタップすると、フラグを付けたメールだけをまとめて閲覧できます。

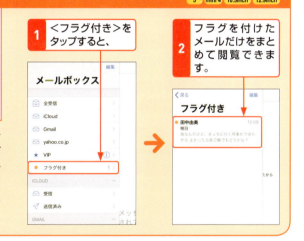

1. ＜フラグ付き＞をタップすると、
2. フラグを付けたメールだけをまとめて閲覧できます。

Q194 一度開いたメールを未開封の状態にしたい！

A メールを右方向にスワイプし、＜未開封＞をタップします。

一度開封したメールを未開封の状態に戻すには、未開封に戻したいメールを右方向にスワイプし、＜未開封＞をタップします。メールの詳細画面で、⚑→＜未開封にする＞をタップしても、未開封に戻すことができます。

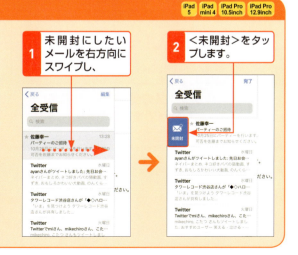

1. 未開封にしたいメールを右方向にスワイプし、
2. ＜未開封＞をタップします。

Q 195 » 目的のメールを検索したい！

A 検索フィールドを使えば目的のメールを探すことができます。

目的のメールが見つからないときは、検索フィールドを利用しましょう。各メールボックスの受信一覧の上部にある、検索フィールドに任意のキーワードを入力すると、そのメールボックス内で該当するメールが表示されます。差出人や宛先、件名などからキーワードに該当するメールを検索することができます。

1 検索フィールドに検索したい内容を入力すると、メールを検索できます。

Q 196 » メールを削除したい！

A 受信一覧から削除するか、メールの詳細を開いて削除します。

メールボックスの受信一覧から削除したいメールを右から左にスワイプして、🗑をタップすると、削除できます。メールの詳細画面の上部で🗑をタップしても、メールを削除できます。ただし、Gmailのアーカイブを有効にしている場合は、ゴミ箱ではなくアーカイブが表示されます（Q.167参照）。

削除したいメールを右から左にスワイプして、🗑をタップすると、メールを削除できます。

メールの詳細画面を表示し、🗑をタップすると、メールを削除できます。

Q 197 » 複数のメールをまとめて削除したい！

A メールボックスの受信一覧の編集メニューを使ってまとめて削除します。

複数のメールをまとめて削除したい場合は、メールの受信一覧で＜編集＞をタップし、削除したいメールをすべてタップして、＜ゴミ箱＞をタップします。削除したメールは、いったん「ゴミ箱」に格納されます。Gmailのアーカイブが有効な場合は＜アーカイブ＞が表示されます（Q.167参照）。

1 メール受信一覧から＜編集＞をタップし、

2 削除したいメールをタップして選択したら、

3 ＜ゴミ箱＞をタップします。

Q198 削除したメールをもとに戻せる？

A 「ゴミ箱」内のメールはもとに戻すことが可能です。

Q.196～197の方法で削除したメールは、まだ完全に削除されておらず、アカウントの「ゴミ箱」に格納されます。アカウントの＜ゴミ箱＞をタップして＜編集＞をタップし、もとに戻したいメールを選択します。次に、＜移動＞をタップしたあと、移動させたいメールボックスを選択すると、メールをもとに戻せます。

1 ＜ゴミ箱＞→＜編集＞をタップします。
2 もとに戻したいメールをタップして選択し、
3 ＜移動＞をタップし、移動先のメールボックスを選択します。

Q199 複数のメールをまとめて既読にしたい！

A メール受信一覧の編集メニューでまとめて既読にできます。

とくに重要ではないメールは、目を通さずともまとめて既読にすることができます。メール受信一覧から画面右上の＜編集＞をタップし、既読にしたい未開封メールをすべてタップしたあと、＜マーク＞→＜開封済みにする＞をタップするとプレビュー左の●が消え、既読扱いとなります。

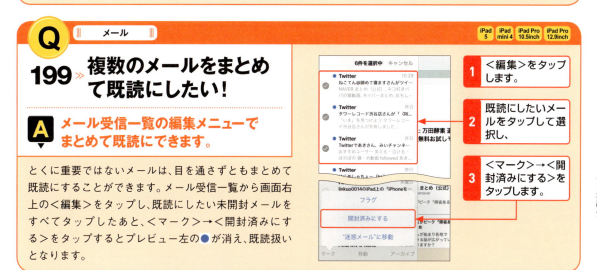

1 ＜編集＞をタップします。
2 既読にしたいメールをタップして選択し、
3 ＜マーク＞→＜開封済みにする＞をタップします。

Q200 スレッドでまとめられたメールを読みたい！

A 件名の横に》のあるメールをタップします。

スレッドとは、送受信してやり取りしたメールをひとまとめにする機能です。スレッドを利用すると、関連したメールがまとめられ、閲覧しやすくなります。ホーム画面で＜設定＞→＜メール＞→＜スレッドにまとめる＞をタップすれば、スレッドのオン／オフを切り替えられます。

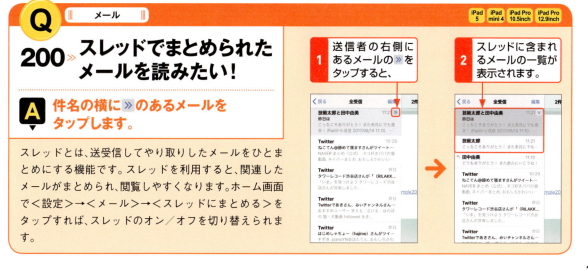

1 送信者の右側にあるメールの》をタップすると、
2 スレッドに含まれるメールの一覧が表示されます。

Q201 » フラグのデザインを変更したい！

A 「フラグのスタイル」からどちらかを選べます。

Q.192で解説したフラグの機能は、重要なメールを見分けるのに大変便利な機能です。このフラグのデザインは、初期状態では円型のアイコンに設定されていますが、自身の好みで旗型のアイコンに変形することも可能です。ホーム画面で＜設定＞をタップしたあと、＜メール＞をタップし、＜フラグのスタイル＞をタップしたあと、＜カラー＞か＜アイコン＞のどちらかをタップしましょう。以降メールに付加したフラグのデザインが変更されます（すでにメールに付加したフラグにも、変更が反映されます）。円型のアイコンでは今ひとつわかりにくいので、旗型のアイコンに切り替えて重要度を強調したい場合などに、利用するとよいでしょう。

1 ホーム画面で＜設定＞→＜メール＞をタップし、

2 ＜フラグのスタイル＞をタップして、

3 ＜カラー＞か＜アイコン＞のどちらかをタップします。

Q202 » メール一覧で内容を確認できるようにしたい！

A 受信メールの一覧にメール内容を1〜5行まで表示できます。

メールのプレビュー機能を使うと、メールの受信一覧で本文の一部が確認できるようになります。一覧である程度内容が推測できるので、閲覧時間を短縮できます。デフォルトでは、メールのプレビュー機能は2行に設定されています。＜設定＞→＜メール＞をタップし、＜プレビュー＞をタップすると、受信一覧に表示するプレビューの行数を設定できます。不要であれば、「なし」に設定することも可能です。プレビューの行が多くなるほど各メールの表示幅が広くなり、スクロールする手間が増えるので、そのときどきの状況に応じて適宜設定を変更しましょう。

1 ホーム画面で＜設定＞→＜メール＞をタップし、

2 ＜プレビュー＞をタップすると、

3 「なし」もしくはプレビューする内容を1〜5行までの間で設定できます。

Q203 » メールをカレンダーに登録したい！

A 受信したメール内の日付をタップすればカレンダーに登録できます。

受信したメール内の日付や時間に下線が表示されていたらタップし、＜イベントを作成＞をタップすると、カレンダーアプリが立ち上がり、イベントを追加する画面が表示されます。入力して＜追加＞をタップすればカレンダーに登録されます。イベントタイトルには、メールのタイトルが自動的に反映されます。

1. メール内の日付→＜イベントを作成＞をタップします。
2. イベント内容を入力して、＜追加＞をタップします。

Q204 » 添付された画像ファイルを保存したい！

A 表示された画像ファイルをタッチします。

受信メールに添付されていた画像は、iPadに随時保存することが可能です。ホーム画面から＜メール＞アプリを起動したあと、画像が添付されたメールを開きます。メール中の画像をタッチすると、メニューが表示されるので、＜画像を保存＞をタップし、保存を完了させましょう。

1. メール内の画像をタッチして、
2. ＜画像を保存＞をタップします。

Q205 » メールに返信したい！

A 受信したメールから返信メニューを使って返信します。

受信したメールに返信する場合は、返信したいメールを開き、↩︎→＜返信＞をタップすると返信メッセージの入力画面に切り替わります。返信メールは、件名の前に「Re:」が表示され、メール内には前回のメールの日付とユーザー名、アドレス、前回のメールの内容が引用されます。

1. 返信したいメールで↩︎→＜返信＞をタップして、
2. 返信内容を入力し、
3. ＜送信＞をタップします。

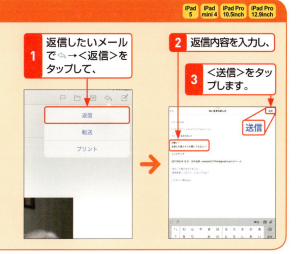

メールと連絡先

147

Q 206 » メールを転送したい！

A 転送メニューを使って転送します。

メールの内容を別のユーザーと共有したい場合は、転送機能を使って受信時のメールをそのまま別のユーザーに送信しましょう。転送したいメールを開き、◁→＜転送＞をタップすると、メール転送の入力画面に切り替わります。メール転送はタイトルに「Fwd:」が追加され、メール内は転送元のメールの日時や宛先、転送したいメール内容が引用されて表示されます。

1 転送したいメールの詳細を開き、◁→＜転送＞をタップすると、

2 転送メールが作成されます。宛先や本文を入力して、

3 ＜送信＞をタップすれば、転送メールとして送信されます。

もとのメールに添付ファイルがある場合は、添付ファイルを含めるかどうか確認されます。

Q 207 » メールの引用マークの数を調整したい！

A 編集メニュー、または＜設定＞で引用マークの数を変更します。

メールにおける引用では、前のメールの内容に引用符を付けて本文に付加するのが一般的です。iPadは独自の引用符「｜」を使用し、引用したい文章のインデント（引用マークの数）を制御することができます。引用マークの数を設定したい文章をタッチして、＜引用のマーク＞をタップします。引用のマークの数は＜減らす／増やす＞で調整します。＜設定＞アプリで常に引用のマークを増やしておくことも可能です。

引用マークを増やす

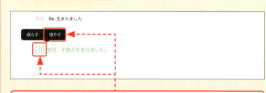

引用のマークを増やすと文章の横の「｜」の数が増えます。

引用マークを減らす

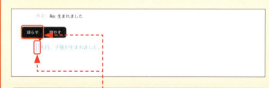

引用のマークを減らすと文章の横の「｜」の数が減ります。

引用マークを常に増やす

＜設定＞→＜メール＞をタップし、＜引用のマークを増やす＞をタップしてオンに切り替えると、引用マークを常に増やした状態になります。

Q208 》メールを宛先アドレス全員に返信したい！

A ＜全員に返信＞を使いましょう。

複数の連絡先に送信されたメールの場合、↩→＜全員に返信＞をタップすると、宛先に含まれていた連絡先全員に、まとめて返信メッセージを送ることができます。なお、＜全員に返信＞が表示されるのは、複数の連絡先に送信されたメールの場合だけです。また、Bccで送信されたユーザーには返信されません。

1 返信したいメールの詳細を開き、↩→＜全員に返信＞をタップすると、

2 宛先に含まれていた人にまとめて返信メールが作成できます。本文を入力して、

3 ＜送信＞をタップすれば、返信メールとして送信されます。

Q209 》受信メールから連絡先に登録したい！

A メール内のリンクから登録できます。

受信メールの内容にメールアドレス／電話番号が記載されていれば、受信時に自動的にリンクとして青く表示されます。リンクとして表示されたメールアドレス／電話番号をタップし、＜連絡先に追加＞をタップすると、「情報」画面が表示されます。新規アドレスとして登録したい場合は＜新規連絡先を作成＞を、既存の連絡先に追加したい場合は＜既存の連絡先に追加＞をタップします。メールの差出人も同じような手順で登録できます。

1 メール内のアドレスをタップし、

2 ＜連絡先に追加＞をタップすると、

3 新規連絡先を作成するか、既存の連絡先に追加するか選択できます。

Q 210 自動的に画像を読み込まないようにしたい！

A ＜設定＞アプリで、＜画像を読み込む＞を◯にします。

iPadでは、デフォルトだとメールに添付された画像を自動的に読み込むように設定されています。変更するには、ホーム画面から＜設定＞→＜メール＞をタップし、＜サーバ上の画像を読み込む＞を◯に切り替えます。メールの表示をなるべく早めたい場合などに、利用するとよいでしょう。

1 ホーム画面で＜設定＞をタップし、

2 ＜メール＞をタップします。

3 ＜サーバ上の画像を読み込む＞の◯をタップして◯に切り替えます。

 Q 211 連絡先をGmailと同期したい！

A ＜連絡先＞の同期を◯にします。

Gmailアカウントを追加すると、メール、連絡先、カレンダー、メモを同期することができます。ホーム画面から＜設定＞→＜アカウントとパスワード＞をタップし、Gmailアカウントをタップします。ここで＜連絡先＞を◯にしておけば、＜連絡先＞アプリを開くと自動的にGoogleの連絡先（Myコンタクト）と同期されます。iPadで追加や削除、編集した連絡先も反映されるので、常に最新の状態で連絡先を管理できます。

1 ＜設定＞→＜アカウントとパスワード＞をタップして、Gmailアカウントをタップします。

2 ＜連絡先＞の◯をタップして◯に切り替えます。

5 メールと連絡先

150

| iPad 5 | iPad mini 4 | iPad Pro 10.5inch | iPad Pro 12.9inch |

212 » 連絡先を作成したい！

A 「すべての連絡先」画面から登録できます。

iPadでは、メールアドレスや電話番号といった連絡先情報を＜連絡先＞アプリで管理します。＜連絡先＞アプリの「すべての連絡先」画面では、新しい連絡先を登録することができます。ここでは新しい連絡先の作成方法を紹介します。
追加した連絡先の編集方法はQ.213、作成した連絡先に新しい情報を追加する手順はQ.214を参照しましょう。

1 ホーム画面で＜連絡先＞→＋をタップし、

2 相手の名前とふりがなを入力します。

3 ＜写真を追加＞をタップし、＜写真を撮る＞または＜写真を選択＞のどちらかを選び、写真を設定します（Q.215参照）。

ここで登録した写真は連絡先の「情報」画面や着信時に表示されます。

4 電話番号とメールアドレスを入力し、

5 着信音を設定して、

6 ＜完了＞をタップします。

151

Q213 » 連絡先を編集したい！

A 編集したい連絡先を開き、＜編集＞をタップしましょう。

「連絡先」は、作成後も電話番号などを変更したり追加することができます。ホーム画面の＜連絡先＞をタップし、任意の相手をタップします。画面右上の＜編集＞をタップしたあと、各項目を入力しましょう。ひと通り編集を終えたら、＜完了＞をタップします。

1 ホーム画面から＜連絡先＞→任意の相手をタップし、

2 ＜編集＞をタップします。

3 編集したい項目の入力が終わったら、

4 ＜完了＞をタップします。

5 編集内容が更新されます。

Q214 » 連絡先に項目を追加したい！

A ＜フィールドを追加＞をタップします。

iPadの連絡先には、役職や部署、ニックネーム、敬称などの項目を追加できます。ホーム画面から＜連絡先＞→任意の相手をタップし、＜編集＞→＜フィールドを追加＞をタップしましょう。

1 Q.213手順3の画面で＜フィールドを追加＞をタップし、

2 追加したい項目をタップします。

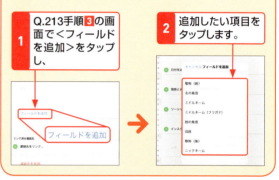

Q215 » 連絡先に写真を表示したい！

A 連絡先の＜編集＞をタップし写真撮影しましょう。

「連絡先」に写真を設定すると、FaceTimeでビデオ通話を発信する際などにその相手の写真が表示されます。ホーム画面から＜連絡先＞→任意の相手をタップします。＜編集＞→＜写真を追加＞→＜写真を撮る＞をタップし、撮影後に＜写真を使用＞をタップして設定完了です。
＜写真を追加＞をタップしたあとに＜写真を選択＞をタップして、「カメラロール」などに保存された写真を設定することもできます。

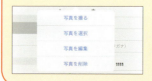

追加した写真は、あとから削除したり変更することが可能です。

Q 216 連絡先を検索したい！

A 「すべての連絡先」の検索フィールドにキーワードを入力します。

「連絡先」から目的の相手を探したいときは、ホーム画面から＜連絡先＞をタップし、画面上部の検索フィールドに人名やメールアドレス、電話番号の一部を入力しましょう。結果が一覧表示されます。よみがなを登録している場合はよみがな、住所を登録している場合は住所でも検索が可能となっています。

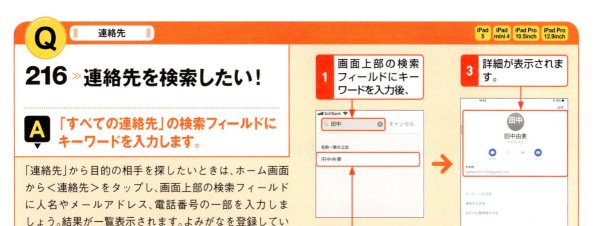

Q 217 連絡先からメールを作成したい！

A ＜連絡先＞に登録している連絡先情報を選択します。

＜連絡先＞から新規メッセージを作成すると、最初から選択した連絡先のアドレスが反映されるため、宛先を入力する手間が省けます。＜連絡先＞からメールを作成するには、メールを送りたい連絡先をタップして詳細を表示し、メールアドレスをタップすると、アドレスを反映した新規メッセージ作成画面が開きます。

Q 218 連絡先をメールで送信したい！

A 連絡先情報はメールに添付できます。

iPadでは＜連絡先＞アプリに登録している連絡先情報を、メールやメッセージで送信できます。＜連絡先＞アプリを起動し、連絡先情報を送信したい相手をタップして詳細を表示します。＜連絡先を送信＞→＜メール＞をタップすると、選択した連絡先情報がvcf形式に変換されてメールに添付されます。

Q 219 » メッセージとメールの違いは？

A ＜メッセージ＞はSMS、＜メール＞はWebメール用のメール機能のことです。

＜メッセージ＞アプリは、iMessageの形式で、主に短い文章を相手とやりとりするためのものです。相手が＜メッセージ＞アプリ用のメールアドレスを設定していないと、作成した文章を送信することができません。一方＜メール＞アプリは、さまざまなメールサービスのアカウントを利用して、長文を相手に送信し、その際、比較的容量の大きいファイルも添付することができます。SMSなども利用できるiPhoneとは違って、iPadの＜メッセージ＞アプリではiMessageのみ利用でき、＜設定＞アプリでオン／オフを切り替えられます。Apple IDを持っているとスムーズに利用できるので、未取得の場合はQ.024を参照し、あらかじめ取得しておきましょう。

iMessageでは画像なども添付することができます。

＜設定＞アプリでオン／オフを切り替えられます。

Q 220 » iMessageって何？

A iOSデバイス同士でやりとりできるメッセージ機能です。

「iMessage」は、iOS 5以降またはOS X Mountain Lion以降を使用しているデバイスとの間でメッセージを送受信できる機能です。iMessageはホーム画面で＜メッセージ＞をタップして起動します。このほか連絡帳の電話番号とメールアドレスからもメッセージを送信することもできます。また、テキストや画像、音声も添付でき、添付されたファイルを保存することもできます。

相手が返信内容を考えていることが、画面上のアイコンで確認できます。

特定のメッセージを削除したり、第三者に転送することも可能です。

Q メッセージ

221 » iMessageを利用したい!

A Apple IDを使用してサインインします。

iMessageを利用するには、＜設定＞→＜メッセージ＞をタップして、Apple IDとパスワードの情報を入力し、＜サインイン＞をタップします。Apple IDを新規作成する場合は＜Apple IDを新規作成＞をタップします。iMessageを利用するためには、無線LANなどでiPadが通信できる状態である必要があります。Q.104〜113を参照し、あらかじめ無線LANのネットワークを設定しておきましょう。

1 ホーム画面の＜設定＞をタップし、

2 ＜メッセージ＞をタップします。

3 Apple IDとパスワードの情報を入力して、

4 ＜サインイン＞をタップすると、

5 登録が完了します。

6 再度＜メッセージ＞をタップすると、

7 送受信のメールアドレスがApple IDに設定されていることが確認できます。

Q メッセージ

iPad 5 | iPad mini 4 | iPad Pro 10.5inch | iPad Pro 12.9inch

222 » 新しいメッセージを送りたい！

A <メッセージ>アプリを起動してメッセージを作成します。

メッセージを送りたい場合は、<メッセージ>をタップして起動し、✐をタップします。「新規メッセージ」の画面が表示されるので、直接送信先を入力するか、⊕をタップして、連絡先一覧から宛先を選択します。テキストフィールドにメッセージを入力して、↑をタップすると、メッセージが送信されます。

1 <メッセージ>の起動後、画面上部の✐をタップし、

2 ⊕をタップします。

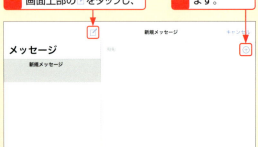

アドレスフィールドに直接送信先のアドレスを入力することも可能です。

3 連絡先からメッセージの送信先を選択し、

4 メッセージを入力して、

5 ↑をタップします。

A 連絡先一覧から新規メッセージを作成します。

<メッセージ>も、メールと同様、<連絡先>からユーザーを選択して新規メッセージを作成することができます。<連絡先>を起動し、メッセージを送信したい連絡先をタップして選択し、<メッセージ>をタップすれば、宛先が入力された状態で「新規メッセージ」画面が表示されます。

1 <連絡先>をタップして起動し、メッセージを送信したいユーザーをタップして選択して、

2 <メッセージを送信>をタップすると、「新規メッセージ」画面が表示されます。

156

Q 223 » 複数の人に同時に メッセージを送りたい！

|| メッセージ || iPad 5 / iPad mini 4 / iPad Pro 10.5inch / iPad Pro 12.9inch

A メッセージを送信したい連絡先を複数指定します。

iMessageでは、複数の相手へ同時にメッセージを送信することも可能です。新規メッセージ作成画面で⊕をタップして、宛先を複数追加していきます。一斉送信は人数制限こそありませんが、iMessageはCc／Bccがないため、送信先の相手にお互いの電話番号やメールアドレスがわかってしまいます。お互いの連絡先情報を知らない場合は一斉に送信するのを止めるか、事前に許可を取るなどしておきましょう。

1 Q.222手順**1**を参考に「新規メッセージ」画面を表示して、

2 ⊕をタップして、メッセージの送信先を選択します。

3 手順**2**を繰り返して連絡先を追加したらメッセージを入力し、

4 ↑をタップします。

Q 224 » 相手がメッセージを見たかどうか知りたい！

|| メッセージ || iPad 5 / iPad mini 4 / iPad Pro 10.5inch / iPad Pro 12.9inch

A 開封証明を設定しましょう。

iMessageは、受け取り（開封）通知機能を設定できます。ただし、相手がメッセージを開封したかどうか知るには、送信先の相手にあらかじめ受け取り（開封）通知機能を設定してもらう必要があります。反対に、こちらが受信したメッセージを開封したか相手に通知する設定はこちらが行います。設定方法は、＜設定＞→＜メッセージ＞をタップし、＜開封証明を送信＞の ◯ をタップして ◉ にします。

1 ホーム画面で＜設定＞→＜メッセージ＞をタップし、

2 ＜開封証明を送信＞の ◯ をタップして ◉ にします。

3 メッセージを送信すると、メッセージの横に「配信済み」と表示されます。

4 送信先の相手がメッセージを確認すると、「開封済み」に変更され、相手が開封した時間が表示されます。

Q225 メッセージに写真を添付したい！

iPad 5 / iPad mini 4 / iPad Pro 10.5inch / iPad Pro 12.9inch

A 📷をタップして写真を添付します。

テキストフィールドの左側にある📷をタップして＜写真＞をタップすると、iPad内の写真を選択してメッセージに画像を添付できます。＜カメラ＞をタップすれば、その場で撮影した写真や動画をメッセージに添付することも可能です。

1 📷をタップし、

2 ＜写真＞をタップします。

3 任意のフォルダの写真をタップし、

4 ＜使用＞をタップします。

Q226 複数の写真やビデオをかんたんに送りたい！

iPad 5 / iPad mini 4 / iPad Pro 10.5inch / iPad Pro 12.9inch

A 📷をタップし、写真の一覧からすばやく選択します。

Q.225の手順のほかに、📷をタップしたときに表示される写真一覧からでも、写真やビデオを送ることができます。一度にたくさんの写真を送りたい場合は、この方法が便利です。

1 📷をタップし、

2 表示される一覧から写真を選択します。

3 メッセージを入力し、⬆をタップします。

4 一度に複数の写真を送ることができました。

メールと連絡先 5

Q227 受信したメッセージを表示したい！

A メッセージの受信一覧から見たい相手をタップします。

＜メッセージ＞アプリでは、相手ごとに送受信した内容を閲覧できます。受信したメッセージを見たい場合は、メッセージの受信一覧から任意の相手をタップすると、メッセージの詳細が表示されます。メッセージのやりとりはメールのようなスレッドではなく、チャット形式で表示されます。

1 メッセージの受信一覧から見たい相手をタップすると、

2 メッセージが表示されます。

Q228 画面ロック中にメッセージを受信するとどうなる？

A 通知設定をしていればメッセージの受信を通知します。

通知設定をしていれば、ロック中の画面でもメッセージの受信を通知し、内容を表示してくれます。複数のメールを受信しても、一覧でわかりやすく表示されます。ホーム画面で＜設定＞→＜通知＞→＜メッセージ＞をタップします。＜バナーとして表示＞の ◯ をタップして ◉ にすれば設定完了です。

1 ＜バナーとして表示＞の ◯ をタップして ◉ にすると、

2 ロック画面に通知が表示されます。

メールと連絡先

159

Q メッセージ

iPad 5 | iPad mini 4 | iPad Pro 10.5inch | iPad Pro 12.9inch

229 » iMessageで現在地や音声を送りたい！

A 現在地を送る場合は①、音声を送る場合は🎤をタッチします。

iMessageでは写真やビデオだけでなく、現在地や音声を送ることもできます。現在地を送る場合は、画面右上の①をタップし、＜現在地を送信＞をタップします。現在地を送るためには、＜設定＞→＜プライバシー＞→＜位置情報サービス＞で、「位置情報サービス」をオンにしておく必要があります。音声の場合は、メッセージフィールドの🎤をタッチして押さえたままにし、音声を録音して送信します。

現在地を送る

1 ①をタップし、

2 ＜現在地を送信＞をタップします。

位置情報利用の許可を求める画面が表示されたら、＜許可＞をタップします。

3 現在地が送信されました。

音声を送る

1 🎤をタッチします。

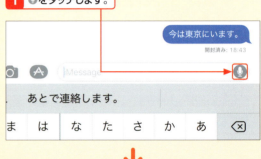

2 🎤をタッチしている間、音声が録音されます。録音を終了する場合は、指を離します。

録音した音声をすぐに送る場合は、↑の方向へスワイプします。

3 ▶をタップすると、録音した音声を送信前に確認することができます。

4 ↑をタップすると、録音した音声を送信できます。

160

Q230 » メッセージの吹き出しにエフェクトを付けたい！

A ⬆をタッチしてエフェクトを選択します。

メッセージを入力し、テキストフィールドの⬆をタッチします。「エフェクトをつけて送信」画面が表示されるので、「吹き出し」の任意のエフェクトを選択し、⬆をタップすると、エフェクト付きでメッセージが送信されます。

1 送信したいメッセージを入力し、

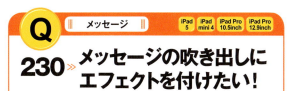

2 ⬆をタッチします。

3 任意のエフェクトの●をタップし、

4 ⬆をタップします。

5 エフェクト付きのメッセージが送信されました。

Q231 » メッセージにスクリーン効果を付けたい！

A ⬆をタッチして＜スクリーン＞をタップします。

メッセージを入力し、テキストフィールドの⬆をタッチします。「エフェクトをつけて送信」画面の＜スクリーン＞をタップし、画面をスワイプしてスクリーンを選択します。⬆をタップすると、スクリーン効果が付いたメッセージが送信されます。

1 送信したいメッセージを入力し、

2 ⬆をタッチします。

3 ＜スクリーン＞をタップし、

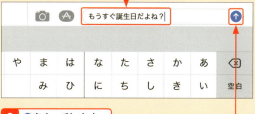

4 画面を左右にスワイプしてスクリーンを選択します。

5 ⬆をタップして、メッセージを送信します。

メールと連絡先

161

Q232 手書きのメッセージを送りたい！

A ✍をタップして文字を書きます。

入力フィールドをタップし、キーボードに表示される✍をタップすると、手書き文字を入力できるようになります。画面をなぞって文字を書き、＜完了＞をタップして⬆をタップします。また、☁をタップすると、あらかじめ用意された手書き文字を選択することができます。

1 入力フィールドをタップし、

2 キーボードのをタップします。

3 画面をなぞって文字を入力し、 **4** ＜完了＞をタップします。

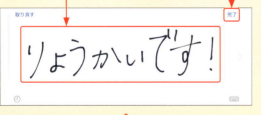

5 メッセージを入力し、

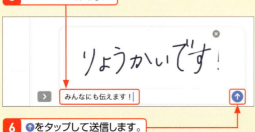

6 ⬆をタップして送信します。

Q233 メッセージにリアクションを送りたい！

A メッセージにリアクションを送りたい！

メッセージには、リアクションのアイコンを送れる「Tapback」という機能があります。リアクションしたいメッセージをダブルタップすると、メッセージの上部にTapbackが表示されます。任意のアイコンをタップすると、相手にリアクションを送ることができます。送信したTapbackを削除する場合は、再度メッセージをダブルタップし、同じアイコンをタップします。一度送信したアイコンをほかのアイコンに変更することも可能です。

1 Tapbackを送りたい受信メッセージをダブルタップします。

2 表示されるTapbackの中から、送信したいアイコンをタップします。

3 Tapbackが送信されました。

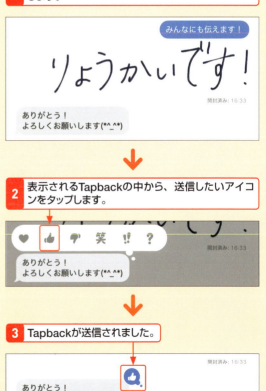

Q234 メッセージに添付された写真を保存したい！

A 添付された写真はカメラロールに保存できます。

iMessageでは、相手から送られてきた画像を保存することができます。受信した画像を保存するには、メッセージ内の写真をタップし、さらに写真のプレビューをタップしてから、画面右上の をタップします。そのあと、＜画像を保存＞をタップすると、画像が＜写真＞アプリのカメラロールに保存されます。

1 写真のプレビューをタップし、

2 → ＜画像を保存＞をタップすると画像が保存されます。

Q235 メッセージに返信したい！

A 受信したメッセージを表示して返信します。

メッセージに返信する場合は、受信したメッセージの下にあるテキストフィールドに、返信メッセージを入力したあと、 をタップしましょう。送受信したメッセージは、チャットのような形式で表示されるので、画面が切り替わることなく、そのままメッセージをやりとりできます。

1 テキストフィールドにメッセージを入力し、

2 をタップすると、メッセージに返信できます。

Q236 相手がメッセージを入力中かどうかってわかる？

A iMessageでは、相手がメッセージを入力していると吹き出しが表示されます。

iMessageでは、メッセージを入力しているかどうかが、相手にもわかります。メッセージをやりとりしている画面上に相手がメッセージを入力中のときだけ が表示されます。メッセージを送った直後に相手からメッセージが来てしまう行き違いを、未然に防ぐことができます。

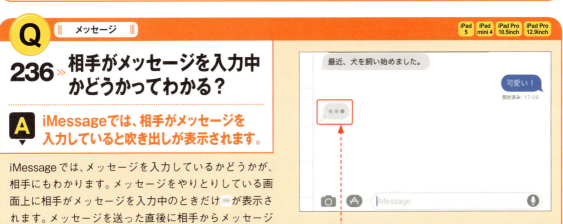

吹き出しが表示されたら、相手の返信をしばらく待つようにしましょう。

メールと連絡先

163

Q 237 » メッセージを転送したい!

A メッセージ単位で転送が可能です。

メッセージの転送は、メールよりも手軽に行えます。ホーム画面から＜メッセージ＞をタップし、受信一覧から相手を選び、転送したいメッセージをタッチします。画面下部に表示される項目で＜その他＞をタップし、📎をタップすると、指定したメッセージがテキストフィールドに反映されるので、宛先を指定して送信します。ただし、返信同様、引用符は付かず原文引用のみになります。

1 転送したいメッセージをタッチし、＜その他＞をタップします。

2 📎をタップします。

3 指定したメッセージがテキストフィールドに反映されます。

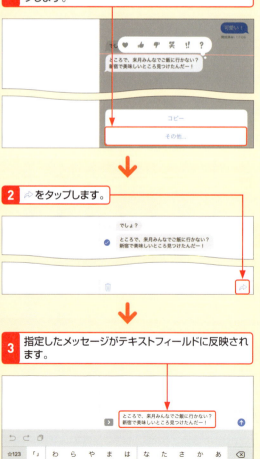

Q 238 » メッセージを削除したい!

A ＜編集＞をタップして削除するメッセージを選択します。

メッセージを削除するには、削除したいメッセージをタッチし、画面下部に表示される項目で＜その他＞をタップして、削除したいメッセージをすべて選択します。画面下部の🗑→＜メッセージを削除＞をタップして削除します。ただ、メッセージにはごみ箱フォルダやゴミ箱メールボックスがありません。一度メッセージを削除するともとに戻すことはできないので、削除は慎重に行いましょう。

1 削除したいメッセージをタッチし、＜その他＞をタップします。

2 削除したいメッセージをタップして、

3 🗑→＜○件のメッセージを削除＞をタップすると、指定したメッセージが削除されます。

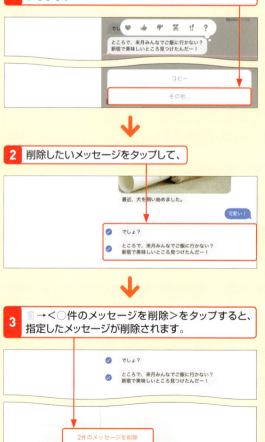

Q239 メッセージの相手を連絡先に追加したい！

メッセージ　iPad 5 / iPad mini 4 / iPad Pro 10.5inch / iPad Pro 12.9inch

A メッセージをやりとりしている相手を連絡先に追加します。

＜メッセージ＞もメールと同様に、相手のメールアドレスを連絡先に追加できます。
連絡先に登録したいメッセージを開き、画面右上の ⓘ をタップします。＞をタップし、新しく連絡先を登録する場合は＜新規連絡先を作成＞を、既存の連絡先に追加する場合は＜既存の連絡先に追加＞をタップします。ここでは、新しい連絡先の登録方法を紹介します。

1 ＜メッセージ＞アプリ起動後、受信一覧から相手をタップして選び、画面右上の ⓘ をタップします。

2 ＞をタップし、＜新規連絡先を作成＞をタップします。

3 連絡先情報を入力し、

4 ＜完了＞をタップします。

既存の連絡先に追加する場合は、手順 **2** で＜既存の連絡先に追加＞をタップし、一覧から任意の連絡先をタップして、＜完了＞をタップします。

Q240 メッセージ機能をオフにしたい！

メッセージ　iPad 5 / iPad mini 4 / iPad Pro 10.5inch / iPad Pro 12.9inch

A 設定を変更して部分的にオフにすることはできます。

＜メッセージ＞アプリはユーザーからのメッセージだけでなく、Appleやキャリアからの重要なお知らせといった情報も受け取ります。そのため、メッセージ機能をオフにするメリットはバッテリーの消耗を抑えること以外にはあまりありません。普段はメッセージ機能を使わない、どうしてもオフにしたいという場合だけ、＜設定＞アプリからメッセージをオフに切り替えましましょう。

1 ホーム画面で＜設定＞をタップし、

2 ＜メッセージ＞をタップします。

3 iMessageの 🟢 をタップして ⚪ に切り替えます。

5 メールと連絡先

Q241 メッセージの着信音を変更したい！

A ＜設定＞アプリの＜サウンド＞から変更できます。

着信音の設定は、ホーム画面で＜設定＞→＜サウンド＞をタップして行います。＜新着メール＞や＜メッセージ＞など、変更したい項目をタップし、任意の着信音または通知音をタップすると変更が完了します。この際、画面上の＜着信/通知ストア＞をタップすれば、iTunesで着信音を追加で購入できます。

デフォルトで用意されたもの以外にも、画面上の＜着信/通知ストア＞から着信音を追加購入し、設定できます。

Q242 連絡先別にメッセージの着信音を設定したい！

A 連絡先の＜編集＞をタップして着信音を設定できます。

メッセージの着信音を変更したい場合は、ホーム画面で＜連絡先＞をタップして連絡先一覧を表示したあと、着信音を変更したい連絡先をタップしましょう。そして画面右上の＜編集＞をタップし、＜着信音＞をタップすれば、各連絡先ごとにメッセージの着信音を設定することができます。

1. 着信音を変更したい連絡先をタップし、画面右上の＜編集＞をタップして、
2. ＜着信音＞をタップすると、連絡先別に着信音を設定できます。

Q243 メッセージを検索したい！

A 検索フィールドにキーワードを入力します。

これまでにやりとりした内容を確認したいと思ったら、＜メッセージ＞アプリの検索機能を利用するとよいでしょう。ホーム画面から＜メッセージ＞をタップしたあと、画面左上の検索フィールドにキーワードを入力すると、該当するメッセージが相手ユーザーごとに表示されます。

1. キーワードを入力し、＜検索＞をタップします。
2. 該当メッセージがユーザーごとに表示されます。

第**6**章

音楽や写真・動画の「こんなときどうする?」

244 >>> 302	写真
303 >>> 315	動画
316 >>> 341	音楽
342 >>> 346	iTunes Store
347 >>> 352	便利技

Q 244 » iPadで写真を撮りたい！

A ホーム画面から＜カメラ＞アプリをタップしましょう。

iPadでの写真撮影は＜カメラ＞というアプリを使って行います。最初から搭載されているため、App Storeからアプリをダウンロードする必要はありません。カメラの解像度は、FaceTime HDカメラが700万画素、iSightカメラが1200万画素です（iPad Pro）。

ホーム画面で＜カメラ＞をタップもしくはロック画面を左にスワイプすると、＜カメラ＞アプリが起動します。

HDR
撮影時のHDRの自動（iPad Proのみ）／オン／オフを切り替えます。

Live Photos
Live Photosのオン／オフを切り替えます。

カメラタイマー
3秒または10秒のタイマーが選択できます。

フラッシュ
フラッシュの自動／オン／オフを切り替えます。

シャッター
タップすると写真を撮影できます。

ひとつ前に撮影された写真
カメラロールに保存されたひとつ前の写真や動画が表示されます。

カメラ切り替え
iPadの背面と前面のカメラを切り替えることができます。

モード切り替え
上下にスワイプして、モードを切り替えます。

Q 245 » iPadの2つのカメラの違いは？

A カメラの性能と用途が違います。

iPadには、前面と背面に1つずつカメラが備わっています。背面のカメラを「iSightカメラ」、前面の液晶カメラを「FaceTime HDカメラ」といいます。これら2つのカメラをうまく活用すれば、初心者でも納得のゆく写真を撮影することができます。

iSightカメラは解像度が高く、風景写真などを撮影する際に重宝します。iPadのカメラ機能は初期のモデルと比べて確実に進化しており、現在ではコンパクトデジタルカメラにも負けない画質の写真を撮ることができます。

一方、FaceTime HDカメラは、iPadの前面側に搭載されており、自分自身の撮影やFaceTimeを利用するときに活躍します。最新のiPadでは、FaceTime HDカメラの画質も向上し、より快適にビデオ通話を楽しむことができるようになりました。

これら2つのカメラは、写真・動画の撮影両方に対応しています。ただし、FaceTime HDカメラはiSightカメラより画質がやや劣り、ズーム機能も使うことができません。

iSightカメラとFaceTime HDカメラの比較

		iPad Pro 10.5inch、iPad Pro 12.9inch	iPad 5、iPad mini 4
iSightカメラ	写真	1200万画素	800万画素
	動画	4K HD	1080p HD
	主な機能	ズーム、オートフォーカス、人体検出と顔検出、TrueToneフラッシュ、自動HDR、バーストモード	ズーム、オートフォーカス、顔検出、バーストモードHDR
FaceTime HDカメラ	写真	700万画素	120万画素
	動画	1080p HD	720p HD
	主な機能	人体検出と顔検出、タップフォーカス（露出のみ）、自動HDRバーストモード	顔検出、タップフォーカス（露出のみ）、バーストモードHDR

Q246 ピントや露出を合わせたい！

A オートフォーカスとタップしてフォーカスする機能を利用しましょう。

iPadのカメラには、端末を被写体に近づけると自動的にピントと露出を調節する「オートフォーカス」「自動露出」に加えて、タップした場所にピントや露出を合わせる機能が搭載されています。画面上の任意の場所をタップしてピントを合わせ、画面を上下にスワイプして露出を調整しましょう。

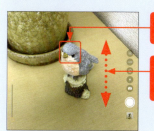

1 タップしてピントを合わせたあと、
2 画面を上下にスワイプすると露出を調節できます。

Q247 ズームして写真を撮りたい！

A 画面をピンチオープンしましょう。

カメラをズームさせたいときは、画面をピンチオープンしましょう（Q.017参照）。ズームアウトしたいときは、画面をピンチクローズします（Q.017参照）。一度ピンチの操作を行うと画面下部にバーが表示され、を左右にドラッグして、ズームを調整することも可能です。なお、ズームに対応しているのはiSightカメラだけです。

細かい調整は画面下部のバー内のを左右にドラッグしましょう。

Q248 セルフタイマーは使える？

A 画面右側のをタップします。

iPadの＜カメラ＞アプリでは、セルフタイマーの機能を利用できます。＜カメラ＞アプリを起動したら、画面右側のをタップし、＜3秒＞もしくは＜10秒＞をタップしましょう。そのあとをタップすると、カウント後に写真が撮影されます。

1 →＜3秒＞または＜10秒＞をタップしたあと、
2 をタップすると、カウントが始まります。

Q249 ピントや露出は固定できる？

A 撮影画面で任意の場所をタッチすれば固定できます。

＜カメラ＞アプリの起動中に任意の場所をタッチし、画面を上下にスワイプして露出を調節すると、ピントと露出が固定されます。この機能はAE／AFロックと呼ばれており、たとえばピントを合わせたまま撮影角度を変えたいときなどに便利です。
AE／AFロックは、iSightカメラでのみ利用できます（FaceTime HDカメラは露出の固定のみ利用可能）。

1 ピント・露出を固定したい場所をタッチし、
2 画面を上下にスワイプして露出を調節します。

音楽や写真・動画 6

169

Q250 » AE／AFロックを解除したい！

A 画面をタップすると解除できます。

露出とピントを固定できるAE／AFロック（Q.249参照）を起動すると、画面上部に「AE／AFロック」と表示されます。解除したい場合は、画面をタップしましょう。「AE／AFロック」の表示が消えて、もとの状態に戻ります。

| 1 | AE／AFロック時は、「AE／AFロック」と画面上に表示されます。 | 2 | 画面をタップすると、AE／AFロックが解除されます。 |

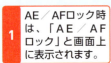 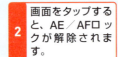

Q252 » 写真に位置情報を付加したい！

A ＜設定＞アプリで設定しましょう。

iPadでは、撮影した場所の位置情報を写真に付加できます。＜カメラ＞アプリの初回起動時に「カメラは現在の位置情報を利用します。よろしいですか？」と表示されるので、＜OK＞をタップすると写真に位置情報が付加されるようになります。＜設定＞アプリの＜プライバシー＞内でも、位置情報の設定を変更できます。Twitterやブログなど、不特定多数の人が見る場所に位置が知られると困る写真を投稿するときは、設定を＜許可しない＞にしておきましょう。

1　ホーム画面で＜設定＞→＜プライバシー＞の順にタップし、

2　＜位置情報サービス＞をタップします。

3　＜位置情報サービス＞をにし、

4　＜カメラ＞をタップして、

5　＜このAppの使用中のみ許可＞をタップすると、写真に位置情報を保存するようになります。位置情報を付加したくないときは、＜許可しない＞をタップします。

Q251 » 撮影時にガイドラインを表示したい！

A ＜設定＞アプリの＜カメラ＞でガイドラインを表示できます。

撮影時にガイドラインを表示したい場合は、ホーム画面から＜設定＞→＜カメラ＞をタップし、＜グリッド＞の をタップして にしましょう。画面にガイドラインが表示され、構図などが確認しやすくなります。

| ＜設定＞→＜カメラ＞をタップし、＜グリッド＞の をタップして にします。 | 撮影画面にグリッドが表示されます。 |

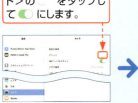 

Q253 ロック画面からすぐにカメラを起動したい！

A 画面を左方向にスワイプします。

iPadではホーム画面から＜カメラ＞アプリを開かなくても、ロック画面を左方向にスワイプすることで、すばやくカメラを利用することができます。

1. ロック画面を左方向にスワイプします。
2. ＜カメラ＞アプリが起動します。

Q254 タイムラプスビデオを利用したい！

A ＜カメラ＞アプリ起動後、＜写真＞を下方向にスワイプします。

タイムラプスビデオは、録画を開始すると途切れなく写真を撮り続け、それを1つの動画ファイルとして記録してくれます。＜カメラ＞アプリで画面右の＜写真＞を下方向にスワイプして＜タイムラプス＞に切り替え、●をタップすると撮影が開始されます。

1. ＜写真＞を下方向にスワイプし、＜タイムラプス＞に切り替えます。
2. ●をタップすると、タイムラプスの撮影が開始されます。

Q255 撮影した写真の明るさを調整したい！

A 編集画面で 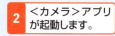 をタップします。

Q.258を参考に写真を表示したあと、画面右上の＜編集＞をタップし、 をタップしましょう。＜ライト＞をタップすれば明るさを調整できるようになります。このほか＜カラー＞をタップすればコントラストなどを調整できるようになります、また＜白黒＞をタップすれば、写真がモノクロになり、グレースケールを調整することができます。

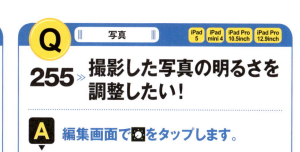

1. Q.258を参考に写真を表示し、画面右上の＜編集＞をタップします。
2. をタップし、
3. ＜ライト＞をタップします。
4. サムネールを左右にドラッグし、
5. をタップして保存します。

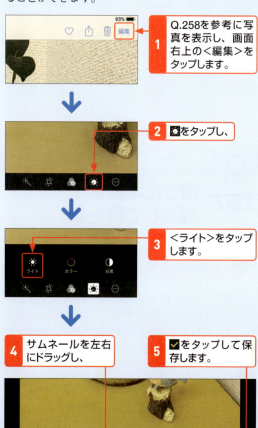

編集した写真を保存すると、もとの写真に上書きされるので注意しましょう。

Q 256 » 撮った写真をすぐ見たい！

A 画面右下のサムネールをタップしましょう。

撮影後の写真をその場で確認するには、シャッター下のサムネールをタップしましょう。写真が拡大表示され、出来映えをすぐ確認できます。< をタップするとカメラに戻ります。Live Photosで撮影された写真は、動きやサウンドも再生されます。

1 写真撮影後、シャッター下のサムネールをタップします。
2 撮影した写真を確認できます。

Q 257 » 撮った写真を拡大して見たい！

A ピンチオープンの操作で拡大できます。

＜写真＞アプリでは、画面をピンチオープンをすると写真が拡大表示されます。ドラッグすれば表示箇所を移動できます。もとの表示に戻したいときは、画面をピンチクローズしましょう。

1 ピンチオープンすると、
2 写真が拡大されて表示されます。

Q 258 » 撮った写真をあとで閲覧したい！

A ＜カメラロール＞をタップしましょう。

iPadで撮影した写真は、＜写真＞アプリの＜カメラロール＞内に保存されます。ホーム画面で＜写真＞→＜アルバム＞→＜カメラロール＞の順にタップすれば閲覧できます。＜写真＞には編集機能も用意されており、トリミングや補正などが行えます（Q.277〜278参照）。

1 ホーム画面で＜写真＞をタップし、

2 ＜アルバム＞をタップして、

3 ＜カメラロール＞をタップします。

4 iPadで撮影した写真が表示されます。

259 » Live Photosを無効にしたい！

A ＜Live Photos＞を ◯ にします。

Live Photosのオンとオフは、＜カメラ＞アプリの画面でタップして切り替えることができます。しかし、Live Photosは再度アプリを起動したときなどに自動的にオンに戻るようになっています。アプリを利用するたびにタップして切り替える手間をなくすためには、ホーム画面の＜設定＞→＜カメラ＞→＜設定を保持＞をタップして、＜Live Photos＞を ◯ に切り替えます。

1 ホーム画面で＜設定＞をタップし、

2 ＜カメラ＞をタップします。

3 ＜設定を保持＞をタップし、

4 ＜Live Photos＞が ◯ になっている場合は、タップして ◯ に切り替えます。

Q 写真

260 » スライドショーって何？

A iPad内の写真を順番に自動で表示する機能です。

＜写真＞アプリには、保存した写真を順番に自動で表示するスライドショーの機能が用意されています。スライドショーの機能を利用すれば、iPadをデジタルフォトフレームとして活用できます（Q.261参照）。閲覧に手間がかからず、写真の表示方法をアレンジすることも可能です（Q.262参照）。また、スライドショーの再生中に好みのBGMを流すこともできます（Q.263参照）。保存枚数が増えてきたら、ぜひ利用して、オシャレに写真を鑑賞してみましょう。

iPadのスライドショーの特長
- かんたんに起動できる
- スライドショーを作成する手間がかからない
- スライドショー中に音楽を流すことができる
- スライドショーの画面効果が複数用意されている
- 横画面でもスライドショーが利用できる
- デジタルフォトフレームとして使える
- 設定アプリでリピート再生などに変更できる

Q 写真

261 » iPadをデジタルフォトフレームにしたい！

A 写真を表示して＜スライドショー＞をタップします。

スライドショーを利用するには、ホーム画面で＜写真＞をタップし、＜アルバム＞をタップして閲覧したいアルバムをタップします。画面上部の＜スライドショー＞をタップすると、指定したアルバム内の写真が順番に表示されます。すべての写真を表示すると、標準では自動的に終了します。

1 ホーム画面で＜写真＞をタップし、

2 ＜カメラロール＞やスライドショーに利用したいアルバムをタップして、

3 画面上部の＜スライドショー＞をタップすると、

4 スライドショーが開始されます。

Q 262 » スライドショーの画面効果を変更したい！

A <テーマ>から設定します。

スライドショーは設定を変えることで、写真を表示する際の画面効果を切り替えられます。Q.261を参考にスライドショーを表示し、画面をタップして右下の<オプション>→<テーマ>の順にタップします。折り紙、ディゾルブ、雑誌、プッシュ、Ken Burnsが用意されているので、好きなテーマをタップしましょう。<オプション>からは、リピートやスライドの速度を設定したりすることも可能です。

1 Q.261を参考にスライドショーを表示したら、<オプション>をタップます。

2 <テーマ>をタップして、

3 任意のテーマをタップします。

4 <オプション>をタップすると、

5 設定したテーマでスライドショーが表示されます。

Q 263 » スライドショーの再生中に音楽を流したい！

A <BGM>から設定します。

音楽を聴きながらスライドショーを閲覧したい場合は、Q.262を参考に<オプション>をタップして表示し、<BGM>から任意の曲をタップしましょう。<オプション>をタップすると、選択した曲をBGMに設定することができます。

1 Q.262を参考に<オプション>をタップし、

2 <BGM>をタップします。

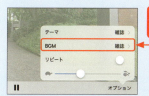

3 任意の曲をタップして、

4 <オプション>をタップすると、音楽を聴きながらスライドショーを閲覧できます。

Q 写真

264 » 写真を削除したい！

A 任意の写真をタップしてをタップします。

保存した写真を削除する場合は、ホーム画面で＜写真＞をタップし、＜アルバム＞をタップします。削除したい写真が入ったアルバムをタップして任意の写真をタップしたあと、→＜写真を削除＞の順にタップします。撮影に失敗した写真を消去したいときなどに活用しましょう。

| 1 | 任意の写真をタップし、 | 2 | →＜写真を削除＞をタップします。 |

Q 写真

265 » 写真をまとめて削除したい！

A 写真を一覧表示した状態で削除します。

Q.264と同様に削除したい写真が入ったアルバムをタップし、画面右上の＜選択＞をタップします。削除したい写真をタップして選び、→＜○枚の写真を削除＞の順にタップすれば、一度に多くの写真を削除できます。なお、写真をスワイプしてまとめて選択することもできます。＜キャンセル＞をタップすれば削除を中止できます。

| 1 | アルバム内の写真一覧を表示した状態で＜選択＞をタップし、 |

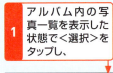

| 2 | 削除したい写真をタップして、→＜○枚の写真を削除＞をタップします。 |

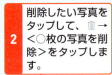

Q 写真

266 » 削除した写真はもとに戻せる？

A 「最近削除した項目」から復元できます。

iPadから一度削除した写真は、「最近削除した項目」という名前のアルバムに30日間保存されています。ホーム画面で＜写真＞→＜アルバム＞→＜最近削除した項目＞をタップし、任意の写真をタップしたあと、＜復元＞→＜写真を復元＞をタップしましょう。

| 1 | ＜最近削除した項目＞内の任意の写真をタップして、 |

| 2 | ＜復元＞→＜写真を復元＞をタップします。 |

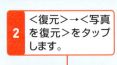

Q | 写真 | iPad 5 / iPad mini 4 / iPad Pro 10.5inch / iPad Pro 12.9inch

267 » 複数の写真をまとめてメールで送りたい！

A ＜写真＞アプリを使って写真を選択します。

iPadでは複数の写真を一度にメールへ添付することが可能です。ホーム画面で＜写真＞をタップして、＜アルバム＞をタップしてから、任意のアルバムをタップします。画面右上の＜選択＞をタップして送信したい写真をタップし、→＜メール＞をタップすると、選択した写真が添付された状態で、メールの作成画面が開きます。そのあとは本文とアドレスを入力して、＜送信＞をタップしましょう。

携帯電話会社のメールアドレスでは、メール容量の上限が設定されており、上限を超える容量のメールは送信できません。写真の添付時は、メール容量には注意して送信しましょう。

1 ＜写真＞アプリを起動したら＜アルバム＞をタップして、

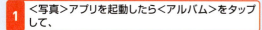

2 メールを送りたい写真のあるアルバムをタップします。

3 ＜選択＞をタップし、

4 送信したい写真をタップして選択し、

5 をタップしたら、

6 ＜メール＞をタップします。

7 選択した写真が添付された「新規メッセージ」の画面に切り替わります。

音楽や写真・動画 6

177

| | | iPad 5 | iPad mini 4 | iPad Pro 10.5inch | iPad Pro 12.9inch |

Q 写真

268 » 撮った写真を壁紙に設定したい！

A 写真を表示して、□をタップします。

iPadで撮影した写真は、ロック画面とホーム画面の壁紙に設定できます。撮影した写真を壁紙に設定するには、＜写真＞アプリで目的の写真をタップしたあと、□をタップします。＜壁紙に設定＞をタップし、画面に合わせてピンチ・スプレッドやドラッグ操作で写真を調整したあと、＜ロック中の画面に設定＞＜ホーム画面に設定＞＜両方に設定＞のいずれかをタップすれば、選択した写真が壁紙に設定されます。また、＜視差効果＞をオンにすると、iPadの傾きなどに応じて壁紙が動くようになります。

1 壁紙として設定したい写真を表示して、□をタップし、

2 ＜壁紙に設定＞をタップして、

3 画面に合わせて写真の位置やサイズを調整したあと、

4 設定したい画面をタップすれば、壁紙として設定されます。

＜視差効果＞をオンにすると、画面が傾きに応じて動きます。

iPadを横にすると、壁紙も横向きになります。

| 写真 | iPad 5 | iPad mini 4 | iPad Pro 10.5inch | iPad Pro 12.9inch |

Q269 » iPadのカメラで撮影した写真だけを見たい！

A **＜カメラロール＞を利用します。**

ホーム画面で＜写真＞をタップして、＜アルバム＞をタップすると、＜カメラロール＞というアルバムが表示されます。iPadで写真・動画やスクリーンショットを撮影すると、自動的に＜カメラロール＞の中に保存されます。マイフォトストリーム上の写真もカメラロールに保存することができます（Q.285参照）。

＜写真＞アプリを起動し、＜アルバム＞から＜カメラロール＞をタップすれば、iPadで撮影した写真や動画、スクリーンショットだけを表示できます。

| 写真 | iPad 5 | iPad mini 4 | iPad Pro 10.5inch | iPad Pro 12.9inch |

Q270 » 撮った写真を直接印刷したい！

A **AirPrintやiPadからの印刷に対応したプリンタが必要です。**

iPad内の写真を直接印刷するには、「AirPrint」もしくはiPadからの印刷に対応したプリンタと、両者が同じWi-Fiネットワークに接続していることが必要です（AirPrintについてはQ.512参照）。印刷する際に、用紙のサイズ指定などといった詳細な設定はできないので注意しましょう。パソコンにデータを移して印刷することはできます。

1. 印刷したい写真の □→＜プリント＞をタップして、
2. プリンタと印刷部数を指定し、＜プリント＞をタップします。

| 写真 | iPad 5 | iPad mini 4 | iPad Pro 10.5inch | iPad Pro 12.9inch |

Q271 » 撮影した写真は編集できる？

A **6種類の編集方法が用意されています。**

＜写真＞アプリでは、色や明るさを自動で補正してくれる■、赤目保補正する■写真の回転やトリミングをする■、8種類のフィルタを選べる■、色調を変更する■、写真にテキストや手書き文字を入れる■という5つの編集機能が搭載されています（Q.274～278参照）。なお、■は、赤目を検出した場合のみ表れます。

写真を表示した状態で画面右上の＜編集＞をタップすると、写真の編集画面が表示されます。

音楽や写真・動画 6

179

Q 写真

iPad 5 | iPad mini 4 | iPad Pro 10.5inch | iPad Pro 12.9inch

272 » 写真をスムーズに閲覧したい！

A <写真>アプリから日付、月、年ごとに写真を閲覧できます。

撮った写真を見るときは、ホーム画面の＜写真＞をタップします。＜写真＞アプリには、＜写真＞＜メモリー＞＜共有＞＜アルバム＞という4種類のメニューがあります。＜写真＞メニューをタップすると、表示形式を「モーメント」「コレクション」「年別」の3種類の時間軸で選択することができます。モーメントでは日付ごとに、コレクションでは月ごとに、年別は年ごとに撮った写真が表示されます。日付を頼りに写真を選択することができるので、旅行中に撮った写真を送ったり、不要な写真をまとめて削除したりするのもかんたんです。なお、＜メモリー＞メニューでは、写真の情報を読み取ってコレクションを作成することができます。＜共有＞メニューでは、写真をiCloudで指定した相手と共有することができます。＜アルバム＞メニューでは、自分で好きなように写真を分類して保存できます。撮った写真やダウンロードした画像は＜カメラロール＞に保存され、iCloudで＜マイフォトストリーム＞をオンにしておくと、iCloudに保存された写真が＜マイフォトストリーム＞に保存されます。

1 ホーム画面の＜写真＞をタップし、

2 ＜写真＞をタップすると、「モーメント」画面が表示されます。

3 ＜コレクション＞をタップすると、

4 「コレクション」画面が表示されます。

5 ＜年別＞をタップすると、

6 「年別」画面が表示されます。

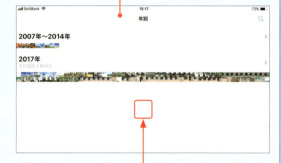

7 画面を「コレクション」や「モーメント」に戻したいときは、画面の白い部分をタップします。

8 「年別」→「コレクション」→「モーメント」の順で画面が戻ります。

Q 273 » 連続写真を撮影したい！

iPad 5 / iPad mini 4 / iPad Pro 10.5inch / iPad Pro 12.9inch

A バーストモードを利用します。

iPadでは、◯をタッチして写真を連続撮影できる、バーストモードが利用可能です。バーストモードで撮影した連続写真は、＜写真＞アプリの「カメラロール」にひとまとまりで保存されます。Q.258を参照して撮影した写真を表示し、画面右上の＜選択＞をタップすると、連続撮影した写真が表示されます。そのあと画面を左右にスワイプし、任意の写真をタップして、＜完了＞をタップしたあと＜すべて残す＞をタップすると、選択した写真が新しくカメラロールに保存されます。＜◯枚のお気に入りのみ残す＞をタップすると、選択した写真のみカメラロールに保存され、残りはすべて削除されます。

1. ホーム画面で＜カメラ＞をタップし、
2. ◯をタッチします。

3. Q.258を参考に撮影した写真を表示して＜選択＞をタップし、
4. 画面を左右にスワイプして、
5. 任意の写真をタップしたあと、
6. ＜完了＞をタップします。

7. ＜すべて残す＞か＜◯枚のお気に入りのみ残す＞をタップして、写真を保存します。

Q 274 » 写真にフィルタをかけたい！

iPad 5 / iPad mini 4 / iPad Pro 10.5inch / iPad Pro 12.9inch

A ＜写真＞アプリで撮った写真にフィルタをかけることができます。

iPadでは＜写真＞アプリの編集機能を使って、撮った写真にビビッドやドラマチックなど9種類のフィルタをかんたんに設定できます。
ホーム画面の＜写真＞をタップし、フィルタをかけたい写真をタップして表示します。画面右上の＜編集＞をタップし画面下部の◯をタップします。設定するフィルタの種類をタップして✓をタップします。

1. ホーム画面で＜写真＞をタップし、フィルタをかけたい写真を選択します。

2. ＜編集＞をタップし、

3. ◯をタップします。

4. フィルタを選択し、

5. ✓をタップします。

音楽や写真・動画 6

181

| Q | 写真 | iPad 5 | iPad mini 4 | iPad Pro 10.5inch | iPad Pro 12.9inch |

275 » 写真に手書き文字やテキストを入れたい！

A <マークアップ>をタップします。

iPadは、写真に手書き文字を入れたり、テキストを入れたりすることができます。任意の写真を表示し、<編集>→→<マークアップ>の順にタップします。ペンの種類や色を選ぶと手書きで文字を入れることができ、⊕をタップするとテキストや署名を入れることができます。撮った写真を華やかにしたいときや、写真にメッセージを入れたいときなどに活用しましょう。編集が終わったら<完了>をタップし、☑をタップすると保存できます。

手書き文字を入れる

1 手書き文字を入れたい写真を表示して<編集>をタップし、

2 →<マークアップ>をタップします。

3 マークアップのツールが表示されるので、任意のペンの種類や色をタップして選択します。

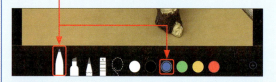

4 保存するには、画面右上の<完了>→画面右下の☑をタップします。

テキストを入れる

1 テキストを入れたい写真を表示して<編集>→<マークアップ>をタップします。

2 をタップして、<テキスト>をタップします。

3 テキストボックスが表示されるので、

4 任意の色をタップして色を決めます。

5 テキストボックスをタップすると、テキストを入力することができます。

6 をタップすると、テキストのフォントをや大きさを変更することができます。

182

Q 276 » 写真を回転させたい！

A 写真を回転させる機能があります。

＜写真＞アプリの回転機能を使えば、写真を好きな角度に回転させられます。写真を表示して＜編集＞をタップし、🔄をタップするとホイールが表示されるので、左右にドラッグして角度を調整します。そのあとに＜保存＞をタップすると、回転した状態の写真が保存されます。

1 写真を表示して＜編集＞をタップします。

2 🔄をタップし、

3 ホイールを左右にドラッグして角度を調整します。

をタップすると、反時計回りに90度回転させられます。

4 回転が完了したら、✓をタップします。

＜戻す＞をタップすれば回転を取り消すことができます。

Q 277 » 写真をトリミングしたい！

A 自由にトリミングしたり、縦横比を指定してトリミングできます。

撮影した写真の無駄な部分を削りたい、写真の一部分だけを切り取って保存したいという場合は、トリミング機能を利用しましょう。Q.276のようにトリミングしたい写真を表示したら、＜編集＞をタップします。画面下部の🔄をタップしたあと、写真をズーム・回転・ドラッグしたり、表示された枠の四辺をドラッグするなどしてトリミング範囲を決めましょう。この際、▢をタップして縦横比をタップすると、トリミングの枠を変更することができます。✓をタップすると、編集した写真が保存されます。

1 Q.276手順**1**のあとに🔄をタップし、

2 枠をドラッグするなどしてトリミングする範囲を任意に調整できます。

3 ▢をタップして、

4 枠の縦横比をタップし、写真の縦横比を指定することができます。

5 トリミングが決定したら、✓をタップします。

| Q | 写真 | |

278 » 写真を補正したい！

 自動補正と赤目補正を利用します。

iPadで撮影した写真は、「自動補正」「赤目補正」の2種類の方法で、補正できます。自動補正は自動で明度などが調整され、赤目補正では暗いときにフラッシュを使って撮影した際に生じる目の赤みが修整されます。前者は主に風景写真、後者はポートレートなどに効果的です。Q.276手順 1 のあと、自動補正をかける場合は をタップします。赤目を検出した場合は が表示されるので、 をタップして、被写体の両目をタップしましょう。最後にそれぞれ をタップして、補正した写真を保存します。

自動補正

1 補正したい写真をタップして、

2 <編集>をタップします。

3 をタップして、

4 をタップしたら、

5 補正した写真が保存されます。

||| 写真 |||

279 » 編集を キャンセルしたい！

A 画面左下の×をタップしましょう。

iPadの＜写真＞アプリでは用意された5つの機能を使って写真の回転やトリミング、色調補正といった編集を行えますが、途中で操作を取り消すこともできます。編集中、画面左下に表示されている×→＜変更内容を破棄＞をタップしましょう。写真が編集される前の状態に戻ります。

1 左下の×をタップします。

2 ＜変更内容を破棄＞をタップすると、編集される前の状態に戻ります。

 ||| 写真 |||

280 » 編集後の写真を もとに戻したい！

A ＜オリジナルに戻す＞を タップしましょう。

編集後の写真は、もとの写真を上書きする形でカメラロールに保存されます。編集後の写真をもとの状態に戻すには、編集した写真を表示したあと、＜編集＞→＜元に戻す＞→＜オリジナルに戻す＞をタップします。ただし、フィルタやトリミングなど、複数の機能を使って編集していた場合、すべての編集内容がもとに戻ってしまうので注意しましょう。補正をかけた場合であれば、写真を表示したあと、＜編集＞→×を再タップしてもとの状態に戻すこともできます。

2 ＜元に戻す＞をタップします。

1 変更された画像を開いて＜編集＞をタップし、

3 ＜オリジナルに戻す＞をタップすると、もとの状態の写真が保存されます。

Q 281 マイフォトストリームって何？ 写真 [iPad 5] [iPad mini 4] [iPad Pro 10.5inch] [iPad Pro 12.9inch]

A iPadで撮影した写真を、ほかのデバイスと共有するサービスです。

マイフォトストリームでは、iCloud（Q.519参照）を利用して、iPadで撮影した写真をパソコンやiPhoneなどのiOSデバイスとワイヤレスで共有することができます。共有フォトストリーム（Q.536参照）を使えば、指定した人と指定した写真だけを共有することができ、写真を送る手間がかかりません。共有ストリームでは、マイフォトストリーム内のすべての写真、または選択した写真を共有することができます。
マイフォトストリームを利用するには通信ができる状態でiCloudを設定する必要があります（Q.521〜522参照）。iCloudの設定後、ホーム画面から＜設定＞→＜写真＞をタップし、＜マイフォトストリーム＞をに切り替えましょう。

Q 282 マイフォトストリームに保存できる写真枚数の制限は？ 写真 [iPad 5] [iPad mini 4] [iPad Pro 10.5inch] [iPad Pro 12.9inch]

A 最大1,000枚の制限が設けられています。

マイフォトストリームの設定をオンにした状態で写真を撮影すると、「カメラロール」と「マイフォトストリーム」に同じデータが保存されるようになります。「マイフォトストリーム」には最大1,000枚まで写真を保存できますが、容量に関してはとくに制限は設けられていません。そのため解像度を気にせずに写真を保存していくことができます。
ただし、気を付けておきたいのが保存期間です。「マイフォトストリーム」内の写真は保存から30日を過ぎると自動的に削除されます。「いつのまにかデータがなくなっていた」ということがないように、大切な写真はできるだけ早くiPadやパソコンにダウンロードするようにしましょう（Q.285参照）。無線LANに接続すれば、容易に写真をダウンロードすることができます。

Q 283 マイフォトストリームを無効にしたい！ 写真 [iPad 5] [iPad mini 4] [iPad Pro 10.5inch] [iPad Pro 12.9inch]

A ＜設定＞→＜写真＞をタップして、設定をに切り替えます。

マイフォトストリームの設定は、ホーム画面から＜設定＞→＜写真＞をタップし、＜マイフォトストリーム＞を に切り替えることで無効にできます。その際、マイフォトストリームに保存されていた写真はすべてiCloudから消去されるので注意しましょう。

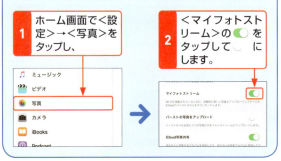

Q284 » マイフォトストリームの写真を削除したい！

A 「マイフォトストリーム」で、削除したい写真をタップしましょう。

ホーム画面から＜写真＞をタップし、＜アルバム＞をタップして＜マイフォトストリーム＞をタップします。削除したい写真をタップし、画面上の🗑→＜写真を削除＞をタップしましょう。削除後、マイフォトストリームのサーバーからは完全に消去されますが、＜カメラロール＞内の写真はそのまま保存されます。

1 ＜マイフォトストリーム＞→削除したい写真をタップし、

2 🗑をタップします。

3 ＜写真を削除＞をタップします。

写真を複数削除する

1 「マイフォトストリーム」で＜選択＞をタップし、

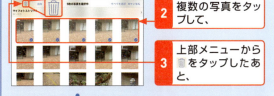

2 複数の写真をタップして、

3 上部メニューから🗑をタップしたあと、

4 ＜○枚の写真を削除＞をタップします。

Q285 » マイフォトストリームの写真を保存したい！

A マイフォトストリーム上から任意の写真をタップしましょう。

「マイフォトストリーム」内の写真は、「カメラロール」や「アルバム」に保存することができます。もとの写真を誤ってカメラロールから消去してしまったときなどに活用しましょう。

写真を保存する

1 ＜マイフォトストリーム＞→任意の写真をタップし、

2 ⬆をタップします。

3 ＜画像を保存＞をタップします。

写真を複数保存する

1 ＜マイフォトストリーム＞→＜選択＞をタップし、

2 複数の写真をタップして、

3 ⬆をタップしたあと、

4 ＜○枚の画像を保存＞をタップします。

新規アルバムに保存したい場合は手順3で＜追加＞をタップします（Q.286参照）。

286 » 新しいアルバムを作りたい！

 「アルバム」で＋をタップしましょう。

カメラロールに保存された写真が多くなると、目当ての写真が探しづらくなってきます。そうしたときは、テーマ別のアルバムを作成して整理すると便利です。ホーム画面から＜写真＞→＜アルバム＞をタップし、アルバム一覧の画面で＋をタップします。任意のアルバム名を入力して、＜保存＞をタップし、＜完了＞をタップすれば新しいアルバムが追加されます。

1 ホーム画面から＜写真＞→＜アルバム＞→＋をタップします。

2 任意のアルバム名を入力して、

3 ＜保存＞をタップしたあと、追加する写真を選択し、

4 ＜完了＞をタップします。

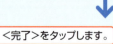

287 » アルバムに写真を移したい！

 作成したアルバムにカメラロールから写真を追加しましょう。

写真を別のアルバムに移動させたい場合は、上部メニューの＜選択＞をタップし、写真を1枚または複数タップして、＜追加＞をタップします。移動先のアルバムをタップすれば、写真がそのアルバムに新しく保存されます。

1 ＜選択＞をタップし、

2 移動したい写真を1枚または複数タップして、

3 ＜追加＞をタップしたあと、

4 移動先のアルバムをタップします。

アルバムに写真が追加されます。カメラロールにも写真が残ります。

＜マイフォトストリーム＞から＜カメラロール＞に追加するときは、□をタップし、＜○枚の画像を保存＞をタップします。

Q 288 » アルバムの名前を変更したい！

A 「アルバム」で＜編集＞をタップし、アルバム名をタップしましょう。

自分で作成したアルバムの名前はいつでも変更することができます。ホーム画面から＜写真＞→＜アルバム＞をタップし、画面上部の＜編集＞をタップします。名前を変更したいアルバム名をタップするとキーボードが表示されるので、任意の名称を入力し、＜完了＞をタップするとアルバムの名前を変更できます。あまり長いと画面内に収まらないので、8〜12文字くらいのタイトルを付けるとよいでしょう。なお、名前を変更できるのは、自分で作成したアルバムのみです。

1 ホーム画面から＜写真＞→＜アルバム＞→＜編集＞の順にタップし、

2 変更したいアルバム名をタップして、

3 任意のアルバム名を入力したあと、

4 ＜完了＞をタップします。

Q 289 » アルバムを削除したい！

A 「アルバム」で＜編集＞をタップします。

「アルバム」で＜編集＞をタップすると、自分で作成した各アルバムの左上に が表示されます。 をタップし確認画面の＜削除＞をタップすると、そのアルバムは削除されます。作業を終えたら＜完了＞をタップしましょう。アルバムを削除した場合、そのアルバムに保存されていた写真もすべて消去され復元することはできません。残しておきたいデータがあれば、あらかじめ別のアルバムに追加しておきましょう（Q.287参照）。

1 ホーム画面から＜写真＞→＜アルバム＞→＜編集＞の順にタップし、

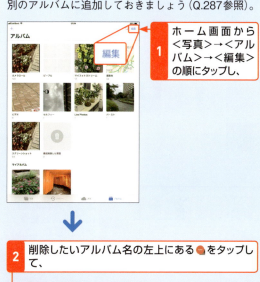

2 削除したいアルバム名の左上にある をタップして、

3 ＜削除＞をタップします。

4 ほかに削除するアルバムがなければ＜完了＞をタップします。

Q290 アルバムの順番を変更したい！

iPad 5 | iPad mini 4 | iPad Pro 10.5inch | iPad Pro 12.9inch

A アルバムをドラッグして移動します。

作成したアルバムは、順番を並び替えることも可能です。「アルバム」で＜編集＞をタップし、順番を変更したいアルバムをタッチしたら、入れ替えたい位置までドラッグして移動させます。順番を並び替えたら、画面右上の＜完了＞をタップすると、順番の変更が完了します。なお、順番を変更できるのは作成したアルバムのみで、「カメラロール」や「マイフォトストリーム」などを並び替えることはできません。

1 「アルバム」画面右上の＜編集＞をタップします。

2 順番を入れ替えたいアルバムをタッチし、移動したい場所までドラッグします。

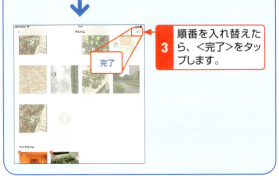

3 順番を入れ替えたら、＜完了＞をタップします。

Q291 写真の撮影場所を知りたい！

iPad 5 | iPad mini 4 | iPad Pro 10.5inch | iPad Pro 12.9inch

A カメラロールの「撮影地」から見ることができます。

写真に付加された位置情報（Q.252参照）を利用すれば、＜写真＞アプリで写真の撮影地を確認することが可能です。

ホーム画面から＜写真＞をタップし、画面下部の＜写真＞をタップし、表示されている地名をタップすると、撮影地画面が表示され、「撮影地」の地図をタップすると、マップ上に撮影場所が表示されます。写真をタップすれば具体的にどんな写真を撮ったのか閲覧できます。位置情報の設定（Q.252参照）をオンにする前に撮影した写真は、撮影地に表示されません。あとからジオタグを追加することもできないので、写真を撮る前に設定を確認しておきましょう。

ホーム画面から＜写真＞→画面下部の＜写真＞をタップし、地名をタップすると、その場所で撮影した写真が一覧で表示されます。

画面を上方向にスクロールすると、撮影場所が追加されたマップが表示されます。

地図をタップすると、マップが全画面で表示されます。その画面で写真をタップすると、撮った写真のサムネールが表示されます。

Q292 撮影地に写真が表示されない！

iPad 5 / iPad mini 4 / iPad Pro 10.5inch / iPad Pro 12.9inch

A 位置情報の再設定、または写真アプリを再起動してみましょう。

＜写真＞アプリの＜写真＞をタップしても、時系列の項目の横に場所が表示されていない場合は、写真に位置情報が付加されていない可能性があります。Q.252を参照して再度設定してみましょう。どうしても表示されないときは、＜写真＞アプリをいったん終了させると正常に動作する場合が多いようです。＜写真＞アプリを終了するには、iPadのホームボタンを2回押し、＜写真＞を下から上方向にスワイプします。その後、再度＜写真＞アプリを表示してみましょう。

1. ホームボタンを2回押して、
2. ＜写真＞を下から上方向へスワイプし、
3. ＜写真＞アプリを終了させます。

4. 終了後、再び＜写真＞→＜写真＞をタップして、位置情報が表示されるかどうか確認してみましょう。

Q293 写真の位置情報は削除できる？

iPad 5 / iPad mini 4 / iPad Pro 10.5inch / iPad Pro 12.9inch

A 標準のアプリでは削除することができません。

一度付加された写真の位置情報を標準のアプリで削除することはできません。ただし、App StoreではiPhoneやiPadで使用できる位置情報を削除するためのアプリがリリースされているので、そのようなアプリを利用するとよいでしょう。しかし、撮影後に位置情報を削除したくなる可能性があるようなときは、普段は位置情報の付加をオフに設定しておくほうがよいでしょう。

1. ホーム画面から＜設定＞→＜プライバシー＞→＜位置情報サービス＞をタップし、＜位置情報サービス＞の ◯ をタップして、

2. ＜オフにする＞をタップすると、位置情報の付加をオフに切り替えられます。

Q294 自分の写真を撮影したい！

A ホーム画面から＜カメラ＞をタップし、をタップしましょう。

iPadにはFaceTime HDカメラとiSightカメラの2種類が搭載されています。前者は本体前面のもの、後者は本体の背後のものを撮影します。旅行先などで友人達と自分を撮影するときは、FaceTime HDカメラを利用するとよいでしょう。ホーム画面から＜カメラ＞をタップし、をタップすると、撮影画面がFaceTime HDカメラに切り替わります。画質はiSightカメラよりも劣りますが、シャッターの動作が速い点が特長です。両カメラとも、App Storeでリリースされているアプリと連携して機能を拡張していくことが可能です。

1 をタップすると、

2 カメラが切り替わります。

Q295 FaceTime HDカメラでズームはできる？

A FaceTime HDカメラにはズーム機能はありません。

iSightカメラとは違い、FaceTime HDカメラにはズーム機能は搭載されていません。App Storeでリリースされているアプリの中には、FaceTime HDカメラでズームを可能にするものもありますが、画質がよいとはいえません。どうしてもズームしたいときは、なるべくiPadを被写体に近づけて撮影するとよいでしょう。

FaceTime HDカメラで撮影する際は、画面を見ながら距離を調整しましょう。

Q296 FaceTime HDカメラで利用できる機能は？

A AEロックおよびピント・露出調整が利用できます。

FaceTime HDカメラには、デフォルトでAEロックおよびピント・露出調整機能が用意されています。撮影画面で任意の箇所をタップまたはタッチし、ピントと露出を調整します。ただ明暗が極端に分かれる傾向にあるので、利用の際は、画面をよく確認しましょう。

任意の箇所をタップすれば、ピントと露出が自動調整されます。

任意の箇所をタッチすれば露出が固定されます。

Q 写真 | iPad 5 | iPad mini 4 | iPad Pro 10.5inch | iPad Pro 12.9inch

297 » Photo Boothって何？

A iPadにある、特殊な写真アプリです。

Photo Boothとは、エフェクトをかけた写真を撮影できるアプリです。「サーモグラフィー」「ミラー」「X線」「タイル-万華鏡」「光のトンネル」「スクイーズ」「渦巻き」「引き延ばし」といった8つのエフェクトのどれか1つを選び、写真を撮影します。FaceTime HDカメラとiSightカメラのどちらでも利用可能です。Photo Boothで写真を撮ると、画面下部にサムネールが順次表示され、気に入った写真があればメールに添付して友人などに送信することも可能です。ただ、動画は撮影できません。少し趣きを変えた写真を撮影したいときなどに、便利なアプリです。

ホーム画面の＜Photo Booth＞をタップして起動させます。

8種類の中から、エフェクトを選択できます。

撮影画面で◉をタップすると、カメラが切り替わり、◉をタップすると、エフェクトの選択画面に戻ります。

画面をドラッグして、効果が加わる箇所を移動できます（一部の特殊効果を除く）。

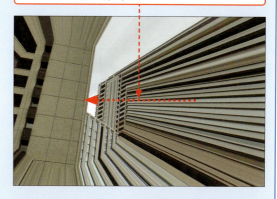

撮影後に写真を選択し、メールに添付することも可能です。

Q298 » Photo Boothでカメラを切り替えたい！

iPad 5 / iPad mini 4 / iPad Pro 10.5inch / iPad Pro 12.9inch

写真

A 撮影画面右下のをタップします。

Photo Boothでは、写真の撮影画面でFaceTime HDカメラとiSightカメラを自由に切り替えられます。ホーム画面で＜Photo Booth＞をタップし、エフェクトをタップして選択したあと、画面右下のをタップするとカメラが切り替わります。撮影した写真は、＜写真＞アプリのカメラロールに保存されます。

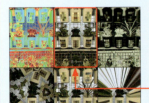

1 ホーム画面で＜Photo Booth＞をタップし、

2 エフェクトをタップして選択します。

↓

撮影画面が表示されます。

3 をタップします。

↓

4 カメラが切り替わります。

Q299 » Photo Boothで効果を使ってみたい！

写真

A 特殊効果のサムネールをタップします。

Photo Boothの一番の特徴は、写真に8種類（「標準」は除く）のエフェクトを設定できる点です。ホーム画面から＜Photo Booth＞をタップしたあと、設定したいエフェクトのサムネールをタップしましょう。撮影画面をドラッグすれば、効果を加える箇所を移動することができます。画面左下のをタップすると、エフェクトの選択画面に戻ります。いろいろな効果を試してみるとよいでしょう。

1 ホーム画面で＜Photo Booth＞→設定したいエフェクトのサムネールをタップします。

↓

2 効果が加わった状態で、撮影画面が表示されます。

3 画面をドラッグします。

↓

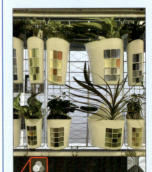

4 効果が加わる箇所が移動します（一部の特殊効果を除く）。

5 をタップすると、エフェクトの選択画面に戻ります。

194

Q300 » デジカメの写真をiPadに取り込みたい！

A データをiTunesに転送し、iPadと同期させます。

写真 | iPad 5 | iPad mini 4 | iPad Pro 10.5inch | iPad Pro 12.9inch

デジタルカメラで撮影した写真をiPadに取り込みたいときは、iTunesを利用しましょう。デジタルカメラとパソコンをつないでマイピクチャにデータを転送したあと、今度はiPadをLightning - USBケーブルでパソコンに接続し、iTunesを起動します。画面左上の □→＜写真＞の順にクリックし、＜写真を同期＞をクリックしてチェックを付けます。＜すべてのフォルダー＞またはフォルダを指定してクリックし、＜適用＞をクリックすると同期が始まります。指定したフォルダーの写真がiPadの「アルバム」に取り込まれます。

1 iPadとパソコンを接続してiTunesを起動し、

2 □→＜写真＞をクリックします。

3 ＜写真を同期＞をクリックしてチェックを付け、

4 ＜すべてのフォルダー＞をクリックしたあと、

5 ＜適用＞をクリックします。

Q301 » 取り込める写真に制限はあるの？

A 転送量の制限はなく、PNGやJPEGといった一般的な写真なら問題ありません。

iTunes経由でデジタルカメラで撮影した写真をiPadに保存する際、「一度に何MBまでしか転送できない」といった制限はありません。しかしすべての写真をiPadに送ると、すぐに容量が一杯になってしまいます。そうしたときはQ.300の手順4で＜選択したフォルダー＞をクリックしたあと、必要なフォルダーのみチェックを付けて、＜適用＞をクリックします。これにより、お気に入りの写真だけをiPadに取り込むことができます。ファイル形式はPNG・JPEG・TIFF・GIFに対応しているので、これら以外の形式の場合は事前にパソコン内で変換しましょう。

1 事前にパソコンの「ピクチャ」フォルダー内にフォルダーを作成し、任意の写真を格納します。

2 Q.300手順4で、＜選択したフォルダー＞をクリックし、

3 取り込みたいフォルダーにチェックを付けて、＜適用＞をクリックします。

音楽や写真・動画 6

Q 302 » 取り込んだ写真はどこに保存される？

iPad 5 | iPad mini 4 | iPad Pro 10.5inch | iPad Pro 12.9inch

A 「アルバム」にフォルダごと保存されます。

パソコンからiTunes経由でiPadに取り込んだ写真は、ホーム画面で＜写真＞をタップし、フォルダ名をタップして閲覧することができます。カメラロールやアルバム内の写真と同様に、写真をタップして表示したあと、画面右上の をタップし、メールに添付したり、動画であればYouTubeに投稿することも可能です。カメラロールの写真や、そのほかのアルバムの写真と組み合わせ、カテゴリやイベントごとに新規のアルバムを作成すれば、iPad内の写真がさらに見やすくなります。

1 ホーム画面から＜写真＞→＜アルバム＞をタップし、

2 iTunesから取り込んだ写真のフォルダ名をタップすると、

3 写真を閲覧できます。

Q 303 » iPadで動画を撮影したい！

iPad 5 | iPad mini 4 | iPad Pro 10.5inch | iPad Pro 12.9inch

A ＜カメラ＞の撮影画面で、画面を下方向にスワイプしましょう。

動画は、iSightカメラとFaceTime HDカメラのどちらでも撮影できます。ホーム画面から＜カメラ＞をタップし、画面を下方向にスワイプして、右下のモードを＜ビデオ＞にしましょう。続いてをタップすると撮影が始まり、再びをタップすると録画が終了します。

1 標準ではホーム画面から＜カメラ＞をタップし、画面を下方向にスワイプすると、

2 「ビデオ」に切り替わります。

3 をタップすると、録画が開始されます。

Q304 » 動画で利用できない機能は？

A ガイドライン表示やズーム機能はありません。

<カメラ>アプリを使った動画の撮影では、写真を撮影するときに使用できるガイドライン表示やズームは利用できません。そのため、遠くの被写体を撮影することには向いておらず、比較的近くにあるものを録画するときに便利な機能だといえます。フラッシュや、任意の箇所をタッチしてピントと露出を固定するAE／AFロックは使えるので、暗所で撮影を行う場合などに活用しましょう。最新のiPadでは、手ブレ補正機能が向上しており、これまで以上にキレイな動画を撮影できるようになりました。

動画ではフラッシュを使用することはできません。

任意の箇所をタッチすると、ピントと露出が固定されます。

Q305 » FaceTime HDカメラでも動画は撮影できる？

A できます。ビデオ撮影画面で、をタップしましょう。

FaceTime HDカメラで動画を撮影する場合は、ホーム画面から<カメラ>をタップし、<ビデオ>モードにし、→●の順にタップすると、録画が開始されます。iSightカメラと同様、AE／AFロックも利用することができます。ビデオレターなどを撮りたいときに活用するとよいでしょう。

1 ホーム画面から<カメラ>をタップし、画面を下方向にスワイプして、をタップします。

カメラが切り替わります。

2 ●をタップすると、

3 録画が始まります。

4 録画を終えるには●をタップします。

音楽や写真・動画 6

197

Q306 動画のファイルサイズはどれぐらい？

A 機種や使用カメラによってサイズは異なります。

カメラの画素数に比例して、動画のファイルサイズは大きくなります。iPad Proに搭載されているカメラのうち、FaceTime HDカメラの画素数は7メガピクセル、iSightカメラの画素数は12メガピクセル（iPad 5、iPad miniでは8メガピクセル）となっており、かなりの差があります。両カメラで1分間の動画をそれぞれ撮影した場合、FaceTime HDカメラで撮影した動画は約38MB、iSightカメラで撮影した動画は約60MBの容量となります。撮影後はなるべく早めにパソコンへ転送するなどして、iPadの保存容量を確保しておきましょう。ホーム画面で＜設定＞→＜一般＞→＜iPadストレージ＞の順にタップすれば、「写真」から使用している容量を確認することができます。

iSightカメラ	FaceTime HDカメラ
約60MB	約38MB

※それぞれiPad Proで約1分間撮影。

1 ホーム画面で＜設定＞→＜一般＞→＜iPadストレージ＞の順にタップすると、

2 「写真」欄に使用している容量が表示されます。

Q307 撮影中にピント位置を変更できる？

A iSightカメラなら可能です。任意の箇所をタップ、またはタッチしましょう。

iPadの＜カメラ＞アプリでは、動画の撮影中に任意の箇所をタップすることで、そこにピントが合うように調節されます。タッチして、ピントと露出を固定することも可能です。被写体との距離を調整しながら、画面をタップしてピントを合わせましょう。iPadのFaceTime HDカメラには顔認識機能が搭載されています。7メガピクセルの画素数を備えているので、FaceTimeでのビデオ通話（Q.436、437参照）だけでなく、動画を撮影するときにもFaceTime HDカメラを活用できますが、ピント位置のこまかい調整が必要な場合はiSightカメラを使うようにしましょう。

1 任意の箇所をタップすると、

2 ピントと露出が調整されます。

Q 308 » 撮影した動画をすぐに再生したい！

A サムネールをタップしましょう。

録画終了後、右側に動画のサムネールが表示されます。すぐに撮影内容を確認したいときは、このサムネールをタップしましょう。再生画面が開き、▶をタップすると再生が始まります。

1 録画終了後、サムネールをタップします。

2 再生画面が開くので、▶をタップしましょう。

前に撮影した動画を見るには、＜写真＞アプリを利用します（Q.309参照）。

Q 309 » 撮影した動画をあとで再生したい！

A ＜写真＞→＜アルバム＞→＜ビデオ＞の順にタップします。

撮影した動画は、静止画と同様に、＜写真＞アプリの＜カメラロール＞に保存されます。＜ビデオ＞アルバムからビデオだけを見ることができるので、ビデオを見るときは＜写真＞→＜アルバム＞→＜ビデオ＞の順にタップします。任意の動画をタップして、▶をタップしましょう。

1 ホーム画面から＜写真＞→＜アルバム＞→＜ビデオ＞をタップし、

2 任意の動画をタップして、

3 ▶をタップします。

Q 310 » 動画を削除したい！

A ＜ビデオ＞アルバムから削除することができます。

動画を削除する場合は、ホーム画面から＜写真＞→＜アルバム＞→＜ビデオ＞をタップします。＜選択＞をタップし、任意の動画をタップして、🗑→＜ビデオを削除＞をタップします。複数の動画を削除する場合は＜○本のビデオを削除＞と表示されます。

1 Q.309の手順1の画面で＜選択＞をタップし、任意の動画をタップして、🗑をタップします。

2 ＜○本のビデオを削除＞をタップします。

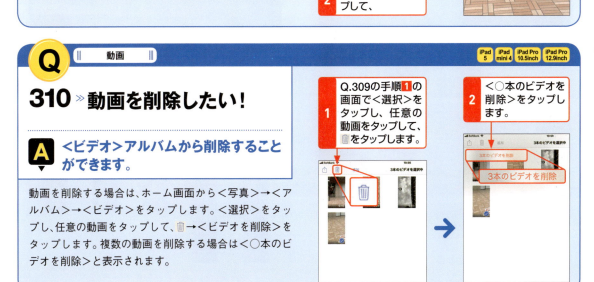

199

| 動画 |

311 » 動画をトリミングしたい！

A サムネールから必要な部分だけを抽出できます。

iPadでは閲覧したい場面だけを残すように、動画を編集することができます。ホーム画面から＜写真＞をタップし、＜アルバム＞をタップしたあと、＜ビデオ＞→任意の動画をタップして、再生画面を開きます。＜編集＞をタップし、下部のサムネール枠の両端をドラッグします。枠の色が透明から黄色に変わります。枠内の動画だけが残り、枠外のサムネール部分はカットされます。そのあと＜完了＞をタップし、＜新規クリップとして保存＞をタップすると、編集された動画が新しく「ビデオ」アルバムに保存されます。この際＜オリジナルをトリミング＞をタップすると「ビデオ」にある動画だけでなく、「カメラロール」内の同じ動画も内容が上書きされ、編集前の動画は消失します。

1 ホーム画面から＜写真＞→＜アルバム＞→＜ビデオ＞→任意の動画をタップし、＜編集＞をタップします。

2 サムネール枠の端の【 】を左右にドラッグします。

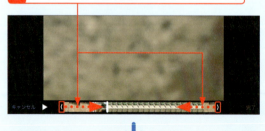

サムネール枠の色が透明から黄色に変わります。

3 枠の両端をドラッグして必要な場面だけを残し、

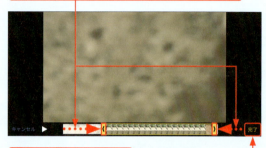

4 ＜完了＞をタップして、

5 ＜新規クリップとして保存＞をタップします。

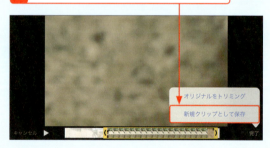

＜オリジナルをトリミング＞をタップすると、トリミング後の動画が上書き保存されます。

6 動画が新しく保存されます。

312 » iPadの動画や写真をパソコンに取り込みたい！

 USB接続をして、iPadからパソコンにコピーしましょう。

デジタルカメラの写真をパソコンを利用してiPadへ保存できるように（Q.314参照）、iPadで撮影した写真や動画をパソコンに転送することも可能です。パソコンがWindows 7の場合はiPadとパソコンをLightning - USBケーブルで接続したあと、→＜コンピュータ＞→＜○○のiPad＞をクリックし、＜Internal Storage＞→＜DCIM＞→任意のフォルダーを開くと、カメラロールのデータが一覧で表示されます。任意の写真や動画をデスクトップ上にドラッグすると、パソコンへの転送が完了します。Windows 8以上の場合はスタート画面で＜デスクトップ＞をクリックし、タスクバーで■をクリックして、「PC」の＜○○のiPad＞→＜Internal Storage＞→＜DCIM＞→任意のフォルダーをダブルクリックしたあと、パソコンに転送したい写真をデスクトップ上にドラッグしましょう。

1 iPadとパソコンを接続して、スタート画面で＜デスクトップ＞をクリックし、タスクバーで■をクリックして、「PC」の＜○○のiPad＞をクリックします。

2 ＜Internal Storage＞→＜DCIM＞の順にダブルクリックして、

3 任意のフォルダーをダブルクリックすると、

4 カメラロール内のデータが表示されます。

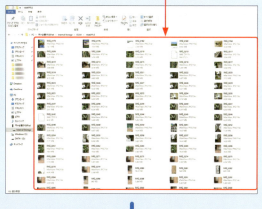

5 任意の写真や動画をデスクトップにドラッグすると、

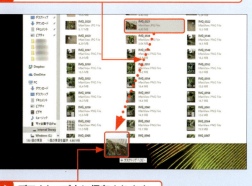

6 デスクトップ上に保存されます。

動画

iPad 5 / iPad mini 4 / iPad Pro 10.5inch / iPad Pro 12.9inch

313 » パソコンの動画をiPadに取り込みたい！

 iTunesを利用して動画を取り込みます。

パソコンの動画も写真と同じように、iTunesを介してiPadに保存できます。まず、画面左上の＜ファイル＞→＜ファイルをライブラリに追加＞をクリックし、取り込みたい動画ファイルを選択して＜開く＞をクリックします。これで＜ムービー＞の「ホームビデオ」に動画が保存されます。次に □→＜ムービー＞をクリックします。＜ムービーを同期＞にチェックを付け、取り込みたい動画をチェックして＜適用＞をクリックすると、データが同期されます。iPadは「.m4v」「.mp4」「.mov」形式の動画しか再生できません。取り込む際はあらかじめパソコンでファイル形式を変換しておきましょう。

1 iTunesを起動し、＜ファイル＞→＜ファイルをライブラリに追加＞をクリックします。

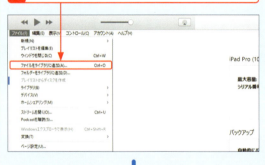

2 iPadに取り込みたい動画ファイルをクリックして＜開く＞をクリックすると、

3 ＜ムービー＞の「ホームビデオ」に保存されます。このあと、iPadをパソコンに接続します。

4 □→＜ムービー＞の順にクリックし、

5 ＜ムービーを同期＞にチェックを付け、

6 同期したい動画にチェックを付けたあと、

7 ＜適用＞をクリックするとiPadに動画が取り込まれます。

Q 314 » パソコンの写真をiPadに取り込みたい！

A iTunesを介してiPadにデータを転送しましょう。

iTunesを利用すれば、インターネットからパソコンにダウンロードした写真なども、iPadに転送できます。「ピクチャ」に作成した「写真」というフォルダーに、ダウンロードした写真を保存しているとします。まずパソコンとiPadをLightning‐USBケーブルで接続し、iTunesを起動します。画面左上の■をクリックし、左側メニューの＜写真＞をクリックします。＜写真のコピー元＞をチェックして＜ピクチャ＞をクリックし、＜選択したフォルダー＞をチェックします。そのあと転送したい写真フォルダーにチェックを付け、＜適用＞をクリックすれば、iPadにデータが同期されます。

1 iPadとパソコンを接続してiTunesを起動し、画面左上の■をクリックして、

2 ＜写真＞をクリックします。

3 「写真のコピー元」から＜ピクチャ＞を選択して、

4 写真が保存されたフォルダーをチェックしたあと、＜適用＞をクリックします。

Q 315 » パソコンから取り込んだ写真・動画を閲覧したい！

A ホーム画面から＜写真＞、＜ビデオ＞をタップしましょう。

パソコンから転送した写真は、＜写真＞アプリの「アルバム」に保存されます（Q.302参照）。一方、動画は＜ビデオ＞アプリに保存されます。写真を閲覧するときはホーム画面から＜写真＞→＜アルバム＞→パソコンから取り込んだフォルダー名をタップしましょう。動画の場合はホーム画面から＜ビデオ＞をタップして、一覧から任意のファイルをタップすると再生されます。

取り込んだ写真を閲覧

取り込んだ動画を閲覧

音楽や写真・動画 6

203

Q 316 » 音楽CDをiPadに取り込みたい！

A iTunesに曲を保存したあとiPadに同期させます。

iTunesを活用すれば、市販されているCDの曲をiPadに転送できます。iTunesを起動したあと、パソコンにCDを挿入しましょう。インポートの確認画面で<はい>か、画面右上の<インポート>をクリックすると、「ミュージック」に曲が保存されます。iPadをLightning - USBケーブルでパソコンにつなぎ、画面右上の□をクリックして、左側メニューの<ミュージック>をクリックします。<ミュージックを同期>→同期条件をチェックして<適用>をクリックすれば完了です。
iPadに取り込んだ曲は、ホーム画面から<ミュージック>アプリをタップして聴くことができます（Q.321参照）。

1 iTunes起動後にCDを挿入し、インポート確認画面で<はい>か、<インポート>をクリックして曲を取り込みます。

2 iPadをパソコンにつないで、□→<ミュージック>の順にクリックし、

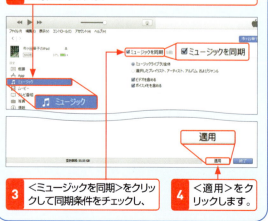

3 <ミュージックを同期>をクリックして同期条件をチェックし、

4 <適用>をクリックします。

Q 317 » すべての音楽CDが取り込めるの？

A コピーコントロールCDは取り込むことができません。

iTunesではたいていのCDを取り込めますが、コピーコントロールCDの曲は保存できません。コピーコントロールCDとはその名の通り、複製防止の加工を施したCDのことです。ケースに印字された「コピーコントロールCD」や「COPY CONTROL CD」のロゴで、普通のCDと見分けられます。iTunesに取り込めない以上、iPadで聴くことはできませんが、同じ曲がiTunes Storeで販売されている可能性もあります。

iTunes Storeで検索するには<ミュージック>→<Store>をタップし、キーワードを入力して、<検索>をタップします。

Q 318 » DVDも取り込める？

A DVDを取り込むことはできません。

iTunesには、市販のDVDからデータを取り込むことはできません。これには2つの理由があります。1つはDVDはコピーコントロールCDよりも厳重に複製防止の処置が施されているからです。そしてもう1つは著作権保護の観点から、iTunesにそうした機能が用意されていないからです。パソコンにDVDを挿入しても、iTunesで取り込むことはできません。どうしてもDVDの内容をiPadで見たい場合は、iTunes Storeからレンタルしましょう。

映画などをレンタルするにはホーム画面から、<iTunes Store>→<映画>をタップします。

Q319 好きな音楽やアルバムだけ取り込みたい！

A iTunesの同期条件を変更しましょう。

iTunesを起動したパソコンにiPadを接続した際、特定のアーティストやジャンルの曲だけをiPadに取り込むことができます。画面上部の□→＜ミュージック＞をクリックして、＜ミュージックを同期＞にチェックを付け、同期条件で＜選択したプレイリスト、アーティスト、アルバム、およびジャンル＞にチェックを付けます。最後に、取り込みたい項目にチェックを付け、＜適用＞をクリックします。

Q320 パソコンのiTunesで取り込んだ曲が同期されない！

A 接続を確認するか、iTunesをアップデートしましょう。

iTunesに保存した曲がiPadに同期されない場合、いくつかの原因が考えられます。まずパソコンとiPadがケーブルでしっかりとつながれているか確認しましょう。iPadのほかにiPhoneやiPodなどが同時接続されていると、うまく同期されないケースが多いようです。Apple社も1台のパソコンに複数のiOSデバイスを同時につなげないよう警告しています。接続に問題がなければ、iTunesのバージョンが原因かもしれません。古いバージョンだったらすぐ最新のバージョンにアップデートしましょう。

メニューの＜ヘルプ＞→＜バージョン情報＞の順にクリックすると、バージョンを確認できます。

Q321 取り込んだ音楽を再生したい！

A ホーム画面から＜ミュージック＞をタップしましょう。

パソコンのiTunesからiPadに転送した曲は、＜ミュージック＞で聴くことができます。ホーム画面から＜ミュージック＞をタップし、＜ライブラリ＞をタップし、＜プレイリスト＞＜アーティスト＞＜アルバム＞などのメニューのいずれかををタップして、一覧から任意の音楽をタップすると、再生が開始されます。早送りなどの操作も可能です（Q.325参照）。

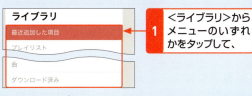

1 ＜ライブラリ＞からメニューのいずれかをタップして、

2 一覧から任意の音楽をタップします。

Q322 取り込んだ曲を削除したい！

A タッチしてライブラリから＜削除＞をタップしましょう。

＜ミュージック＞で消去したい曲をタッチして＜ライブラリから削除＞→＜曲を削除＞をタップすると、曲を削除できます。ただし、iTunesと音楽を同期すると、削除した曲がもとに戻ってしまうので同期条件を変更しましょう（Q.319参照）。

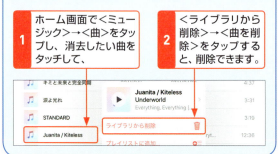

1. ホーム画面で＜ミュージック＞→＜曲＞をタップし、消去したい曲をタッチして、
2. ＜ライブラリから削除＞→＜曲を削除＞をタップすると、削除できます。

Q324 イヤホンやヘッドフォンで音楽を聴きたい！

A ヘッドセットジャックを使いましょう。

イヤホンやヘッドフォンで音楽を聴きたい場合は、iPadの上部にあるヘッドセットジャックに、コネクタを差し込みます。その際、音漏れで周囲の人に迷惑をかけないよう、本体右の音量ボタンで音量を調整しましょう（Q.041参照）。

ヘッドセットジャックに、コネクタを差し込みましょう。

Q323 曲ごとの音量をそろえたい！

A ＜設定＞アプリの「音量の自動調整」を設定しましょう。

＜ミュージック＞では、再生する曲ごとの音量のばらつきをそろえることができます。ホーム画面から＜設定＞→＜ミュージック＞の順にタップし、＜音量を自動調整＞の をタップして にすると、曲ごとの音量をそろえることができます。

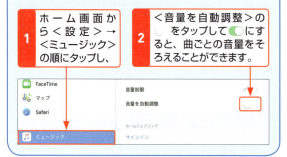

1. ホーム画面から＜設定＞→＜ミュージック＞の順にタップし、
2. ＜音量を自動調整＞の をタップして にすると、曲ごとの音量をそろえることができます。

Q325 曲を早送りしたい！

A 画面下部の再生画面をタップして再生ヘッドを右にドラッグしましょう。

＜ミュージック＞で再生中の曲は、画面下部の再生画面をタップし、再生ヘッドを表示させることで、早送りしたり巻き戻すことができます。早送りする場合は右に、巻き戻す場合は左に再生ヘッドをドラッグしましょう。

再生ヘッドを右にドラッグすると早送りされます。

| | | | iPad 5 | iPad mini 4 | iPad Pro 10.5inch | iPad Pro 12.9inch |

音楽

326 » お気に入りの曲を好きな順番で再生したい！

 好きな曲を集めたプレイリストを作成してみましょう。

プレイリストを作れば、好きな曲を好きな順番で再生することができます。ホーム画面から＜ミュージック＞をタップし、＜ライブラリ＞→＜プレイリスト＞→初回は＜新規プレイリスト＞、2回目以降は＜新規＞をタップして、名称を入力します。そのあと＜ミュージックを追加＞をタップし、プレイリストに追加したい項目をタップします。任意の曲の右にある＋を複数タップして＜完了＞をタップし、再度＜完了＞をタップすれば、新しいプレイリストが作成されます。

iPadでプレイリストを作成してからパソコンのiTunesに同期させると、iTunesにも作成したプレイリストが同期されます。iTunesで作成したプレイリストもiPadに同期されるので便利です。

1 ホーム画面から＜ミュージック＞→＜ライブラリ＞＜プレイリスト＞をタップし、

2 ＜新規＞をタップします。

3 プレイリストの名前を入力し、

4 ＜ミュージックを追加＞をタップして、＜アーティスト＞や＜曲＞など、任意の項目をタップします。

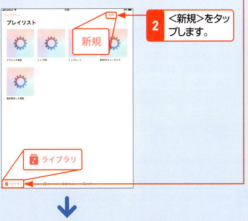

5 曲名の右にある＋を複数タップしたら、

6 ＜完了＞をタップします。

7 ＜完了＞をタップすると、新しいプレイリストが作成されます。

8 ＜ライブラリ＞→＜プレイリスト＞をタップすると、作成したプレイリストが一覧に表示されます。

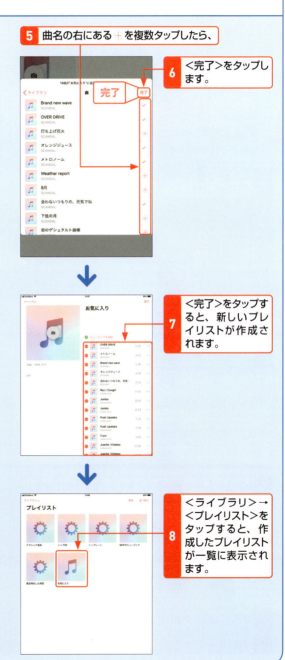

Q327 » アルバムジャケットを表示したい！

A アルバムアートワークを入手しましょう。

CDから取り込んだ曲のアルバムジャケットをiPadで表示したい場合は、パソコンのiTunesの「アルバムアートワーク」から入手します。画面左上の＜ミュージック＞をクリックし、任意のアルバムジャケットを右クリックして、＜アルバムアートワークを入手＞→＜アルバムアートワークを入手する＞をクリックしましょう。iPadを同期すると、曲の再生中、ジャケットが表示されるようになります。

1 ＜ミュージック＞をクリックします。
2 任意のアルバムジャケットを右クリックして、
3 ＜アルバムアートワークを入手＞をクリックします。
4 ＜アルバムアートワークを入手する＞をクリックします。
5 アルバムジャケットダウンロード後、iPadと同期させれば、＜ミュージック＞の楽曲に変更が反映されます。

Q328 » プレイリストを編集したい！

A ＜編集＞または＜削除＞をタップしましょう。

プレイリストは、作成後も編集したり削除したりすることが可能です。ホーム画面から＜ミュージック＞→＜ライブラリ＞→＜プレイリスト＞をタップし、任意のプレイリストをタッチして、＜削除＞→＜ダウンロードを削除＞か＜ライブラリから削除＞をタップすると作成したプレイリストが削除されます。

任意のプレイリストをタップし、画面右上の＜編集＞をタップすると、曲を追加、あるいは削除ができます。前者の場合は＜ミュージックを追加＞をタップし、追加したい項目を選んで曲をタップして、＜完了＞→＜完了＞をタップします。後者の場合は曲名左の →＜削除＞→＜完了＞をタップしましょう。

1 ＜ライブラリ＞→＜プレイリスト＞→任意のプレイリスト→＜編集＞をタップします。

2 曲を追加する場合は、＜ミュージックを追加＞をタップして追加したい曲をタップし、削除する場合は曲名左の ● →＜削除＞をタップして、

3 ＜完了＞をタップすると、曲が削除されます。

また、任意のプレイリストをタッチして＜削除＞→＜ダウンロードを削除＞か＜ライブラリから削除＞をタップすると、プレイリストを削除できます（一部を除く）。

Q329 » 曲を好みの音質に変えたい！

A イコライザを設定しましょう。

イコライザを利用すれば、iPadに保存した音楽の音質を変更することができます。ホーム画面から＜設定＞→＜ミュージック＞をタップし、＜イコライザ＞をタップします。続いて＜Classical＞や＜Deep＞などの項目をタップし、画面上部の＜ミュージック＞をタップすると、イコライザが設定されます。イコライザ設定後はバッテリーの消耗が早まるので、必要に応じてオンとオフを切り替えましょう。

1 ホーム画面から＜設定＞→＜ミュージック＞をタップし、

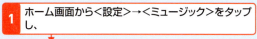

2 ＜イコライザ＞をタップして、

3 任意の音質をタップしたあと、

4 ＜ミュージック＞をタップします。

Q330 » Geniusって何？

A おすすめの曲やアルバムなどを表示してくれるiTunesの機能です。

Geniusは、iTunesに用意されている機能の1つです。これまでにiTunes Storeで購入したアイテムや、「ミュージック」アプリに転送した曲をもとに、おすすめのアイテムを表示してくれます。利用するには、パソコンでの設定が必要となります（Q.331参照）。

1 Genius機能を設定したパソコンにiPadを接続したあと、ホーム画面から＜iTunes Store＞をタップして、

2 画面下部の＜Genius＞をタップします。

3 これまでに購入したアイテムをもとに、おすすめのアイテムが表示されます。

音楽

331 » Geniusプレイリストを有効にしたい！

 パソコンのiTunesで＜Geniusをオン＞をクリックし、設定を行いましょう。

Geniusの設定はパソコンで行います。iPadを接続してiTunesを起動し、＜ファイル＞→＜ライブラリ＞→＜Geniusをオン＞の順にクリックして画面右下の＜Genius機能をオンにする＞をクリックすると、Genius機能が有効になります。そして □→＜ミュージック＞をクリックし、＜ミュージックを同期＞にチェックを付けて＜同期＞をクリックすると、iPadでGeniusを利用できるようになります。

1 パソコンのiTunesを起動して＜ファイル＞をクリックします。

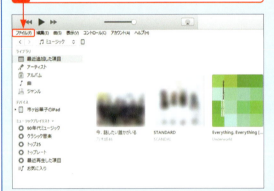

2 ＜ライブラリ＞をクリックし、

3 ＜Geniusをオン＞をクリックして、

4 ＜Genius機能をオンにする＞をクリックすると、

5 Genius機能が有効になります。

6 □→＜ミュージック＞→＜同期＞をクリックすると、iPadでGeniusが利用できるようになります。

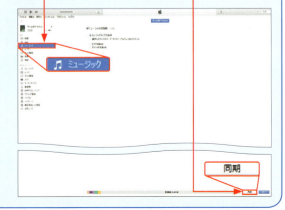

Q332 ランダム再生やリピート再生は使えないの？

A ＜リピート＞や＜シャッフル＞をタップしましょう。

iPadの＜ミュージック＞では、同じ曲を聴き続けたり、曲順をランダムにしたりすることができます。再生画面をクリックして表示し、＜リピート＞をタップすると、曲やプレイリストをリピートするかどうかを設定できます。また、＜シャッフル＞をタップすると、曲をランダムに再生することができます。

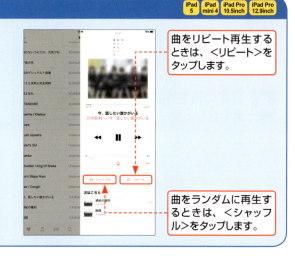

曲をリピート再生するときは、＜リピート＞をタップします。

曲をランダムに再生するときは、＜シャッフル＞をタップします。

Q333 曲を検索したい！

A 検索フィールドにキーワードを入力しましょう。

曲を検索するには、＜ミュージック＞で＜検索＞をタップします。検索フィールドをタップし、人名や曲名の一部を入力して、＜ライブラリ＞をタップすれば、ライブラリ内の結果が一覧表示されます。

1 ＜検索＞をタップして任意のキーワードを入力し、

2 ＜ライブラリ＞をタップすると、検索結果が一覧表示されます。

Q334 曲をアーティスト順に表示したい！

A ＜並べ替え＞をタップしましょう。

＜ライブラリ＞→＜曲＞をタップしたあと、画面右上の＜並べ替え＞をタップすると、＜タイトル順＞または＜アーティスト順＞をタップして並び替えられます。＜アルバム＞をタップしても同様です。目的の曲を探す際などに活用しましょう。

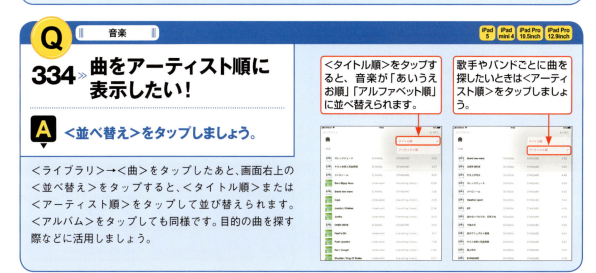

＜タイトル順＞をタップすると、音楽が「あいうえお順」「アルファベット順」に並べ替えられます。

歌手やバンドごとに曲を探したいときは＜アーティスト順＞をタップしましょう。

音楽や写真・動画 6

211

Q335 音楽を聞きながらWebページが見たい！

A 音楽の再生中にホームボタンを押しましょう。

音楽を聴きながらWebページを閲覧したいときは、再生画面でホームボタンを押し、一旦ホーム画面に戻って、＜Safari＞をタップします。＜ミュージック＞アプリの音楽は、別のアプリを使用しても基本的には停止しません。ただし、アラームや音が鳴るゲームアプリを起動した場合は、自動的に停止します。

1 音楽再生中に下端から上方向にスワイプし、

2 Dockの＜Safari＞をタップすると、

3 Safariを使ってWebページを閲覧できます。

音楽を停止したい場合は、画面上端から下方向にスワイプし、ロック画面を表示して操作パネルから操作します（Q.336参照）。

Q336 ロックを解除せずに再生中の曲を操作できる？

A 可能です。音楽再生中に、ロック画面を表示しましょう。

＜ミュージック＞アプリは、iPad本体がロック中でもある程度の操作が可能です。音楽を再生したままスリープモードになっている状態で、ホームボタンを押してロック画面を表示します。ロック画面に再生中の曲と操作パネルが表示されます。 を左右にドラッグすれば、曲の音量を調整できます。 をタップすると再生が停止し、 をタップすると次の曲が再生されます。 を1回タップすると再生中の曲が頭出しされ、2回連続でタップすると前の曲が再生されます。わざわざロックを解除して、＜ミュージック＞アプリを起動するのが面倒なときに役立つ機能です。

1 スリープモードで音楽を再生中にホームボタンを押して、ロック画面を表示すると、再生中の曲と操作パネルが表示されます。

2 各アイコンで、停止や早送りの操作ができます。

▶ … 再生
‖ … 停止
◀◀ … 曲戻し
▶▶ … 曲送り
― … 音量調整
（左右にドラッグ）

337 » Apple Musicを利用したい！

 ＜ミュージック＞アプリの＜For You＞から利用できます。

Apple Musicとは、月額料金を支払うことで数千万曲の音楽が聴き放題になる音楽ストリーミングサービスです。ストリーミング再生だけでなく、iPadにダウンロードしてオフラインで聴いたり、プレイリストに追加したりすることもできます。2017年9月現在、3ヶ月間無料でサービスを利用できるトライアルキャンペーンが実施されています。Apple Musicを利用するには、＜ミュージック＞アプリを開いて＜For You＞をタップし、＜今すぐ開始＞をタップします。＜個人＞＜ファミリー＞＜学生＞のいずれかをタップし、＜トライアルを開始＞をタップします。そのあと、好きなジャンルやアーティストを選択して、登録が完了になります。

1 ＜ミュージック＞アプリを開き、

2 ＜For You＞をタップします。

3 ＜今すぐ開始＞をタップし、

4 登録するプランをタップして、

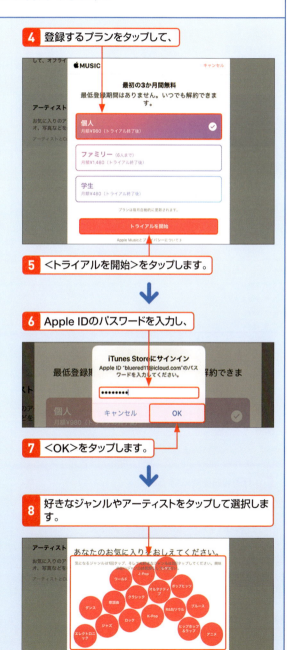

5 ＜トライアルを開始＞をタップします。

6 Apple IDのパスワードを入力し、

7 ＜OK＞をタップします。

8 好きなジャンルやアーティストをタップして選択します。

Q338 Apple Musicで曲を探したい！

A <見つける>または<検索>をタップします。

Apple Musicで曲を探すには、<見つける>をタップして新着ミュージックやニュースリリースから曲を選ぶ方法と、<検索>をタップし曲やアーティスト名を入力して曲を探す方法があります。ここでは、<検索>をタップして曲を探す手順を解説します。

1 <ミュージック>アプリの<検索>をタップし、

2 検索窓に検索したいアーティストや曲名を入力して、

3 <Apple Music>をタップし、
4 <検索>をタップします。

5 任意の曲をタップすると、

6 ストリーミング再生が始まります。

Q339 電波の届かないところでも曲を聴きたい！

A ＋をタップして、ライブラリに曲を追加します。

Apple Musicでは、曲をライブラリに追加しておくことで、電波の届かない場所でもオフラインで音楽を聴くことができます。Q.338を参考に曲を検索して表示し、＋をタップすると、ライブラリに曲を追加できます。なお、ライブラリに曲やアルバムを追加するためには、iCloudミュージックライブラリをオンにする必要があります。

1 ライブラリに追加したい曲やアルバムの＋をタップします。

2 ライブラリへの追加が完了すると、＋が になります。

3 <ライブラリ>から追加した曲やアルバムをタップすると、オフラインで聴くことができます。

| | 音楽 | iPad 5 / iPad mini 4 / iPad Pro 10.5inch / iPad Pro 12.9inch |

Q340 » 聴いている曲の歌詞が見たい！

A 「歌詞」の＜表示＞をタップします。

Apple Musicでは、曲を聴きながら歌詞を見ることができます。再生画面をタップして表示し、「歌詞」の＜表示＞をタップします。また、…をタップして＜歌詞＞をタップすると、全画面表示で歌詞を見ることができます。

再生画面表内に表示する

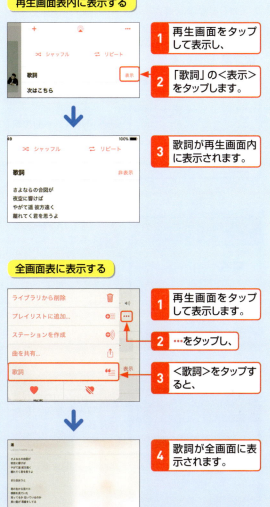

全画面表に表示する

| | 音楽 | iPad 5 / iPad mini 4 / iPad Pro 10.5inch / iPad Pro 12.9inch |

Q341 » Apple Musicを退会したい！

A からトライアルをキャンセルします。

Apple Musicを退会するには、の「登録」からトライアルをキャンセルする必要があります。＜For You＞をタップしてをタップします。＜Apple IDを表示＞をタップし、パスワードを入力してサインインします。＜登録＞をタップすると、現在利用中の登録内容が表示されます。3ヶ月間の無料トライアルが終了すると、自動的に月額料金の発生する契約に切り替わります。無料トライアルから更新されたくない場合は、＜トライアルをキャンセルする＞→＜確認＞をタップします。なお、トライアルをキャンセルしても、登録した日から3ヶ月間は無料トライアルを利用できます。

音楽や写真・動画 6

215

Q 342 » iTunes Storeで試聴したい！

A 任意の曲をタップし、タイトル左の番号をタップしましょう。

CDショップなどで、新作の楽曲を試聴するように、＜iTunes Store＞で任意の曲をタップした際、曲のタイトル左の番号をタップすれば、曲の一部を試聴することができます。試聴できる時間は曲によって異なります。再生する位置を指定することはできません。再生が終わると次の曲には進まずにもとの表示に戻ります。この機能は、リリースされているほぼすべての曲に対応しているので、気になった曲はどんどん試聴しましょう。

1 ホーム画面から＜iTunes Store＞をタップし、

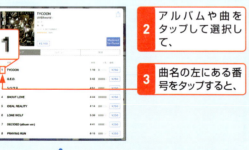

2 アルバムや曲をタップして選択して、

3 曲名の左にある番号をタップすると、

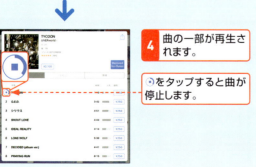

4 曲の一部が再生されます。

⦿をタップすると曲が停止します。

Q 343 » iTunes Storeで曲を購入したい！

A 曲の料金欄をタップしましょう。

iPadからiTunesを起動して曲を購入する場合、Apple IDでサインインする必要があります。Apple IDの取得についてはQ.024を参照しましょう。設定完了後、ホーム画面から＜iTunes Store＞→＜ミュージック＞をタップします。任意の曲やアルバムの料金欄をタップして＜支払い＞をタップし、Apple IDのパスワードを入力して＜OK＞をタップすると、曲がiPadにダウンロードされます。

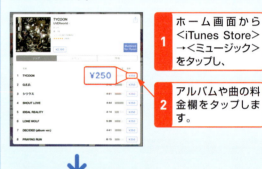

1 ホーム画面から＜iTunes Store＞→＜ミュージック＞をタップし、

2 アルバムや曲の料金欄をタップします。

3 ＜支払い＞をタップします。

4 Apple IDのパスワードを入力したら、

5 ＜サインイン＞をタップします。

Q ‖iTunes Store‖

344 » iTunes Storeで映画をレンタルしたい！

 映画のレンタル料金欄をタップします。

iPadの＜iTunes＞では、映画をレンタルすることも可能です。音楽を購入する場合と同様、Apple IDが必要になります（Apple IDについてはQ.024を参照）。ホーム画面から＜iTunes Store＞をタップし、画面下部の＜映画＞をタップします。見たい映画をタップして選び、レンタルの料金欄をタップしたあと、＜レンタル＞をタップし、Apple IDのパスワードを入力しましょう。ダウンロードした映画はホーム画面から＜ビデオ＞をタップして閲覧できます。映画のレンタル期間は30日間で、それを過ぎると自動的に「ダウンロード」から削除されます。いったん再生すると、一時停止してもそのまま48時間が経過すると映画が削除されるので注意しましょう。

1 ホーム画面から＜iTunes Store＞→＜映画＞をタップし、

2 任意の映画のレンタル料金欄をタップします。

3 ＜レンタル＞をタップして、

4 確認画面が表示されたらApple IDのパスワードを入力して、＜サインイン＞をタップすると、映画のダウンロードが開始されます。

5 ダウンロードした映画は、ホーム画面から＜ビデオ＞をタップして視聴できます。

6 ＜完了＞をタップすると、動画が終了します。

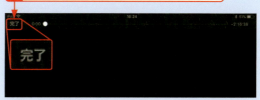

レンタル期間は30日間です。ただし、一度再生を開始すると、48時間後には動画が削除されます。

345 » iTunesカードをかんたんに登録したい！

A iTunesカードに記載されたコードをカメラで読み取ります。

App StoreやiTunes Storeから有料のアプリや音楽をダウンロードする際は、Apple IDに登録したクレジットカードから料金を支払います。もしクレジットカードを使いたくない場合は、iTunesカードで代用することも可能です。iTunesカードはコンビニなどで手に入るiTunes専用のプリペイドカードで、カードに書かれているダウンロード用のコードを入力することで、記載された金額をApple IDに追加できます。iPadのカメラで撮影して入力するとかんたんに登録できます。金額は1,500円、3,000円、5,000円、10,000円の4種類があります。裏面のバーコードの下にダウンロード用のコードが記載されています。

1 ホーム画面から＜iTunes Store＞をタップし、

2 画面下部の＜サインイン＞をタップします。

3 Apple IDとパスワードを入力してサインインしたあと、＜コードを使う＞をタップし、Apple IDのパスワードを入力して＜OK＞をタップします。

4 ＜カメラで読み取る＞をタップして、

5 コード部分にカメラを寄せると、コードが読み取られ、

6 使用中のApple IDに課金されます。

表示される価格について

iTunesカードを利用して料金を追加すると、iTunes StoreでサインインしたApple IDと一緒に、「¥○○○クレジット」と残額が表示されます。表示を目安に、チャージ残高を確認することができます。クレジットカードをApple IDに登録した場合、金額の残高は表示されません。

Q 346 》 iTunes Storeで曲名やアーティストで検索したい！

A iTunes Store 画面上部の＜検索＞をタップしましょう。

iPadの＜iTunes Store＞アプリでは、画面上部の＜検索＞をタップして任意の曲やアーティスト、映画などを検索することが可能です。

iPadのホーム画面から＜iTunes Store＞をタップし、画面上部の＜検索＞をタップして、検索フィールドにキーワードを入力しましょう。該当曲が一覧表示されます。楽曲だけでなくiPadで使用する着信音などを購入することもでき、検索結果には着信音や効果音の候補も含まれています。さらに＜ミュージック＞アプリ内で検索した語句を、iTunes Storeで再度検索することもできます（Q.333参照）。

1 ホーム画面→＜iTunes Store＞→＜検索＞をタップし、

2 検索したい曲名やアーティスト名を入力して＜検索＞をタップします。

3 該当する曲やアルバム、着信音が表示されます。

Q 347 》 Podcastって何？

A インターネットラジオなどを公開するための技術です。

Podcastとは、インターネット上で音声や動画を公開する方法の1つで、インターネットラジオなどの番組をパソコンをはじめとした各デバイスに転送します。アプリの利用手順は以下のとおりです。

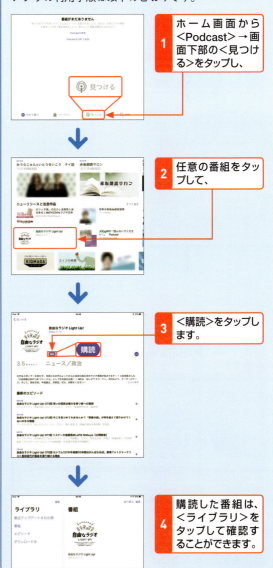

1 ホーム画面から＜Podcast＞→画面下部の＜見つける＞をタップし、

2 任意の番組をタップして、

3 ＜購読＞をタップします。

4 購読した番組は、＜ライブラリ＞をタップして確認することができます。

Q 便利技

348 » ホームシェアリングって何？

A iTunesのコンテンツを共有できる機能のことです。

ホームシェアリングを利用すれば、iTunesのコンテンツを同じネットワークに接続した家庭内にある最大5台のパソコンで共有できます。これにより、別々のパソコンに保存していた音楽などを、1台のiPadでまとめて利用できるようになります。ここではホームシェアリングの設定手順を紹介します。

1 パソコンのiTunesを起動し、＜ファイル＞→＜ホームシェアリング＞→＜ホームシェアリングをオンにする＞をクリックします。

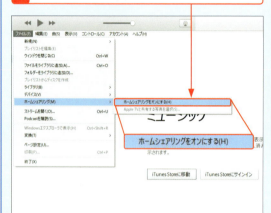

2 データを共有したいApple IDとパスワードを入力して、

3 ＜ホームシェアリングをオンにする＞をクリックしたあと、

4 ＜OK＞をクリックします。

5 別のパソコンでiTunesを起動して、手順 1 〜 4 を繰り返します。画面左上の＜ミュージック＞をクリックし、＜○○のライブラリ＞をクリックすると、「ミュージック」や「ムービー」などのデータを共有できるようになります。

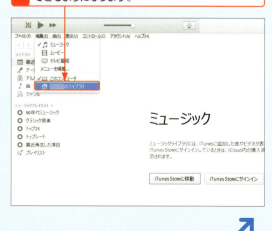

| iPad 5 | iPad mini 4 | iPad Pro 10.5inch | iPad Pro 12.9inch |

6 iPadのホーム画面で＜設定＞をタップし、

7 ＜ミュージック＞をタップしたあと、

8 「ホームシェアリング」の＜サインイン＞をタップし、

9 手順2と同じApple IDとパスワードを入力して、

10 ＜サインイン＞をタップします。

11 ＜ミュージック＞アプリを起動して、画面左上の＜ライブラリ＞をタップし、＜ホームシェアリング＞をタップします。

12 共有先のライブラリをタップすると、

13 未同期の曲を再生できます（ビデオを共有する場合も手順6〜10と同様の手順を踏みます）。共有したコンテンツを再生するには、共有先のパソコンでiTunesを起動したまま、同じネットワークにiPadを接続する必要があります。Q.104〜113を参照しWi-Fiを設定しましょう。

音楽や写真・動画　6

221

Q 349 » オーディオブックって何？

A iTunesで購入できる音声ファイルの一種です。

オーディオブックとは、書籍の内容を録音した音声ファイルのことです。iPadで利用する場合、ホーム画面から＜iBooks＞→＜おすすめ＞や＜ランキング＞をタップして、＜オーディオブック＞をタップし、任意のオーディオブックの料金欄→＜支払い＞をタップします。Apple IDのパスワードを入力して＜サインイン＞をタップすると、データがダウンロードされます。

1 iBooksを起動し、任意のオーディオブックの金額→＜支払い＞をタップします。

2 Apple IDのパスワードを入力してサインインし、ダウンロードします。

Q 350 » iPadでワンセグは見られる？

A ワンセグチューナーを利用すれば見ることができます。

iPadでワンセグを利用するには、専用のチューナーが必要となります。家電量販店で、数千円程度で販売されているので、自分の好みにあった製品を選びましょう。チューナーをiPadのLightningコネクタに差し込み、チューナーに対応したアプリでエリアやチャンネルを指定すれば、番組を視聴できるようになります。

ワンセグチューナーはBUFFALOなどの周辺機器メーカーから販売されています。

Q 351 » iPadでハイレゾ音源は再生できる？

A 標準ではできません。

ハイレゾ音源とは、CDの音源より音質がよい（サンプリング周波数やビットレートが高い）デジタル音楽データで、一般的にはサンプリング周波数96kHz、ビットレート24bit以上のFLAC、WAV形式の音楽データを指します。

iPadでは、標準の音楽再生アプリ＜ミュージック＞ではハイレゾ音源を再生できませんし、iTunesでも標準では扱うことができず、今のところiTunes Storeでもハイレゾ音源の曲は提供されていません。ただし、App Storeにはハイレゾ音源再生アプリが登録されているので、これをインストールすることで、iPadでハイレゾ音源の再生は可能です。

Q 352 » iPadから音が出ない！

A コネクタを確認したり、電源を切って再起動させましょう。

iPadから音が出なくなった場合、まず音量ボタンを確認して、iPadの音量設定が消音になっていないかを確認してみましょう。

iPadを利用していると稀に、サイレントモードに設定していないにも関わらず、突然タップ音などが鳴らなくなることがあります。そうしたときは、まずヘッドセットジャックを確認しましょう（Q.028参照）。挿入口に入ったゴミを、ヘッドフォンやイヤホンと誤認識している可能性があります。問題がなければ、電源を切ってiPadを再起動させます（Q.030参照）。それでも直らなければiTunesやiCloudを利用してデータを復元しましょう（Q.477、Q.556参照）。

第7章

アプリの
「こんなときどうする？」

353 >>> 376	アプリ
377 >>> 384	リマインダー
385 >>> 400	カレンダー
401 >>> 410	マップ
411 >>> 418	その他のアプリ
419	LINE
420 >>> 428	Facebook
429 >>> 435	Twitter
436 >>> 446	FaceTime
447 >>> 455	メモ
456 >>> 459	Siri
460 >>> 461	GPS
462 >>> 463	AirPlay ／ AppleTV
464 >>> 465	おすすめアプリ

Q 353 » アプリはどこで探せばいいの？

A App Storeでアプリを検索したり購入することができます。

iPadは、世界中の開発者が作ったアプリをインストールすることで、さまざまな機能を追加することができます。アプリはiPadにプリインストールされている＜App Store＞アプリを使って、App Storeサービスからダウンロードおよびインストールを行います。App Storeについての詳細はQ.354で解説しています。App Storeは、iPadのホーム画面で＜App Store＞をタップすると起動します。App Storeでは、おすすめのアプリの説明を閲覧したり、キーワードでアプリを検索したりすることができます。

1. iPadのホーム画面から＜App Store＞をタップします（初回起動時は位置情報の確認画面で＜許可＞をタップします）。

2. ＜App Store＞アプリが起動して、App Storeの検索画面が表示されます。

Q 354 » App Storeって何？

A アプリを検索、インストールするためのサービスです。

iPadでは、＜App Store＞アプリを使ってアプリを検索したりインストールすることができます。App Storeは、その日の特集記事やおすすめアプリが紹介される＜Today＞、さまざまなゲームアプリを探せる＜ゲーム＞、有料・無料・カテゴリ別などのアプリランキングを閲覧できる＜App＞、購入済みアプリのアップデートを行う＜アップデート＞、キーワード入力でアプリを検索できる＜検索＞という5つのメニューから構成されています。いずれも、画面下部のアイコンをタップすることで表示を切り替えることができます。

1. ホーム画面で＜App Store＞をタップして起動します。

2. 最初は「検索」画面が表示されます。＜App＞をタップすると、

3. アプリのランキングなどが表示されます。

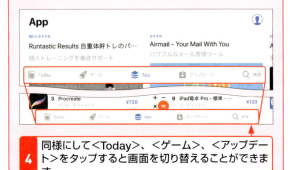

4. 同様にして＜Today＞、＜ゲーム＞、＜アップデート＞をタップすると画面を切り替えることができます。

Q 355 » アプリにはどんな種類があるの？

A 有料と無料、種類はゲームや仕事効率化など幅広いカテゴリのアプリがあります。

App Storeで扱われているアプリは、有料と無料に大別されます。さらに、カタログ／エンターテインメント／教育／ゲームなど、バラエティに富んだカテゴリに分類されます。iOS 11のApp Storeでは全部で23のカテゴリ分けがされており、目的や使用シーンにあわせて、より詳細にアプリを検索することができます。

カテゴリの表示場所

並んでいるアプリのアイコンをタップすると、カテゴリのほか、さまざまな情報を確認することができます。

有料アプリと無料アプリの違い

アプリの有料／無料は料金欄で確認できます。

Q 356 » アプリのインストールに必要なものは？

A 有料アプリの場合はクレジットカード情報などが必要です。

アプリのインストールには、Apple ID（Q.024参照）が必要となります。App Storeでアプリをインストールする際は、Apple IDとパスワードの入力を求められます。すでにサインインしている場合は、パスワードのみ入力します。

有料アプリをインストールする場合は、Apple IDにクレジットカード情報を設定する必要があります。クレジットカード情報を入力するのは不安だという方は、コンビニなどで販売されているApple専用のプリペイドカード「iTunes Card」や「Apple Storeギフトカード」を使ってアプリを購入することも可能です。アプリのインストール方法については、Q.359を参照しましょう。

インストール時（サインインしていない場合）

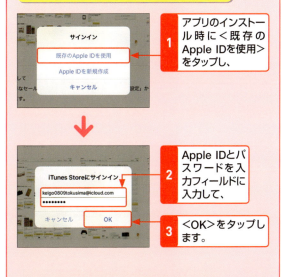

インストール時（サインインしている場合）

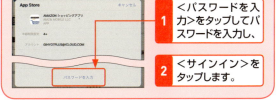

Q357 有料アプリの支払方法は?

A クレジットカードやプリペイドカードを使うことができます。

有料アプリの支払いは、通常Apple ID作成時などに入力したクレジットカードを利用します。支払情報にクレジットカード情報を「なし」に設定している場合は、コンビニなどで販売されている「iTunes Card」などのプリペイド式のカードを購入してアプリの料金を支払うことができます(Q.345参照)。

1. iTunes Cardなどを購入してコードを追加すると、
2. Apple IDに料金情報が追加されます。

Q358 App Store以外からアプリをインストールできる?

A App Store以外からアプリをインストールすることはできません。

基本的に、iPadおよびiOS端末対応のアプリはApp Store以外からインストールすることはできません。これは、iPadを安全に使用するための対策でもあります。また、以前はiTunesからApp Storeにアクセスしてアプリをインストールし、iPadに転送できましたが、最新版のiTunesではできなくなっています。

2017年11月現在、iTunesから音楽や映画の購入はできますが、アプリのインストールはできません。

Q359 iPadにアプリをインストールしたい!

A アプリの料金欄をタップします。

iPadにアプリをインストールする場合は、まず＜App Store＞を起動して、インストールしたいアプリを表示します。そのあと＜入手＞または＜¥○○＞→＜インストール＞または＜支払い＞の順にタップして、Apple IDやパスワードを入力してから＜サインイン＞をタップすると、アプリをインストールできます。

1. インストールしたいアプリを選択して詳細を開き、＜入手＞または料金欄をタップします。
2. ＜インストール＞または＜支払い＞をタップし、
3. パスワードを入力して＜サインイン＞をタップします。

Q360 アプリ
App Storeで目的のアプリが見つからない！

A いろいろな検索方法を試してみましょう。

App Storeで目的のアプリが見つからないという場合は、キーワード検索やカテゴリ検索を試してみましょう。目的のアプリに関するキーワードがわかっている場合は、キーワード検索がおすすめです。キーワード検索は、画面下部の＜検索＞をタップしてキーワードを入力し、検索します。また、画面下部の＜App＞をタップし、上方向にスワイプして「トップカテゴリ」の＜すべて表示＞をタップすると、多くのカテゴリを参照できます。ほかにも、「トップ有料」または「トップ無料」の＜すべて表示＞をタップし、表示されるカテゴリから任意のカテゴリを選ぶと、そのカテゴリ内でのランキングが表示されます。

ランキングから検索する

1 App Storeを起動して＜App＞をタップし、

2 「トップ有料」または「トップ無料」の＜すべて表示＞をタップします。

3 ＜すべてのApp＞をタップし、

4 閲覧したいカテゴリをタップすると、

5 そのカテゴリ内でのランキングが表示されます。

Q361 アプリ
アプリの評判を確認したい！

A アプリの詳細から評判やレビューを参照することができます。

App Storeで公開されているアプリには、インストールしたユーザーからの5段階評価の点数やレビューが複数書き加えられています。アプリをインストールするかどうかの参考になるので、インストールする前に必ず確認しておきましょう。App Storeでアプリのアイコンをタップし詳細を開くと、アプリのタイトル下に5段階の平均評価が表示されます。
レビューを参照したい場合は、「評価とレビュー」の＜すべて表示＞をタップします。評価の詳細が表示され、スクロールするとユーザーのレビューを閲覧できます。

1 App Storeを起動し、レビューを見たいアプリをタップして、

2 「評価とレビュー」の＜すべて表示＞をタップすると、

3 評価の詳細とレビューが表示されます。

227

Q アプリ

362 » 気になったアプリをあとでインストールしたい！

A メモやリマインダーに保存しておきましょう。

気になるアプリを見付けた際に、保留してあとからインストールしたいと思っても、時間が経つと「なんていうアプリだっけ？」と忘れてしまいがちです。そこで、気になるアプリがあったときはメモ（Q.447参照）やリマインダー（Q.377参照）にアプリの情報を保存しておくと便利です。App Store でアプリの詳細画面を表示して、をタップし、＜メモに追加＞または＜リマインダー＞をタップしましょう。

アプリの情報をメモに保存する

1 App Storeでアプリの詳細画面を表示して、をタップします。

2 ＜メモに追加＞をタップします。

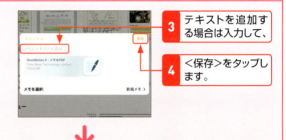

3 テキストを追加する場合は入力して、

4 ＜保存＞をタップします。

5 アプリの情報がメモに保存されます。情報をタップすると、App Storeのアプリページが表示されます。

アプリの情報をリマインダーに保存する

1 アプリの詳細画面で→＜リマインダー＞をタップします。

2 ＜追加＞をタップすると、リマインダーにToDoとして保存されます。

228

Q アプリ

iPad 5 | iPad mini 4 | iPad Pro 10.5inch | iPad Pro 12.9inch

363 » 無料になったアプリを利用したい！

A 新しいiPadでは有料だったいくつかのアプリが無料で利用できます。

以前は有料だった以下のアプリが、現在では無料で利用できるようになりました。主にビジネスシーンで活躍する、ワープロ用アプリ＜Pages＞、表計算用アプリ＜Numbers＞、プレゼンテーション用アプリ＜Keynote＞などが例に挙げられます。なお、音楽編集アプリ＜GarageBand＞も無料で利用することができます。どれもかんたんな操作で本格的なデータ作成や、コンテンツの編集を行うことができ、iPadをさらに役立てることができるアプリなので、ぜひインストールしておきましょう。

Pages／Numbers／Keynote について

Pages／Numbers／Keynoteは表計算やプレゼンテーションシートの作成など、主にビジネスシーンで活用できる機能が用意されています。各アプリには多くのテンプレートが用意されており、表計算や文書作成が苦手な人でもかんたんにデータを作成することができます。家計簿や封筒作成用のテンプレートなども用意されているので、日常的に役立てることができます。

多くのテンプレートが用意されており、手軽に利用することができます。

 Pages／ワープロ用アプリ

レポートや履歴書はもちろんポスターやチラシを作成することもできます。

Numbers／表計算用アプリ

テンプレートには始めから数式が入力されているので、数値を書き換えるだけで計算結果が得られます。

Keynote／プレゼンテーション用アプリ

各スライドに対してテンプレートを選び、さまざまなエフェクトをかけることができます。

Q 364 » アプリを削除したい！

A ホーム画面からアプリを削除できます。

iPadからアプリを削除したい場合は、まずホーム画面で削除したいアプリのアイコンをタッチします。アプリのアイコン左上に表示される❎をタップすると、「アイコンを削除」画面が表示されます。＜削除＞をタップすると、iPadからアプリが削除されます。削除が終了したら本体のホームボタンを押してアイコンの編集を終了します。アプリを削除しない場合は、「アプリ削除確認」画面で＜キャンセル＞をタップし、本体のホームボタンを押してアイコンの編集を終了します。もし誤ってアプリを削除してしまったときは、再インストール（Q.365参照）しましょう。

1 ホーム画面で削除したいアプリのアイコンをタッチして、

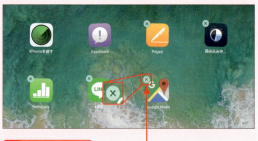

2 ❎をタップし、

3 ＜削除＞をタップすると、

4 アプリがiPadから削除されます。

Q 365 » アプリを間違って削除してしまった！

A 削除したアプリは、再インストールできます。

間違ってアプリを削除してしまっても、iPadではアプリを再インストールできます。ホーム画面で＜App Store＞をタップし、画面下部の＜Today＞や＜App＞をタップします。画面右上の👤→＜購入済み＞→＜自分が購入したApp＞で、今までに購入したアプリが表示されます。上部メニューの＜このiPad上にない＞をタップすると、購入済だがインストールされていないアプリの一覧が表示されるので、削除してしまったアプリの☁をタップして再インストールしましょう。有料アプリも同じアカウントであれば再インストール時に料金は発生しません。

1 App Storeを開き、👤をタップし、

2 ＜購入済み＞→＜自分が購入したApp＞をタップします。

3 ＜このiPad上にない＞をタップし、

4 削除してしまったアプリの☁をタップすると、再インストールが始まります。

有料アプリの再インストールにも料金は発生しません。

Q366 アプリをバックアップするには？

A パソコンのiTunesやiCloudサーバーなどに保存されています。

インストールしたアプリは、パソコンのiTunesにiPadを同期させた際、自動的にバックアップがパソコンに保存されます。iTunesを使ってさらにiTunesとアプリを同期する方法や、バックアップの作成についてはQ.469で解説しています。iCloudへアプリを保存しておくことも可能です。

iCloudを有効にしている場合、無線LAN通信時に自動でバックアップされます。

Q367 ソフトウェアのバージョンって何？

A ソフトウェアの更新番号です。

ソフトウェアのバージョンは、バグや不具合の修正や機能を追加したときの更新番号です。大規模な改訂（バージョンアップ）であるほど、数字が大幅に増加します。iPadでは、アプリの改訂（バージョンアップ）のことをアップデートといい、不具合の改善や機能追加などが随時行われています。

1. アプリの詳細で＜バージョン履歴＞をタップすると、
2. バージョンの更新履歴を確認できます。

Q368 アップデートがあると表示されるんだけど……？

A アップデートしたアプリをダウンロードしましょう。

インストールしたアプリがアップデートした際は、App Storeアイコンの右上にバッジが表示され、ユーザーに通知されます。この場合、アプリのアップデートが可能になります。ホーム画面で＜App Store＞をタップし、画面下部の＜アップデート＞をタップすれば、アップデート可能なアプリを確認できます。

画面下部の＜アップデート＞をタップすれば、アップデート可能なアプリを確認できます。

231

Q369 アプリのレビューを書きたい！

A App Storeからレビューを書くことができます。

アプリをインストールする際に大いに参考になるレビューですが、このレビューは自分でも書くことができます。ホーム画面で＜App Store＞をタップし、自分がインストールしたレビューを書きたいアプリの詳細画面を表示して、＜レビューを書く＞をタップします。そのあと＜レビューを書く＞をタップし、Apple IDのパスワードを入力して＜OK＞をタップすると、「レビューを書く」画面が表示されます。5段階のレート、差出人（ニックネーム）、タイトル、レビュー内容を入力して＜送信＞をタップすれば、そのアプリのレビュー項目に作成内容が表示されます。なお、レビューを記載するには、対象のアプリを事前にインストールする必要があります（Q.359参照）。

1 ＜App Store＞をタップし、レビューを書きたいアプリの詳細画面を表示して、

2 ＜レビューを書く＞をタップし、Apple IDのパスワードを入力して＜OK＞をタップします。

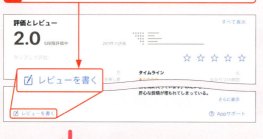

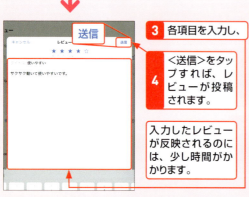

3 各項目を入力し、

4 ＜送信＞をタップすれば、レビューが投稿されます。

入力したレビューが反映されるのには、少し時間がかかります。

Q370 アプリはiPadごとに購入しなきゃいけないの？

A 同じApple IDを使えば、端末ごとに購入する必要はありません。

iPadで購入したアプリを、違うiPadやiPod touchなどのiOS端末で利用したい場合は、アプリを購入したときと同じApple IDを使用します。Apple IDが同じであれば、端末ごとにあらためてアプリを購入する必要はなく、ほかのiOS端末で購入したアプリを、自動的にiPadにダウンロードして利用することができます。アカウントの切り替え方は、Q.372を参照しましょう。App Storeで＜購入済み＞をタップすると、これまでに購入したアプリが一覧表示されます。

1 App Storeを起動し、画面を下にスクロールして＜サインイン＞をタップします。＜既存のApple IDを使用＞をタップして、アプリを購入したときのApple IDでサインインします。

2 購入したアプリを表示し、☁をタップすると、あらためて料金を支払わなくても自動的にインストールが開始されます。

Apple IDのパスワード入力画面が表示された場合は、入力して＜サインイン＞をタップします。

Q371 アカウントが同じならiPhoneで購入したアプリも使える？

A iPhone専用アプリは使いにくくなります。

Q.370で解説したとおり、同じApple IDを利用すれば購入したアプリを別のiOS端末にインストールできます。これによりたとえばiPhoneで購入したアプリを、iPadにもインストールすることは可能です。ただそれがiPadに対応していないアプリの場合、iPadで起動はできますがiPadには最適化されていないため、iPhoneの画面サイズ、またはそのまま拡大した画面で表示されます。＜iTunes Store＞でアプリをインストールする場合は、iPadにも対応しているか、事前によく確認しておきましょう。

iPhone用のアプリをiPadで起動すると、iPhoneの画面サイズ、またはそのまま拡大した画面で表示されます。

パソコンのiTunes Storeでは、同じアプリがiPhone用とiPad用でそれぞれリリースされている場合もあります。

Q372 利用しているアカウントを切り替えたい！

A App Storeから切り替えることができます。

App Storeを利用しているアカウントを切り替えるには、まず＜App Store＞アプリを起動し、画面右上の をタップし、＜サインアウト＞をタップします。そのあと、別のアカウントのIDとパスワードを入力して＜サインイン＞をタップすれば、別のアカウントに切り替えることができます。

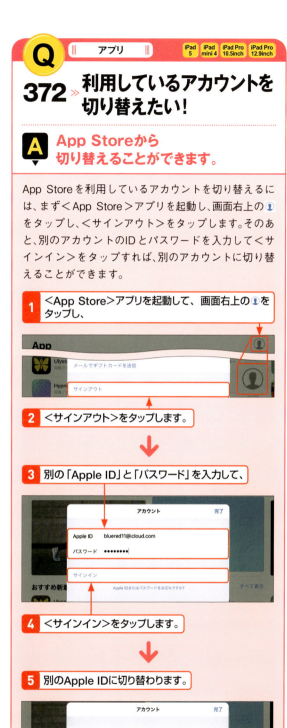

1 ＜App Store＞アプリを起動して、画面右上の をタップし、

2 ＜サインアウト＞をタップします。

3 別の「Apple ID」と「パスワード」を入力して、

4 ＜サインイン＞をタップします。

5 別のApple IDに切り替わります。

Q 373 » 有料アプリをプレゼントしたい！

A パソコンのiTunesから
アプリを購入してプレゼントできます。

iOS 6.0以降、iPad版のApp Storeでは、ほかのユーザーに直接アプリをプレゼントすることができなくなりました。しかし、パソコンのiTunesで購入する有料アプリに関しては別で、これまでどおりプレゼントできます。

1 パソコンのiTunes起動後、iTunes Storeで贈りたいアプリの詳細を開き、∨→＜このAppを贈る＞をクリックします。

2 「iTunesギフトを贈る」画面で、＜宛先＞や＜メッセージ＞などを入力し、＜次へ＞をクリックします。

3 「テーマを選択」で、用途に合ったテーマを選択し、＜次へ＞をクリックします。

4 確認画面が表示されるので、＜ギフトを購入＞をクリックすると、アプリをプレゼントできます。

Q 374 » アプリを友達に教えたい！

A アプリのリンクを添付したメールを送信することができます。

iPadのApp Storeでは、ほかのユーザーにアプリを紹介する機能が用意されています。まずは紹介したいアプリの詳細を開き、●をタップします。Eメールで送信したい場合は＜メール＞を、メッセージで送信したい場合は＜メッセージ＞を、SNSで多くのユーザーに知ってもらいたい場合は＜Twitter＞もしくは＜Facebook＞をタップすれば、紹介したいアプリのリンクが表示されたメッセージが作成されます。なお、各SNSに投稿する場合はアカウントを設定しておく必要があります。

1 ＜App Store＞で紹介したいアプリの詳細を開き、●→＜メール＞の順にタップします。

2 アプリの名称とURLとアイコン画像がメールに添付されるので、宛先を入力してメールを送信します。

メッセージの場合はアプリの名称とURLが入力されたメッセージ作成画面が起動します。

Q375 アドオンって何？

A アプリのインストール後に追加拡張できる機能のことです。

アドオンとは、アプリのインストール後に、そのアプリに追加できる機能や要素のことです。たいていは有料で提供されます。アドオンのあるアプリは、「App内課金」の＜あり＞をタップして、アドオンの一覧を見ることができます。

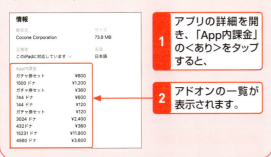

1 アプリの詳細を開き、「App内課金」の＜あり＞をタップすると、

2 アドオンの一覧が表示されます。

Q376 アプリ内課金って何？

A アプリ内でコンテンツやサービスを直接販売することです。

アプリ内課金とは、インストールしたアプリ内でデジタルコンテンツやサービスを追加で販売する機能です。アプリ内課金は、アプリの機能を追加拡張する有料のアドオン（Q.375参照）やゲームアプリ内でのアイテム購入、ブックストア内での電子書籍販売などさまざまな場面で用いられています。

アプリによってアプリ内課金の形はさまざまです。App内での購入や、アプリ内の購入ページなどで、条件などをよく確認しましょう。

Q377 リマインダーって何？

A ToDoを登録して予定を管理できます。

リマインダーとは、リスト形式でToDo（やるべきこと）を管理して、必要に応じて指定した日時や場所で通知できる機能です。やるべきことをリストで確認できるので、日々のスケジュールや予定の管理に役立てることができます。ホーム画面で＜リマインダー＞をタップし、画面左の＜リマインダー＞をタップして、罫線部分をタップしたあと、ToDo名を入力して＜完了＞をタップすると、ToDoを登録することができます。

1 ホーム画面で＜リマインダー＞をタップし、

2 ＜リマインダー＞をタップします。

＜リマインダー＞が＜タスク＞となっていることがありますが、機能の違いはありません。

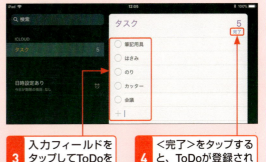

3 入力フィールドをタップしてToDoを入力したあと、

4 ＜完了＞をタップすると、ToDoが登録されます。

Q378 ToDoの期限を設定したい！
iPad 5 / iPad mini 4 / iPad Pro 10.5inch / iPad Pro 12.9inch

A 登録したToDoをタップして通知日を編集します。

登録したToDoに期限（通知日）を設定したい場合は、登録したToDoをタップして、ⓘをタップし、「詳細」画面を表示します。「指定日時で通知」の　をタップして　に切り替え、日時をタップし通知日を設定したあと、＜完了＞をタップします。

1. 期限を設定したいToDoをタップし、ⓘをタップします。

2. ＜指定日時で通知＞の　をタップして　に切り替え、

3. ＜アラーム＞をタップして日時を設定します。

Q379 ToDoに優先順位やリストを設定したい！
iPad 5 / iPad mini 4 / iPad Pro 10.5inch / iPad Pro 12.9inch

A 「詳細」画面で設定することができます。

ToDoに優先順位やメモを設定したい場合は、Q.378を参考にToDoの「詳細」画面を表示します。「優先順位」のタップすると、優先順位を3段階で設定でき、リストを追加している場合（Q.383参照）、＜リスト＞をタップすると、タスクをどのリストに登録するか変更できます。

1. をタップして優先順位を設定できます。

2. 手順１の画面で＜リスト＞をタップすると、リストを変更することができます。

Q380 ToDoが完了したらどうすればいいの？
iPad 5 / iPad mini 4 / iPad Pro 10.5inch / iPad Pro 12.9inch

A ToDoの横にある○をタップしてチェックを付けます。

ToDo名の左にある○をタップしてチェックを付けると、ToDoが完了したことになります。ToDoを完了させると、リスト名の横の数字が、完了させたToDoの数だけ減ります。完了したToDoを閲覧したい場合は、＜実行済みの項目を表示＞をタップすると、完了したToDoが一覧で表示されます。

1. チェック欄をタップして完了させます。

2. 完了させたToDoの数だけ、リスト名の横の数字が減ります。

Q381 通知日を設定したToDoを確認したい！

A ＜時間指定＞をタップします。

ホーム画面で＜リマインダー＞をタップし、＜日時設定あり＞をタップします。リマインダーの通知日時を設定していた場合、「日時設定あり」画面に、通知日時を設定したToDoが日別に一覧表示されます。各ToDoをタップし、「詳細」画面を開いて編集したり（Q.378参照）、ToDoを完了させることもできます（Q.380参照）。

各ToDoをタップし、編集することもできます。

Q382 終わったToDoを削除したい！

A ＜編集＞から削除できます。

削除したいToDoを含むリストをタップし、画面右上の＜編集＞をタップします。削除したいToDoのをタップし、＜削除＞をタップすると、ToDoを削除できます。

削除したいToDoの● をタップし、＜削除＞をタップします。

Q383 リマインダーにToDoリストを追加したい！

A ＜リストを追加＞から新規リストを追加できます。

リマインダー起動後、＜リストを追加＞をタップし、任意のリスト名を入力して、＜完了＞をタップすると、新規リストが追加されます。

リマインダー起動後、画面左下の＜リストを追加＞をタップすると、リストを作成できます。

Q384 ToDoを別のリストに移動したい！

A ToDoの「詳細」画面で＜リスト＞をタップします。

リマインダー起動後、任意のToDoをタップし、をタップして、＜リスト＞をタップすると、ToDoをどのリストに登録するか選択できます。このほかiCloud（第9章参照）を活用する方法もあります。

iCloud.com（https://www.icloud.com）では、ToDoをドラッグして、ToDoの登録リストを変更します。

Q385 カレンダーに予定を作成したい！

A ＋をタップして予定を作成します。

カレンダーに新規予定を追加するには、ホーム画面で＜カレンダー＞をタップし、画面右上の＋をタップします。タイトル欄にイベント名、場所欄にイベントに関連した場所などを入力し、日時を選択後、設定をすべて終えたら＜追加＞をタップします。入力した項目が新規予定としてカレンダーに追加されます。

1 ホーム画面で＜カレンダー＞をタップして、
2 ＋をタップし、

3 ＜タイトル＞＜場所＞＜日時＞などを入力して、
4 ＜追加＞をタップすると、

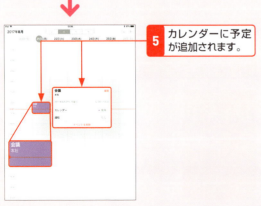

5 カレンダーに予定が追加されます。

Q386 カレンダーに終日イベントを作成したい！

A 「新規イベント」画面で＜終日＞を有効にします。

イベントを終日イベントとして設定したい場合は、イベント作成時に、「新規イベント」画面で＜終日＞の をタップして ● に切り替えます。

> イベント作成時に、＜終日＞の をタップして にすると、終日イベントが作成できます。既存のイベントに設定する場合は、イベントをタップし、＜編集＞をタップします。

Q387 繰り返しの予定を設定したい！

A 「イベントを編集」画面で繰り返しを設定できます。

一定のサイクルで繰り返すようにイベントを設定したい場合は、「イベントを編集」画面で＜繰り返し＞をタップし、＜毎日＞／＜毎週＞／＜隔週＞／＜毎月＞／＜毎年＞のいずれかをタップします。

> 5種類の繰り返しパターンを設定できます。既存のイベントに設定する場合は、イベントをタップし、＜編集＞をタップします。

Q388 イベントの出席者に案内メールを出したい！

カレンダー / iPad 5 / iPad mini 4 / iPad Pro 10.5inch / iPad Pro 12.9inch

A イベントの「編集」画面から出席者を追加することができます。

カレンダーにイベントを新規作成すると、出席予定者を登録して通知を送信できるようになります。カレンダー上のイベント名をタップし、＜編集＞をタップします。＜予定出席者＞をタップして、「宛先」右の⊕をタップしたあと、連絡先から任意の相手をタップするか、連絡先に登録したアドレスを直接入力すれば、出席依頼のメールが送信されます。なお、＜設定＞アプリの＜iCloud＞で、カレンダーの同期が になっていると＜予定出席者＞の項目は表示されないので、 に切り替えておきましょう。

1. カレンダー上のイベント名をタップし、＜編集＞→＜予定出席者＞をタップします。

2. 「宛先」右の⊕をタップして、ユーザーを連絡先から追加します。

3. 入力が完了したら＜完了＞をタップします。

4. イベントに予定出席者が追加されます。＜イベントを編集＞をタップします。

Q389 出席依頼がきたらどうする？

カレンダー / iPad 5 / iPad mini 4 / iPad Pro 10.5inch / iPad Pro 12.9inch

A メールの詳細から出席するかどうか選択します。

予定出席者を登録すると、相手にイベント出席依頼の通知が送信されます。もし自分に届いた場合は、3種類の選択肢の中からどれか1つを選んで返信しましょう。どのイベントに返信したかは、＜返信済み＞をタップすると確認できます。

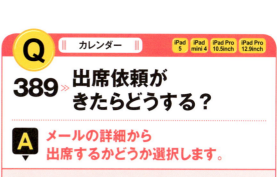

1. 相手からイベントの出席依頼が届くと、iCloudを設定している場合＜カレンダー＞アプリに通知が表示されます。＜カレンダー＞をタップし、

2. ＜出席依頼＞をタップして、

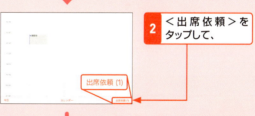

3. ＜出席＞＜仮承諾＞＜欠席＞のいずれかをタップします。

4. ＜返信済み＞をタップすると、返信したイベントを一覧で確認できます。

Q390 予定の通知を設定したい！

A イベントの編集画面から予定の通知を設定できます。

予定の通知を設定したい場合は、カレンダー上のイベントをタップして＜編集＞をタップします。上方向にスワイプし、＜通知＞をタップして8種類の通知時間から任意の時間を選び、＜完了＞をタップすれば、設定した時間にイベントの通知が表示されます。このイベント通知はイベント出席者にも送信されるようになっています。

1 一覧から任意の時間を選び、＜完了＞をタップします。

2 参加予定者には、設定した時間にイベント通知が送信され、通知が表示されます。

Q391 カレンダー表示を切り替えたい！

A ＜カレンダー＞上部のメニューから表示を切り替えます。

カレンダーの表示は、日／週／月／年の4種類が用意されており、デフォルトでは日表示に設定されています。ホーム画面から＜カレンダー＞をタップし、上部メニューの＜日＞＜週＞＜月＞＜年＞のいずれかをタップすると、表示を変更することができます。

1 ＜年＞をタップすると、

2 カレンダーが年表示になります。

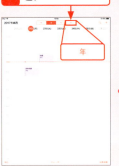

Q392 作成した予定を編集したい！

A イベントをタップして＜編集＞をタップします。

一度作成したカレンダーをあとから編集したい場合は、ホーム画面で＜カレンダー＞をタップし、カレンダー上のイベントをタップして、＜編集＞をタップします。そのあと＜開始＞や＜予定出席者＞などをタップして内容を変更してから、＜完了＞をタップすると、変更内容がカレンダーに反映されます。

1 イベントをタップして、＜編集＞をタップします。

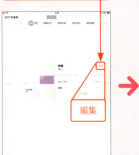

2 編集が完了したら＜完了＞をタップします。

Q393 日本の祝日を設定したい！

A 日本の祝日の表示を確認しましょう。

iPadでは、標準で祝日が表示されます。祝日の表示は、ホーム画面で＜カレンダー＞をタップし、画面下部の＜カレンダー＞をタップして「カレンダーを表示」画面を表示し、＜日本の祝日＞をタップすることで、表示と非表示を切り替えることができます。また、＜日本の祝日＞の横にある ⓘ をタップすると、祝日の色を変更することができます。

祝日の色を変更する

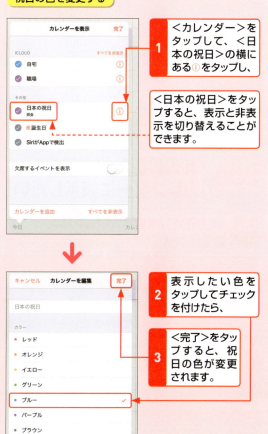

1. ＜カレンダー＞をタップして、＜日本の祝日＞の横にある ⓘ をタップし、

＜日本の祝日＞をタップすると、表示と非表示を切り替えることができます。

2. 表示したい色をタップしてチェックを付けたら、

3. ＜完了＞をタップすると、祝日の色が変更されます。

Q394 オリジナルの祝日は設定できる？

A オリジナルの祝日を設定することはできません。

iPadのカレンダーでは、オリジナルの祝日を設定することはできません。しかし、終日のイベントを作成し、＜繰り返し＞や＜通知＞、＜メモ＞など詳細を設定することで祝日風にアレンジすることはできます。

Q.393で設定した祝日を参考に、祝日風のイベントを作るのがよいでしょう。

Q395 新しいカレンダーを追加したい！

A カレンダー編集画面から新しいカレンダーを追加できます。

iPadのカレンダーは、用途に応じたカレンダーを新たに作成することができます。名前や色を任意で設定して作成したカレンダーは、「カレンダー」画面に表示されます。

ホーム画面で＜カレンダー＞をタップし、画面下中央の＜カレンダー＞→＜カレンダーを追加＞をタップすると、新しいカレンダーを追加できます。

Q396 » カレンダーとGoogleカレンダーを同期したい！

A Gmailアカウントから同期させることができます。

Gmailアカウントを利用すれば（Q.165参照）、GoogleカレンダーとiPadのカレンダーを同期できます。予定作成時にGoogleのカレンダーを指定すれば、iPadから予定の作成もできます。＜設定＞→＜アカウントとパスワード＞→＜Gmail＞の順にタップします。Gmailアカウントのサービス一覧から＜カレンダー＞の をタップして にすると、カレンダーにGmailアカウントが追加され、同期できるようになります。

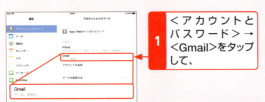

1 ＜アカウントとパスワード＞→＜Gmail＞をタップして、

2 ＜カレンダー＞のをタップして に切り替え、

3 ＜アカウント＞をタップします。

4 カレンダーにGmailアカウントが追加されます。

以降、カレンダーとGoogleカレンダーの内容が同期されるようになります。

Q397 » カレンダーの色を変更したい！

A 「カレンダーを編集」画面で変更できます。

カレンダーの色を変更したい場合は、下部メニューから＜カレンダー＞をタップし、色を変更したいカレンダーの をタップして選択します。変更したい色を選び、＜完了＞→＜完了＞の順にタップすれば、色が変更できます。

＜カレンダー＞→＜編集＞をタップし、色を変更したいカレンダーをタップしたら、変更したい色をタップします。

Q398 » 友人の誕生日だけをカレンダーに表示したい！

A 誕生日だけを表示するように設定します。

連絡先リストにユーザーの誕生日を設定していれば、カレンダーに表示することができます。カレンダーに友人の誕生日だけを表示させたい場合は、画面下部の＜カレンダー＞をタップしてほかのカレンダーを非表示にして＜誕生日＞だけにチェックを付けます。

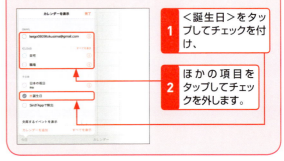

1 ＜誕生日＞をタップしてチェックを付け、

2 ほかの項目をタップしてチェックを外します。

Q399 カレンダーを削除したい！

A 「カレンダーを編集」画面から削除できます。

作成したカレンダーを削除したい場合は、下部メニューから＜カレンダー＞をタップします。削除したいカレンダーの ⓘ をタップして、＜カレンダーを削除＞→＜カレンダーを削除＞をタップすると、削除できます。削除し終わったら、＜完了＞をタップします。

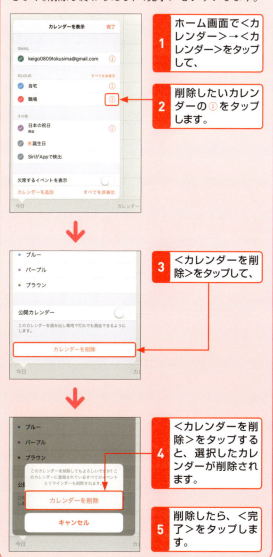

1 ホーム画面で＜カレンダー＞→＜カレンダー＞をタップして、

2 削除したいカレンダーの ⓘ をタップします。

3 ＜カレンダーを削除＞をタップして、

4 ＜カレンダーを削除＞をタップすると、選択したカレンダーが削除されます。

5 削除したら、＜完了＞をタップします。

Q400 カレンダーを削除するとどうなる？

A 登録されているすべてのイベントとリマインダーが削除されます。

Q.399の手順でカレンダーを削除すると、そのカレンダーに登録されていたすべてのリマインダーとイベントが消去されます。Gmailアカウントで＜カレンダー＞アプリとGoogleカレンダーを同期させている場合も、設定が反映され、やはりリマインダーとイベントは消去されてしまいます。

そのため＜カレンダー＞アプリのカレンダーは、一度削除すると基本的に復元することはできません。もしカレンダーを削除する場合は、大事なイベントを登録していなかったか、よく確認してから行うようにしましょう。

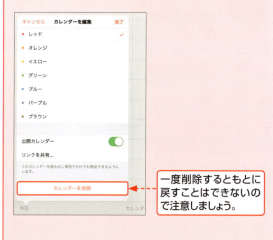

一度削除するともとに戻すことはできないので注意しましょう。

Googleカレンダーと同期している場合、カレンダーを削除すると、Googleカレンダーにも削除が反映されます。

Q401 マップで現在位置を確認したい！

A ➚をタップします。

＜マップ＞アプリでは、位置情報を利用して自分の現在地をすばやく表示することができます。＜マップ＞アプリを起動して➚をタップすれば、現在位置の周辺地図が表示されます。地図上の現在位置は、●で確認することができます。場所を移動すれば、移動先の位置に従って、マップ上の●も移動します。

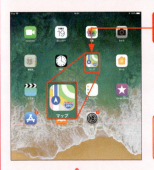

1 ＜マップ＞をタップして、

通知が表示されたら＜許可＞→＜許可＞の順にタップします。

2 ➚をタップします。

画面をドラッグすると、マップの表示を前後左右に移動させることができます。

3 現在位置の周辺地図が表示され、自分がいる場所に●が表示されます。

Q402 マップで目的地をすばやく表示したい！

A 目的地の名称や住所を入力して検索します。

＜マップ＞アプリを起動して、画面上部の検索フィールドをタップします。検索したい目的地の名称や住所を入力して＜検索＞をタップすれば、目的地が赤いピンで表示されます。ピン上部に表示される名称のをタップして、目的地の詳細な情報を確認することも可能です。

1 検索フィールドをタップして、

2 目的地の名称や住所を入力し、

3 ＜検索＞をタップします。

4 目的地が表示されます。

7 アプリ

244

Q 403 » マップで周辺の建物を確認したい！

A 地図画面をピンチオープンして拡大します。

地図画面をピンチオープン（Q.017参照）すると、地図が拡大して表示されます。拡大した地図では建物の名称など、より詳細な情報を確認することができます。建物名をタップすると、住所などの詳細な情報を確認できます。地図の大きさをもとに戻したいときは、画面をピンチクローズ（Q.017参照）しましょう。

| iPad 5 | iPad mini 4 | iPad Pro 10.5inch | iPad Pro 12.9inch |

1 地図画面をピンチオープンすると、

2 地図が拡大され、建物名などが表示されます。

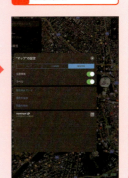

Q 404 » マップの表示方法を変更したい！

A マップの種類を変更します。

マップ画面右上のⓘをタップすると地図の表示方法を変更することができます。表示方法は＜マップ＞、＜交通機関＞、＜航空写真＞から選択でき、各項目をタップして表示を変更することができます。「航空写真」でマップ画面の＜3D＞をタップすると、地図が斜め上から見た3D画像で表示されます。

| iPad 5 | iPad mini 4 | iPad Pro 10.5inch | iPad Pro 12.9inch |

1 右上のⓘをタップして、

2 表示したい地図の種類をタップします。

3 地図の表示が変わります。

航空写真

Q 405 » マップを3Dで表示したい！

A 地図画面を2本指でドラッグします。

地図画面を表示中に、2本指で上方向にドラッグすると、地図が2Dから3Dに切り替わり、立体的な地図を表示することができます。3D表示中に2本指で下方向にドラッグすれば、2Dに戻ります。なお、iOS 11では、一部の建物の屋内マップが表示されるようになりました。

| iPad 5 | iPad mini 4 | iPad Pro 10.5inch | iPad Pro 12.9inch |

1 地図画面を2本指で上方向にドラッグします。

2 3D表示に切り替わります。

Q406 » マップでルート検索をしたい！

A 経路検索メニューを利用しましょう。

目的地を検索して、＜経路＞をタップすれば、現在位置からの経路を検索することができます。出発地点は変更することができるので、現在位置以外からの経路検索も可能です。

1 Q.402を参考に目的地を検索します。
2 ＜経路＞をタップします。

3 到着地点までの経路が地図上に表示されます。
4 実行したい経路の＜出発＞をタップします。

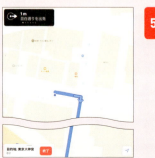

5 ルートガイドが実行されます。

Q407 » 移動手段を変更したい！

A 経路検索メニューで移動手段を選びます。

Q.406の手順4の画面で、＜車＞、＜徒歩＞、＜交通機関＞のいずれかをタップすれば、経路検索の移動手段を変更することができます。

1 変更したい移動手段をタップすると、移動手段を変更することができます。＜交通機関＞を選択した場合、電車や飛行機などの公共交通機関を利用したルートの候補が表示されます。

Q408 » 経路の詳細を表示したい！

A 経路一覧画面で＜詳細＞をタップします。

経路検索（Q.406参照）後に＜詳細＞をタップすると、目印ごとに通過ポイントなどの詳細が確認できます。詳細は、経路案内の実行後でも確認できます。

1 Q.406手順4の画面で、＜詳細＞をタップします。

Q409 » よく行く場所をマップに登録したい！

A ブックマークに登録します。

よく行く場所をマップのブックマークに登録しておくと、「よく使う項目」からすぐに、目的地を検索できるようになります。ブックマークに登録するには、まず目的地を検索します（Q.402参照）。目的地名の右の > をタップすると詳細が表示されるので、□→＜よく使う項目に追加＞をタップします。ブックマークに登録する名前を確認・変更し、＜保存＞をタップすると、目的地がブックマークに登録されます。

1. Q.402を参考に目的地を検索するか、地図上で建物名などをタップして、＜追加＞をタップします。

2. 目的地が「よく使う項目」に登録されました。

登録した項目は、経路を表示していない状態で、画面左上のメニューの ━━ を下方向にドラッグして、＜よく使う項目＞をタップすると表示できます。

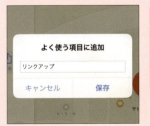

地図上に名称が表示されていない場所でも、タッチして手順1の操作を行うと、自分で名前を付けて登録することができます。

Q410 » Googleマップを使いたい！

A Googleマップアプリをインストールします。

iPadに標準で搭載されているマップアプリは、操作性が改善され、かなり使いやすくなりましたが、Googleマップを使いたい、Googleマップのほうが使い慣れている、という人もいるでしょう。その場合はApp Storeから＜Google Maps＞をインストールして利用しましょう。現在ではiPadにも対応しており、問題なく利用することができます。

App Storeで無料でインストールすることができます。

現在地を表すアイコンから向いている方向がわかったりと、iPad標準のマップとは細かな違いがあります。

ストリートビュー機能が使えることが、iPad標準のマップとの大きな違いといえるでしょう。

Q411 iPadで電子書籍を読みたい！

その他のアプリ | iPad 5 | iPad mini 4 | iPad Pro 10.5inch | iPad Pro 12.9inch

A <iBooks>アプリを利用します。

<iBooks>アプリで読みたい電子書籍を探して購入すれば、iPadで好きなときに読書を楽しめます。電子書籍はキーワードで検索したり、<ランキング>から人気の作品を選んだりして購入でき、無料のものと有料のものがあります。

1 ホーム画面で<iBooks>をタップします。

2 画面下部のメニュー（ここでは<ランキング>）をタップして、

3 購入したい電子書籍をタップします。

4 <入手>（有料の場合は価格）をタップして<入手>をタップし、Apple IDのパスワードを入力して<サインイン>をタップすれば、電子書籍がダウンロードされます。

5 <ブック>をタップして、

6 読みたい作品をタップすれば、電子書籍の中身が表示されます。

Q412 購入した電子書籍を本棚から削除したい！

その他のアプリ | iPad 5 | iPad mini 4 | iPad Pro 10.5inch | iPad Pro 12.9inch

A <選択>→<削除>をタップします。

<iBooks>アプリを起動して画面下部の<ブック>をタップすると、本棚のような画面に購入した電子書籍が表示されます。ここから電子書籍を削除したい場合は、画面右上の<選択>をタップして削除したい作品を選択し、<削除>をタップします。なお、<ダウンロードから削除>をタップした場合は、「すべてのブック」画面から再ダウンロードすることができます。

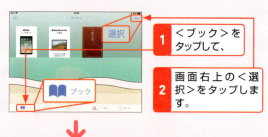

1 <ブック>をタップして、

2 画面右上の<選択>をタップします。

3 削除したい作品をタップして選択し、

4 <削除>をタップします。

5 <コレクションから削除>または<ダウンロードを削除>をタップします。

6 手順5で<ダウンロードを削除>をタップした場合は、画面上部の<ブック>→<すべてのブック>をタップして、☁をタップすれば、再びダウンロードできます。

Q 413 » Apple Payって何？

A iPadでさまざまな支払いができる機能です。

Apple Payは、クレジットカードなどのカード情報をiPadに登録することで、iPadからアプリ内やSafariのWeb上での料金の支払いを可能にする機能です。クレジットカードの登録は、カメラを使うことでかんたんに行えます。

Apple Payに対応したカードや利用方法はAppleのWebサイト（http://www.apple.com/jp/apple-pay/）で確認できます。

Q.414の設定を行うと、インターネット上での買い物やアプリ内での支払いにApple Payを利用することができます。

Q 414 » iPadでApple Payを利用したい！

A クレジットカードの登録が必要です。

iPadでApple Payを利用するには、クレジットカードの登録が必要です。iPadのカメラでクレジットカードを写して、かんたんに登録することができます。ホーム画面から＜設定＞→＜WalletとApple Pay＞→＜カードを追加＞の順にタップし、画面の指示に従って登録しましょう。

1 ホーム画面から＜設定＞→＜WalletとApple Pay＞をタップして、

2 ＜カードを追加＞をタップします。

3 パスコードを設定していない場合は＜Touch IDとパスコードを設定＞をタップして、Q.494を参考にパスコードを設定してから、再度手順 1 〜 2 を行います。

4 「名前」の欄をタップしてカードの名義を入力し、＜次へ＞をタップしたら、画面の指示に従って設定を行いましょう。

Q415 » iPadでアラームは設定できる？

A <時計>アプリでアラーム設定できます。

アラームの設定には、<時計>アプリを使用します。ホーム画面で<時計>をタップして、<アラーム>→＋をタップします。時間や音などの設定を行い、<保存>をタップします。

一度追加したアラームは、 をタップして、アラームの有無を切り替えられます。

Q416 » タイマー機能は利用できる？

A <時計>アプリでタイマーを設定できます。

タイマーの設定は、ホーム画面から<時計>→<タイマー>の順にタップします。任意の時間をスクロールして設定し、<レーダー>（標準の場合）をタップして終了時に流れる音を設定し、<開始>をタップするとタイマーが開始されます。

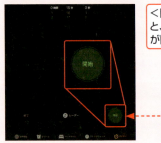

<開始>をタップすると、設定したタイマーが開始されます。

Q417 » 音声メモを取りたい！

A <ボイスメモ>アプリをダウンロードします。

iPadには<ボイスメモ>アプリが標準搭載されていません。iPhoneと同じようにiPadでもボイスメモを利用したい場合は、App Storeでボイスメモ機能があるアプリをダウンロードする必要があります。

ボイスメモ
開発：Lin Fei
カテゴリ：仕事効率化
価格：無料

 をタップすると録音が開始されます。

Q418 » 電卓機能を使いたい！

A <計算機>アプリをダウンロードします。

iPadには<計算機>アプリが標準搭載されていません。iPhoneやiPodなどと同じようにiPadでも計算機を利用したい場合は、App Storeで計算機機能があるアプリをダウンロードしましょう。

iPad電卓 Pro-関数電卓と単位変換
開発：Apalon Apps
カテゴリ：ユーティリティ
価格：無料

Q419 iPadでLINEは使えないの？

A アプリをインストールすれば使えます。

App Storeから＜LINE＞アプリをインストールすれば、iPadでLINEを利用することができます。既存のアカウントを利用することも、新規アカウントを作成することもできますが、新規でアカウントを作成する場合は、Facebookのアカウントが必要になります。

スマートフォンで登録済みのアカウントを利用する場合は、あらかじめスマートフォン側でメールアドレスの登録とログイン許可を行う必要があります。iPadで＜LINE＞アプリを起動し、登録したメールアドレスとパスワードを入力して＜ログイン＞をタップしましょう。iPadに表示された認証番号をスマートフォン側で入力すれば、ログインできます。

アカウントを新規登録する場合は、Facebookアカウントでログインする必要があります。

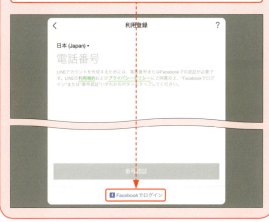

Q420 iPadでFacebookを楽しみたい！

A App Storeからアプリをインストールしましょう。

SafariでFacebookのwebページにアクセスして利用することもできますが、iPadでFacebookを利用する場合も、App Storeからアプリをインストールすると便利です。

既存のアカウントを利用する場合は、iPadで＜Facebook＞アプリを起動し、登録済みのメールアドレスまたは携帯電話番号を入力して、＜ログイン＞をタップします（Q.421参照）。

アカウントを新規登録する場合は、＜Facebookに登録＞→＜登録＞をタップして、登録してある携帯電話番号またはメールアドレスを入力して登録しましょう。

251

Q421 » Facebookアプリを利用したい！

A アプリを起動してFacebookにログインしましょう。

アカウントを作成し、Facebookアプリをインストールしたら、アプリを起動させユーザー名とパスワードを入力して、Facebookにログインしましょう。ログイン後、≡をタップすると、メニューが表示され、自分のタイムラインやニュースフィード、友達検索の画面に移動できます。

1 ホーム画面で＜Facebook＞をタップし、
2 メールアドレスとパスワードを入力して、
3 ＜ログイン＞をタップします。
4 「通知」の確認画面で＜許可＞→＜OK＞→＜許可＞の順にタップすると、Facebookにログインできます。

Q422 » Facebookに投稿したい！

A プロフィールページやニュースフィードから投稿できます。

記事を投稿するときはニュースフィードで＜今なにしてる？＞をタップします。＜タグ付けする＞をタップして友達をタグ付けしたり、＜写真／動画＞をタップして写真や動画を追加したりすることができます。設定が完了したら、＜投稿する＞をタップして投稿しましょう。

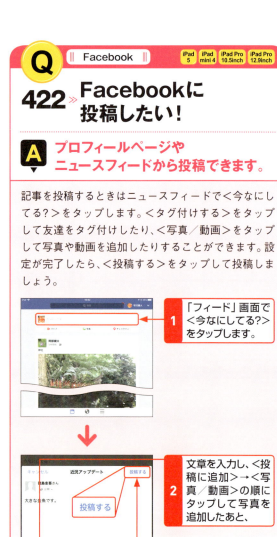

1 「フィード」画面で＜今なにしてる？＞をタップします。
2 文章を入力し、＜投稿に追加＞→＜写真／動画＞の順にタップして写真を追加したあと、
3 ポップアップ右上の＜投稿する＞をタップすると、
「写真へのアクセスを許可してください」と表示された場合は、＜次へ＞→＜OK＞の順にタップします。
4 Facebookへの投稿が完了します。

Q423 Facebookの投稿に「いいね！」したい！

A 投稿を表示して<いいね！>をタップします。

Facebookでは、友達や企業などの投稿に「いいね！」をすることで友達とコミュニケーションをとったり、情報を共有したりすることができます。iPadの<Facebook>アプリでも、投稿された記事の下に表示される<いいね！>をタップすると、投稿に対して「いいね！」ができます。「いいね！」をすると、その投稿の公開範囲に合わせて、投稿が友達に共有されます。

1 ニュースフィードで、「いいね!」したい記事を表示して、
2 <いいね!>をタップすると、
3 投稿に対して「いいね!」ができ、文字が青色に変わります。
4 もう一度<いいね!>をタップすると、
5 「いいね!」が取り消され文字の色がもとに戻ります。

Q424 Facebookの投稿にコメントしたい！

A 投稿を表示して<コメントする>をタップします。

「いいね！」と同じように、コメントもFacebookのコミュニケーションに欠かせない機能です。コメントしたい投稿の下にある<コメントする>をタップして、表示される入力フィールドにコメントを入力して<投稿する>をタップすると、投稿に対してコメントできます。

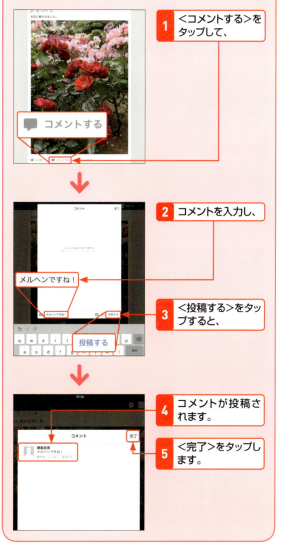

1 <コメントする>をタップして、
2 コメントを入力し、
3 <投稿する>をタップすると、
4 コメントが投稿されます。
5 <完了>をタップします。

253

Q 425 » Facebookの プロフィール写真を撮りたい！

iPad5 / iPad mini 4 / iPad Pro 10.5inch / iPad Pro 12.9inch

A プロフィールページで
プロフィール写真部分をタップしましょう。

iPadの＜写真＞アプリに保存されている写真をプロフィール写真に設定することができます。プロフィールページを表示して、自分のプロフィール写真の部分をタップし、初回は＜写真をアップロード＞をタップすると、＜写真＞アプリに保存されている写真が一覧で表示されます。プロフィール写真に設定したい写真を選び、サイズや位置を調整し、＜終了＞をタップすると、プロフィール写真を設定することができます。

1. Facebook起動後、画面右上の自分のユーザー名をタップし、

2. プロフィール写真の部分をタップして、＜プロフィール写真を選択＞をタップします。

「カメラロール」に「写真へのアクセスを許可してください」と表示されたら＜アクセスを許可＞→＜OK＞をタップします。

3. 「カメラロール」の＜その他＞→保存先のアルバムをタップして、アップロードしたい写真をタップし、＜選択する＞をタップします。

4. 登録したい写真をタップし、表示位置を調整して、＜使用する＞をタップすれば、プロフィール写真を登録できます。

Q 426 » Facebookに 写真を投稿したい！

iPad5 / iPad mini 4 / iPad Pro 10.5inch / iPad Pro 12.9inch

A プロフィールページや
ニュースフィードから投稿できます。

ホーム画面で＜Facebook＞をタップし、＜写真＞をタップすると＜写真＞アプリに保存された写真が一覧表示されます。その中から投稿したい写真をタップし、画面右上の＜完了＞をタップします。そのあとコメントを添付して＜投稿する＞をタップすると、Facebook上に写真がアップロードされます。＜写真＞をタップしたあとの画面で📷をタップすれば、その場で撮影した写真を投稿することができます。

1. ＜写真＞をタップし、

2. 投稿したい写真をタップして、＜完了＞をタップします。

3. コメントを入力したあと、

4. ＜投稿する＞をタップすれば、Facebookに写真が投稿されます。

7 アプリ

Q427 WebページをFacebookでシェアしたい！

A Safariから直接投稿できます。

Safariを起動して好きなWebページを表示し、□をタップすると転送方法の一覧が開きます。上の段の一覧から＜その他＞→＜facebook＞の ○ →＜完了＞の順にタップします。再度□をタップすると、一覧に＜Facebook＞が表示されるのでタップして、Facebookへの投稿画面を開きます。必要に応じてコメントを追加したあと、＜投稿する＞をタップすると、Facebookへの投稿が完了し、Webページがシェアされます。

1 SafariでWebページを開いたら、□をタップし、

2 ＜その他＞→＜Facebook＞の ○ →＜完了＞の順にタップします。

3 再度、手順1の操作を行い、＜Facebook＞をタップします。

4 必要に応じてコメントを入力し、

5 ＜投稿する＞をタップすれば、Webページがシェアできます。

Q428 閲覧中の写真をFacebookに投稿したい！

A 写真を表示して、□をタップします。

＜写真＞アプリで写真を表示して、□→＜Facebook＞をタップすると（Q.427参照）、Facebookの投稿画面が開きます。コメントを入力して＜投稿する＞をタップすれば、アルバムの写真をFacebookに投稿できます。

1 投稿したい写真を表示して、□をタップします。

2 ＜Facebook＞をタップします。

3 コメントを入力して、

4 ＜投稿する＞をタップすれば、写真を投稿できます。

| Q | Twitter | |

429 » Twitter（ツイッター）を利用したい！

 アカウントを作成して、アプリをインストールしましょう。

Twitterは、140文字以内の短い文章を投稿する人気のSNSです。App Storeからアプリをインストールすれば、既存のアカウントでログインする場合も、新しくアカウントを作成する場合も便利に利用できます。

Twitterの画面の見方

❶ツイート投稿	ツイートを投稿できます。
❷ホーム	「ホーム」画面に戻ります。
❸話題を検索	話題やユーザーを検索できます。
❹通知	フォローされたり、リプライが届いたりすると通知が届きます。
❺メッセージ	DM（ダイレクトメッセージ）を送信／閲覧できます。
❻プロフィールアイコン	「プロフィール」画面や「設定」画面へ移動します。
❼タイムライン	自分やフォローしたユーザーのツイートが時系列順に表示されます。

アカウントを作成する

1 アプリを起動して＜はじめる＞をタップし、Twitter上での名前や電話番号などを設定して、

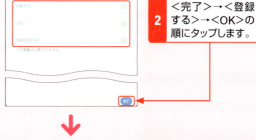

2 ＜完了＞→＜登録する＞→＜OK＞の順にタップします。

3 電話番号での認証が必要になります。電話番号に届いたコードを入力して、

4 ＜次へ＞をタップします。

5 設定したいパスワードを入力して、＜次へ＞をタップします。

6 アカウント作成が完了します。位置情報と通知の確認画面で＜許可＞→＜許可＞をタップします。

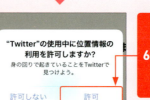

Q 430 » Twitterアプリで最初にすることは?

A 初期設定と友達のフォロー、プロフィール画像の登録をしましょう。

インストールした＜Twitter＞アプリを起動し、Q.429を参考にアカウントを作成したら、Twitterアカウントへのアクセス、プッシュ通知の送信などの許可を求められるので、それぞれタップして必要なものを設定します。新規アカウントの場合は、設定を終えたら🔍をタップして、右上の👥をタップして、「おすすめユーザー」からユーザーを追加してみましょう。アドレス帳からユーザーを追加したい場合は、「おすすめユーザー」画面で＜連絡先をアップロード＞をタップします。

人気のユーザーをフォローする

1. ＜フォローする＞をタップして、ユーザーを追加します。

プロフィール画像を設定する

1. 👤→👤→👤をタップし、＜画像をアップロード＞をタップします。＜ライブラリから選択＞または＜プロフィール画像を撮る＞をタップして、保存先のアルバムと写真をタップして選択します。

2. ドラッグで画像の表示範囲を決定し、
3. ＜選択＞→＜次へ＞をタップします。

Q 431 » Twitterにツイートを投稿したい!

A ✒をタップしてツイートを投稿しましょう。

Twitterにツイートを投稿してみましょう。ツイートは140文字までの短い文章を投稿する、Twitterのメイン機能です。＜Twitter＞アプリを起動して、✒をタップします。文章を入力して＜ツイート＞をタップすると、ツイートを投稿できます。

1. ホーム画面で＜Twitter＞→✒の順にタップします。

2. 文章を入力して、

3. ＜ツイート＞をタップすると、ツイートが投稿されます。

4. 🏠をタップすると、自分のツイートもタイムラインに表示されます。

Q 432 » ツイートに対して返信したい！

A ツイートの詳細を開いて ↩ をタップしましょう。

投稿されたツイートに対して返信したい場合は、♡をタップして、タイムラインから返信したいツイートをタップします。＜返信をツイート＞をタップして文章を入力し、＜ツイート＞をタップすると、返信ツイートが投稿されます。

1 ⌂をタップして、返信したいツイートをタップし、

2 💬をタップします。

3 文章を入力して、

4 ＜返信＞をタップします。

5 返信ツイートが投稿されます。

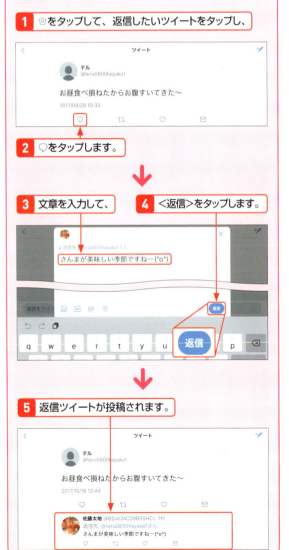

Q 433 » Twitterに写真を投稿したい！

A 🖼をタップしましょう。

Twitterは、ツイートを投稿する際に写真を添付できます。写真投稿には2種類の方法があります。1つが＜カメラ＞アプリを起動して写真を撮影し、それを投稿する方法、もう1つが、＜写真＞アプリに保存している写真を投稿する方法です。好きな方法を選択して、投稿してみましょう。

保存している写真を投稿する

1 Q.431を参考にツイートする文章を入力し、

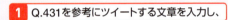

2 🖼→＜すべての画像＞をタップします。

3 アルバムを選択して、添付したい写真をタップして選択し、

4 ＜追加する＞をタップします。

5 ＜ツイート＞をタップすると、写真を投稿できます。

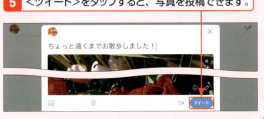

Q436 » FaceTimeでビデオ通話をするには？

A FaceTimeを◯に設定します。

FaceTimeの設定が有効になっていれば、FaceTimeを利用することができます。＜設定＞アプリの＜FaceTime＞の設定を◯にしておけば、使用できます。

1 ホーム画面で＜設定＞をタップし、

2 ＜FaceTime＞をタップして、

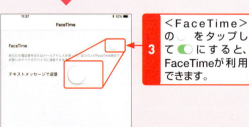
3 ＜FaceTime＞の◯をタップして◯にすると、FaceTimeが利用できます。

Q437 » FaceTimeでビデオ通話をしたい！

A FaceTimeに登録されている電話番号などに発信します。

iPadには、FaceTimeの専用アプリが用意されています。ビデオ通話をするときは、ホーム画面で＜FaceTime＞をタップしたあと、名前／メールアドレス／電話番号の一部を入力します。そのあと該当する連絡先の候補が表示されるので、相手の名前の右にある■をタップすると、ビデオ通話が開始されます。

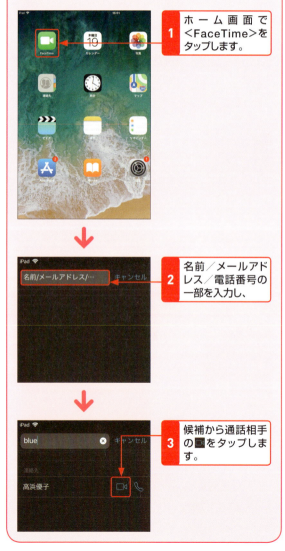

1 ホーム画面で＜FaceTime＞をタップします。

2 名前／メールアドレス／電話番号の一部を入力し、

3 候補から通話相手の■をタップします。

Q438 » 連絡先からFaceTimeのビデオ通話を発信したい！

A 連絡先を表示して 🎥 をタップします。

相手とビデオ通話する際、Q.437のような方法のほかに、連絡先からビデオ通話を発信する方法もあります。ホーム画面で＜連絡先＞をタップし、相手をタップして選択したあと、＜FaceTime＞の 🎥 をタップすれば、電話番号やメールアドレスなどから、ビデオ通話を発信できます。

1 ＜連絡先＞をタップして、

2 連絡したい相手を選んで、＜FaceTime＞の 🎥 をタップすれば、ビデオ通話を発信できます。

Q439 » ビデオ通話中にほかのアプリを利用したい！

A ビデオ通話中にホームボタンを押します。

FaceTimeでビデオ通話をしている最中に、iPad本体のホームボタンを押すと、ほかのアプリを利用することができます。このとき、相手の画面には「一時停止中」と表示されます。ビデオ通話に戻りたい場合は、画面右上に表示されている＜タッチしてFaceTimeに戻る＞をタップします。

1 ビデオ通話中にiPad本体のホームボタンを押すと、ほかのアプリを利用できます。

2 ＜タッチしてFaceTimeに戻る＞をタップすれば、ビデオ通話に戻ります。

Q440 » かかってきたビデオ通話に応答したい！

A 呼び出し画面で＜応答＞をタップします。

ビデオ通話を着信した際、画面下部に＜応答＞と＜拒否＞のメッセージが表示されます。着信に応答する場合は、＜応答＞をタップします。着信を拒否したいときは、＜拒否＞または＜後で通知＞をタップします。iPadがロック中の場合は、＜スライドで応答＞をドラッグすると、ビデオ通話に応答することができます。

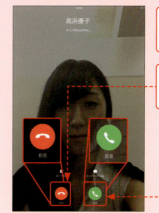

＜応答＞をタップすると、ビデオ通話に出ることができます。

＜拒否＞をタップすると、着信を拒否することができます。

7 アプリ

| FaceTime | iPad 5 | iPad mini 4 | iPad Pro 10.5inch | iPad Pro 12.9inch |

441 » FaceTimeの不在着信を確認したい！

A FaceTimeの履歴から不在着信を確認できます。

FaceTimeの不在着信は、ユーザー名が赤く表示されます。

FaceTimeで不在着信があった場合は、＜FaceTime＞アプリに通知が表示されます。ホーム画面から起動すると、画面左に不在着信の相手が赤く表示されます。詳細を確認したいときは🛈をタップします。着信履歴をタップすると、相手にFaceTimeでビデオ通話を発信することができます。

| FaceTime | iPad 5 | iPad mini 4 | iPad Pro 10.5inch | iPad Pro 12.9inch |

442 » FaceTimeを使いたくない！

A FaceTimeを無効にしておきましょう。

＜設定＞→＜FaceTime＞をタップし、＜FaceTime＞の◯をタップして◯に切り替えましょう。

ホーム画面で＜設定＞をタップし、画面左の＜FaceTime＞をタップしたあと、＜FaceTime＞の◯をタップして◯に切り替えましょう。以降、自分宛てにビデオ通話が発信されても、相手の端末の画面に「接続できません」というメッセージが表示され、着信を受け付けなくなります。

| FaceTime | iPad 5 | iPad mini 4 | iPad Pro 10.5inch | iPad Pro 12.9inch |

443 » FaceTimeで音声通話したい！

A ＜FaceTimeオーディオ＞で、音声通話が可能です。

ホーム画面から＜FaceTime＞をタップし、相手の連絡先の🛈をタップして、📞をタップします。

同様に＜連絡先＞アプリで、相手の連絡先をタップし、＜FaceTime＞の横をタップすることでFaceTimeオーディオを発信することもできます。

FaceTimeでは、音声のみの通話も可能です。Wi-Fi接続の場合は、通話料は無料です。ただし、携帯電話回線（3G・4G/LTE回線）を使用した場合は、パケット通信料がかかります。ビデオ通話ではなく、音声のみやり取りしたいときに利用するとよいでしょう。

Q444 FaceTimeのより細かい操作方法を教えて！

A Apple IDやカメラ、音声の設定を切り替えましょう。

FaceTimeがつながらない場合は、Q.436を参照して設定を確かめましょう。特定のユーザーと通話ができないときは、相手にFaceTimeの設定を確認してみましょう。

もし通話中に画面を切り替えたい場合は、■をタップすれば、iSightカメラで目の前の景色を相手と共有できます。ただ画面を拡大／縮小することはできません。

さらに■をタップすると、自分の声を消し、相手の音声のみ聞こえるようになります。消音中は相手に何の通知も表示されません。これから自分の音声を消すことを伝えてから、設定を行いましょう。

相手にビデオ通話が発信できない場合

相手がFaceTimeの設定をしていないと、Q.437を参照して検索しても■が表示されず、ビデオ通話を発信できません。

カメラを切り替える

通話中に■をタップすれば、カメラが切り替わります。

自分の音声を消す

下部メニューから■をタップすれば、音声を消すことができます。

Q445 出られないときにテキストメッセージを送りたい！

A ＜メッセージを送信＞をタップします。

FaceTimeを着信した際に出られないときは、相手にメッセージを送信することができます。着信画面で＜メッセージを送信＞をタップすると、メッセージの候補が表示されるので、タップして選択します。＜カスタム＞をタップするとiMessageの画面が表示されるので、好きなメッセージを入力して送信することができます。

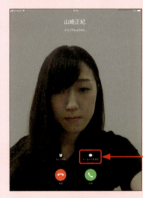

1 FaceTimeの着信画面で、＜メッセージを送信＞をタップします。

2 表示される候補から、送信したいメッセージをタップします。

＜カスタム＞をタップすると、iMessageの送信画面が表示されます。

Q 446 » 自分の画像の位置を変えたい！

FaceTime | iPad 5 | iPad mini 4 | iPad Pro 10.5inch | iPad Pro 12.9inch

A 埋込みウィンドウをドラッグして位置を変更します。

FaceTimeでは、ビデオ通話中、自分の顔（FaceTime HDカメラの映像）が埋込みウィンドウに表示されています。デフォルトでは画面の右上に配置されていますが、埋込みウィンドウをドラッグすると、四隅の好きな箇所に配置することができます。

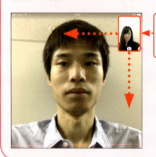

埋込みウィンドウをドラッグすると、表示位置を変更できます。

Q 447 » 新しいメモを追加したい！

メモ | iPad 5 | iPad mini 4 | iPad Pro 10.5inch | iPad Pro 12.9inch

A ✏️をタップして、新規メモを追加します。

新規メモを追加したい場合は、ホーム画面で＜メモ＞→✏️をタップします。文章を入力すると、メモは自動保存されます。追加した最新のメモは、一覧の一番上に表示されます。

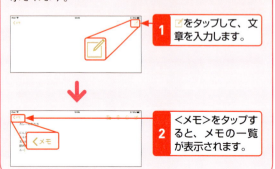

1 ✏️をタップして、文章を入力します。

2 ＜メモ＞をタップすると、メモの一覧が表示されます。

Q 448 » メモを編集したい！

メモ | iPad 5 | iPad mini 4 | iPad Pro 10.5inch | iPad Pro 12.9inch

A メモリストから編集したいメモをタップして編集します。

保存したメモを編集したい場合は、＜メモ＞をタップしてメモの一覧を表示し、編集したいメモをタップして選択します。編集を加えた場合も、メモはその場で自動保存されます。

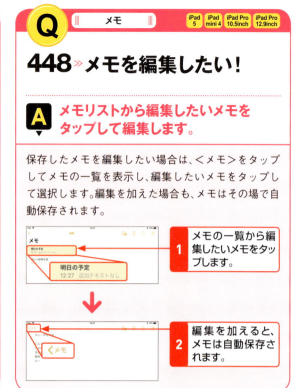

1 メモの一覧から編集したいメモをタップします。

2 編集を加えると、メモは自動保存されます。

Q 449 » メモを削除したい！

メモ | iPad 5 | iPad mini 4 | iPad Pro 10.5inch | iPad Pro 12.9inch

A 🗑をタップします。

メモを削除したい場合は、削除したいメモをタップして表示し、🗑をタップします。

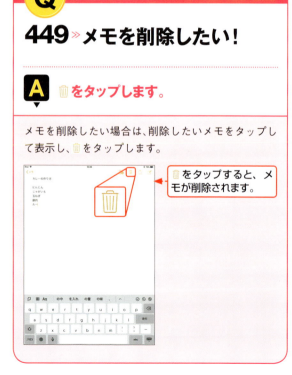

🗑をタップすると、メモが削除されます。

7 アプリ

Q450 » チェックボックスを利用したい！

A メモの作成画面で◎をタップします。

iPadの＜メモ＞アプリでは、チェックリストを作成することもできます。チェックリストを入力したい箇所をタップして、キーボードの◎をタップすると、チェックリストが入力されます。○をタップすると、チェックが付きます。

チェックリストを入力したい箇所をタップし、◎をタップします。

Q451 » 手書きメモを利用したい！

A メモの作成画面でをタップします。

メモの作成画面でキーボードのをタップすると、画面をドラッグして手書き入力することができます。画面下部のペンをタップすると、ペンの種類を変更でき、色をタップするとペンの色を変更することができます。

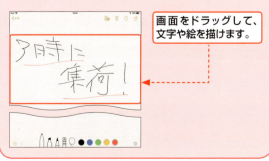

画面をドラッグして、文字や絵を描けます。

Q452 » メモに罫線を追加したい！

A メモの作成画面でをタップします。

iOS 11の＜メモ＞アプリでは、メモに罫線や方眼を表示させることができます。メモの作成画面でをタップし、＜罫線と方眼＞をタップします。利用したい罫線または方眼のスタイルをタップすれば、選択したスタイルが適用されます。

＜罫線と方眼＞をタップして、利用したい罫線または方眼のスタイルをタップします。

Q453 » メモを検索したい！

A メモリストの検索機能を利用しましょう。

メモを検索したい場合は、画面左上の＜メモ＞をタップして、メモの一覧を下方向にドラッグしたあと、検索フィールドを利用しましょう。検索したいキーワードを入力すれば、該当するメモが一覧で表示されます。

画面左上の＜メモ＞をタップして、検索フィールドにキーワードを入力します。

Q454 メモをGmailのメモと同期したい！

iPad 5 / iPad mini 4 / iPad Pro 10.5inch / iPad Pro 12.9inch

A Gmailの同期設定を変更します。

Gmailの「Notes」ラベルと＜メモ＞アプリを同期したいときは、＜設定＞→＜アカウントとパスワード＞→＜Gmail＞をタップします。続いて、＜メモ＞の◯をタップしてオンに切り替えます。

1 ＜アカウントとパスワード＞をタップします。

2 ＜Gmail＞をタップします。

3 ＜メモ＞の◯をタップしてオンに切り替えます。

Q455 同期したメモはどこから確認できる？

iPad 5 / iPad mini 4 / iPad Pro 10.5inch / iPad Pro 12.9inch

A パソコンやiPadを使ってGmailを確認します。

Gmailとメモを同期すると、＜メモ＞アプリの保存先に「ICLOUD」以外に「GMAIL」が追加されます。保存先を「GMAIL」に設定して作成したメモは、パソコンのGmailの「Notes」ラベルにも同期されるので、iPadとパソコンでテキストを共有できます。

同期したメモをiPadで確認する

ホーム画面で＜メール＞をタップし、「アカウント」の＜Gmail＞→＜すべてのメール＞をタップすると、メモを確認できます。

同期したメモをパソコンで確認する

パソコンのブラウザからGmailの＜Notes＞をクリックすると、確認できます。

Q456 » Siriってどんなことができるの？

A 音声でアプリを起動したり、iPadと会話したりすることができます。

Siriを使えば、音声でアプリを起動したり、＜メール＞アプリを開き、新規作成画面を開いたりといったことも可能です。複数の操作がある場合は画面上に選択肢が表示されるので、タップで選びます。たとえば「カメラ起動」と話しかければ＜カメラ＞アプリが起動します。

本体のホームボタンを長押し（Siriがオンになっていない場合は＜Siriをオンにする＞をタップ）すると、Siriが起動します。iPadに向かって話しかけるとさまざまな操作を行ってくれます。

Q457 » 近くのレストランをSiriで探したい！

A Siriに＜レストラン検索＞と話しかけます。

Siriに＜レストラン検索＞と話しかければ、現在地近くのレストランを検索することができます。＜近くのレストラン＞でも同じようにレストランの検索が行えます。ただし、地域によってはレストランを検索できない場合もあります。

Siriを起動して＜レストラン検索＞と話しかけると、検索結果が表示されます。なお、Siriの位置情報サービスをオンにする必要があります（Q.018参照）。

Q458 » Siriでメッセージを送信したい！

A Siriに＜○○にメッセージ＞と話しかけます。

Siriを使ってメッセージを送信を投稿するには、Siriを起動して＜○○にメッセージ＞と話しかけます。投稿したいメッセージをSiriに話しかけ、＜送信＞をタップすれば投稿が完了します。＜○○とメッセージで送信＞と話しかければ、メッセージが記入された状態で投稿画面が開きます。

Siriを起動して＜メッセージを送信＞と話しかけ、投稿したい内容を話しかけたら、＜送信＞をタップします。

Q459 » 話しかけるだけでSiriを起動したい！

A ＜"Hey Siri"を聞き取る＞を ◯ に切り替えましょう。

話しかけるだけでSiriを起動したい場合は、ホーム画面で＜設定＞→＜Siriと検索＞をタップし、＜"Hey Siri"を聞き取る＞の ◯ をタップして、◯ に切り替えましょう。以降は「Hey Siri」＜ヘイ シリ＞とiPadに話しかけるだけでSiriを起動できるようになります。

1 ＜設定＞→＜Siriと検索＞をタップし、

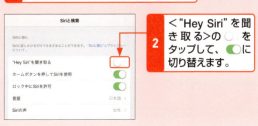

2 ＜"Hey Siri"を聞き取る＞の ◯ をタップして、◯ に切り替えます。

Q 460 》GPSで何ができる？

A 位置情報を利用するアプリの
サービスを受けることができます。

iPadではGPSを有効にしておくことで、位置情報を利用する各種アプリの機能を拡張できるようになります。位置情報を利用するアプリの中でも代表的なものが、デフォルトで搭載されている＜マップ＞アプリです。GPSを利用して目的地までの経路を検索したり、現在地を調べることができます。GPSの位置情報を利用して、紛失したiPadを探したり遠隔操作することも可能です。
＜写真＞アプリでは撮影した写真に位置情報を付加することができます。ただし、どこで撮影したかがわかってしまうので、写真をFacebookやTwitterに投稿するときは注意が必要です。

＜マップ＞アプリでは、現在地を調べたり経路を検索するときにGPSを使用します。

紛失したiPadを探す機能（Q.553～555参照）にもGPSは不可欠です。

Q 461 》GPSをオンにしたい！

A 「設定」からGPSのオン／オフを
切り替えます。

＜設定＞→＜プライバシー＞→＜位置情報サービス＞をタップして、「位置情報サービス」の をタップすると、GPSを有効にできます。アプリごとに位置情報を利用するかどうかの設定も行うことも可能です。＜iPadを探す＞は許可して、＜Twitter＞は許可しないなど、アプリの用途に合わせてオン／オフを設定しましょう。ただし、アプリごとに設定していても、上記の＜位置情報サービス＞を に設定していると、すべてのアプリで位置情報を利用できないので注意しましょう。

GPSのオン／オフ

1 ホーム画面から＜設定＞→＜プライバシー＞→＜位置情報サービス＞をタップします。

2 ＜位置情報サービス＞の をタップして に切り替えると、GPSがオンになります。

個別のアプリごとに、位置情報を使用するか設定します。

Q ‖ AirPlay／AppleTV ‖

iPad 5 | iPad mini 4 | iPad Pro 10.5inch | iPad Pro 12.9inch

462 » AirPlayって何?

A iPad内のコンテンツをほかの機器で再生できる機能です。

AirPlayは、iPadやパソコンなどに保存されている音楽や動画、写真などのコンテンツを、Wi-Fiなど同じネットワークに接続した対応デバイスでストリーミング再生できる機能です。たとえばAirPlay対応のスピーカーがあれば、iPadとスピーカーを接続して音楽を再生することができます。また、Apple TVがあればiPadの画面自体をテレビに表示する「AirPlayミラーリング」が利用できます。

AirPlay ストリーミングを利用する

1 AirPlay対応デバイスの近くでコントロールセンター表示して、＜ミュージック＞をタッチします。

2 をタップします。

3 AirPlay対応デバイスをタップして選択すると、音楽がAirPlay対応デバイスから再生されます。

AirPlay ミラーリングを利用する

1 コントロールセンターを表示して、＜画面ミラーリング＞をタップします。

2 同じWi-Fiネットワーク上にあるApple TVが表示されるのでタップすると、iPadの画面がそのままApple TVの画面に表示されます。

Q ‖ AirPlay／AppleTV ‖

iPad 5 | iPad mini 4 | iPad Pro 10.5inch | iPad Pro 12.9inch

463 » Apple TVって何?

A iTunesやiPadのコンテンツ、多くの番組をテレビ画面で楽しめます。

Apple TVは、テレビに接続してYouTube、Huluなどの動画やオンライン番組を再生したり、映画、音楽などの有料コンテンツをレンタルしたり購入できる機器です。AirPlayを使ってiPadやiPhoneのコンテンツをテレビ画面で楽しめるほか、iPadの画面自体をテレビに表示する「AirPlayミラーリング」機能も利用できます。

Apple TVがあれば、iPadで購入したゲームアプリをテレビの大きな画面で楽しむことができます。

Q464 iPadでいろいろなファイルを閲覧したい！

A アプリをインストールして利用します。

iPadでさまざまな拡張子のファイルを直接表示・保存したいときは、アプリをインストールしてiPadの機能を拡張する必要があります。そこでおすすめなのは、PagesやiBooksなどの、Appleの提供するアプリです。とくにPages／Numbers／Keynoteは、iOS 7.0以降を標準搭載した端末であれば無料で利用できるようになりました（Q.363参照）。ExcelファイルならNumbers、PDFファイルならiBooksといったように、対応するアプリを利用しましょう。また、メールに添付されたファイルは、ファイルをタッチし、＜クイックルック＞をタップすると、ファイルの中身を閲覧することができます。

ファイルを閲覧するだけではなく、電子書籍を読んだり、表計算をしたりと、さまざまな機能を備えたアプリが用意されています。

メールに添付されたファイルは、ファイルをタッチして、＜クイックルック＞をタップすると、中身を確認することができます。

Q465 WordやExcel、PDFファイルを保存・管理したい！

A インストールしたアプリで開きます。

iPadのクイックルック機能は、メールに添付されたWordやExcelのファイルを、その場でかんたんに見ることはできますが、長いドキュメントを閲覧するのに適しているとはいえません。また、どこかーか所にファイルを保存・管理しておくこともできません。iPadでファイルを保存・管理したい場合は、各ファイルに対応するアプリでファイルを開きましょう。ここでは無料になったアプリの1つであるNumbersで、メールに添付されたExcelファイルを保存する手順をご紹介します。

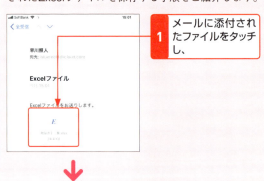

1 メールに添付されたファイルをタッチし、

2 ＜Numbersにコピー＞をタップします。

対応するアプリがインストールされていないと、この画面は表示されません。

3 ファイルがNumbersに保存されます。ファイルをタップすると閲覧することができます。

第**8**章

使いこなしの
「こんなときどうする？」

466 >>> 470	保存／編集
471 >>> 486	ユーティリティ
487 >>> 493	アクセシビリティ
494 >>> 499	セキュリティ
500 >>> 504	リセット
505 >>> 508	AirDrop
509 >>> 515	デバイス連携
516 >>> 518	修理／機種変更

Q466 連絡先をパソコンと同期したい！

保存／編集 | iPad 5 | iPad mini 4 | iPad Pro 10.5inch | iPad Pro 12.9inch

A iTunesを起動し、□→＜情報＞をクリックします。

パソコンの連絡先や予定、ブックマークなどは2つの方法でiPadに同期できます。1つはiTunes、もう1つはiCloudです。前者を利用する場合は、iPadとパソコンをケーブルで接続してiTunesを起動します。次に画面左上の□をクリックし、上部メニューの＜情報＞をクリックしたあと、＜連絡先の同期先＞にチェックを付け、プルダウンで任意のソフトを選択してから＜適用＞をクリックします。iCloudを利用する場合は、ホーム画面から＜設定＞→＜アカウントとパスワード＞→＜iCloud＞をタップし、＜連絡先＞を○に切り替えます。

連絡先を同期できるパソコンのアプリとしては「Windows Contacts」「Microsoft Outlook」、Googleアカウントを追加すると「Google Contacts」でGmailの連絡先も同期できます。

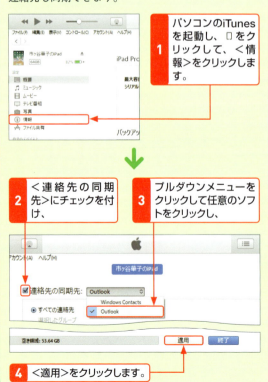

1 パソコンのiTunesを起動し、□をクリックして、＜情報＞をクリックします。

2 ＜連絡先の同期先＞にチェックを付け、

3 プルダウンメニューをクリックして任意のソフトをクリックし、

4 ＜適用＞をクリックします。

Q467 ブックマークをパソコンと同期したい！

保存／編集 | iPad 5 | iPad mini 4 | iPad Pro 10.5inch | iPad Pro 12.9inch

A Internet Explorerのブックマークを同期できます。

連絡先やカレンダー情報以外にも、パソコンのWebブラウザー「Internet Explorer」で登録しているブックマークの情報などもiPadと同期できます。手順は以下のとおりです。

1 Q.466手順2の画面で「その他」の＜ブックマークの同期先＞にチェックを付け、

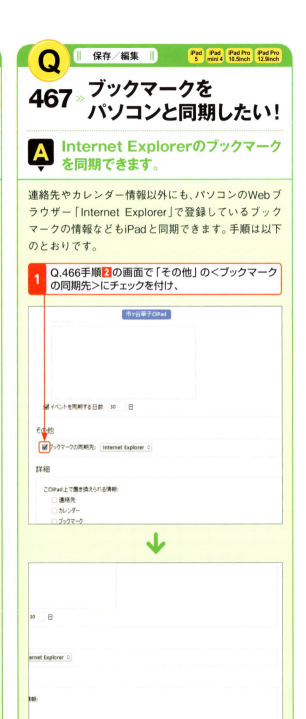

2 ＜適用＞をクリックします。

Q468 » パソコンと自動的に同期しないようにしたい！

A iPad接続後、各項目のチェックを外しましょう。

iPadをパソコンに接続すると、デフォルトではすべてのデータが同期されるように設定されています。解除したい場合は、画面左上のをクリックし、上部メニューの＜ミュージック＞や＜ムービー＞などをクリックしたあと、各項目のチェックを外して＜適用＞をクリックします。

＜ミュージック＞や＜ムービー＞の自動同期を無効にする

1 ＜ミュージック＞をクリックし、

2 ＜選択したプレイリスト、アーティスト、アルバム、およびジャンル＞にチェックを付け、

3 ＜空き領域に曲を自動的にコピー＞のチェックを外します。

4 ＜ムービー＞をクリックし、

5 ＜自動的に同期＞のチェックを外します。

Q469 » iTunesにバックアップしたい！

A iTunesで、バックアップ先を設定します。

iPadとパソコンを接続し、＜概要＞の「バックアップ」にある＜このコンピュータ＞にチェックを付けて＜適用＞をクリックすると、iPadを接続するたびにiTunesにバックアップが作成されます。復元するにはQ.477を参照しましょう。

1 「バックアップ」の＜このコンピュータ＞にチェックを付けて、

2 ＜適用＞をクリックします。

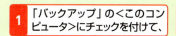

暗号化してバックアップする

1 アカウントパスワードやヘルスケアデータなどをiTunesにバックアップする場合は、＜ローカルバックアップを暗号化＞にチェックを付けて、

2 パスワードを2回入力し、

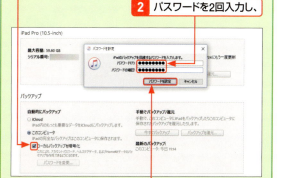

3 ＜パスワードを設定＞をクリックします。パスワードを忘れると復元できなくなるので、忘れないようにしましょう。

273

Q470 » 新しいパソコンに音楽やアプリを移したい！

A データを＜iTunesMedia＞フォルダーにコピーしましょう。

iTunesではライブラリの音楽などを、1つのフォルダーに格納することが可能です。これにより、買い替えたパソコンに以前のパソコンのデータを継承できます。iTunesを起動し、画面上部のメニューにある＜ファイル＞→＜ライブラリ＞→＜ライブラリを整理＞をクリックして、＜ファイルを統合＞にチェックを付けて＜OK＞をクリックします。続いてパソコンの＜ミュージック＞フォルダーを開き、＜iTunes＞→＜iTunes Media＞フォルダーを開いて作成された＜Music＞フォルダーをUSBメモリなどに保存します。そのUSBメモリを買い替えたパソコンに接続し、新しいパソコンの＜iTunes Media＞フォルダーに＜Music＞フォルダーごと曲をコピーすれば、音楽データが引き継がれます。アプリを引き継ぎたいときは、iPadをパソコンにつなぎ、iTunesを起動して＜ファイル＞→＜デバイス＞→＜購入した項目を○○から転送＞をクリックしましょう。

> iTunes起動後に、画面上部の＜ファイル＞をクリックし、＜ライブラリ＞→＜ライブラリを整理＞をクリック後、「ライブラリを整理」画面で＜ファイルを統合＞にチェックを付けて＜OK＞をクリックすると、音楽ファイルが1つのフォルダーにまとまります。

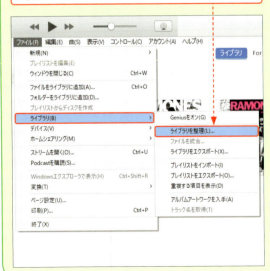

Q471 » アプリの自動更新を止めたい！

A ＜Appのバックグラウンド更新＞をオフにします。

インストールしたアプリの中には、デフォルトで自動的にコンテンツを更新するものがあります。通信料を少しでも下げるため、アプリのバックグラウンド更新を止めたい場合は、ホーム画面から＜設定＞→＜一般＞をタップし、＜Appのバックグラウンド更新＞をタップしましょう。そのあと＜Appのバックグラウンド更新＞をオフに切り替えます。

1 ホーム画面で＜設定＞→＜一般＞をタップし、

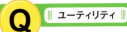

2 ＜Appのバックグラウンド更新＞をタップして、

3 ＜Appのバックグラウンド更新＞の◯をタップして、オフに切り替えます。

Q472 » Dockのアプリを変更したい！

A Dock上のアプリをタッチして移動します。

Dock上のアプリは、自由に変更することができます。任意のアプリをタッチしたあと、Dockのアイコンをドラッグしてホーム画面に移動させ、別のアプリと置き換えます。Dockはすべてのホーム画面に表示されるので、よく利用するアプリを配置しましょう。

1 Dock上の任意のアプリをタッチし、

2 アイコンをホーム画面に移動させます。

3 任意のアプリをドラッグして、

4 Dockに配置し、

5 ホームボタンを押します。

Q473 » アプリが動かなくなった！

A アプリを終了してから再起動します。

iPadでは稀に、アプリが突如作動しなくなることがあります。そうしたときは一度アプリを終了し、アプリを再起動します。直らない場合はiPadの電源を切って、再起動します。どうしても改善されなければ、iPadからアプリを削除したあと、もう一度インストールしましょう。有料無料の区別なく、一度購入したアプリは無料で再インストールできます（Q.365参照）。

1 任意のアプリをタッチし、⊗→＜削除＞をタップすると、iPadからアプリが削除されます。

Q474 » 電源が入らなくなった！

A パソコンに接続してみましょう。

iPadの電源が突然入らなくなったときは、最初にバッテリーが切れた可能性を考えましょう。もし充電がしっかりできていたならば、🔋が表示されるまで、スリープ／スリープ解除ボタンを長押ししましょう。またはiPadとパソコンを接続してみましょう。

1 🔋が表示されるまで、スリープ／スリープ解除ボタンを長押しします。

使いこなし 8

275

Q 475 » コントロールセンターって何？

ユーティリティ | iPad 5 / iPad mini 4 / iPad Pro 10.5inch / iPad Pro 12.9inch

A よく使われる設定や機能を集約したところです。

コントロールセンターには、カメラ、タイマー、オーディオコントロールなど、よく使う機能が集約されています。たとえば、画面の明るさや音量を調節したり、画面の向きをロックしたり、Wi-FiやBluetoothのオン／オフを切り替えたりすることもできます。さらに、AirDropをオンにして、ほかのiPadやiPhoneと写真や連絡先の交換も可能です。

コントロールセンターを開くときは、ホームボタンをすばやく2回押す、または画面の下端から上方向にスワイプします。ロック画面やアプリを表示中でも開くことができます。

1 画面の下端から上方向にスワイプすると、

2 コントロールセンターが表示されます。

3 上のグループのアイコンをタッチすると、

4 グループが開き、表示されていなかった選択項目が表示されます。

5 何もないところをタップすると、手順2の画面に戻ります。

①	機内モードのオン／オフを切り替えます。
②	Wi-Fiのオン／オフを切り替えます（Q.113参照）。
③	モバイルデータ通信のオン／オフを切り替えます。
④	Bluetoothのオン／オフを切り替えます（Q.509参照）。
⑤	＜ミュージック＞アプリに保存されている音楽を再生します（Q.478参照）。
⑥	画面の明るさを調節できます。
⑦	音量を調節できます（Q.041参照）。
⑧	画面ミラーリングが利用可能の場合、選択ができます。
⑨	画面の向きのロックのオン／オフを切り替えます（Q.043参照）。
⑩	iPadを消音にできます（Q.041参照）。
⑪	メールの着信通知などを遮断する、おやすみモードのオン／オフを切り替えます。
⑫	背面のTrue Toneフラッシュを点灯させ、懐中電灯として利用できます。
⑬	＜時計＞アプリのタイマー機能が起動します（Q.416参照）。
⑭	＜カメラ＞アプリが起動します。

| ユーティリティ | iPad 5 | iPad mini 4 | iPad Pro 10.5inch | iPad Pro 12.9inch |

476 » コントロールセンターの設定を変更したい！

A <設定>アプリから操作を行いましょう。

コントロールセンターは、デフォルトだとロック画面や、ほかのアプリを使用している最中でも表示することができます。コントロールセンターには、自分がよく使う機能などを追加することも可能です。
たとえば<アラーム>や<ストップウォッチ>、<メモ>などおなじみの機能のほか、カメラを使い何かものを大きく見たいときに便利な<拡大鏡>、表示画面の録画が可能な<画面収録>などの機能が追加できます。

ロック画面やアプリの使用中に表示する

1 ロック画面で画面の下端から上方向にスワイプすると、

2 コントロールセンターが表示されます。<Safari>などを起動している最中でも、同様の方法でコントロールセンターを表示できます。

コントロールセンターに項目を追加する

1 ホーム画面で<設定>をタップし、

2 <コントロールセンター>→<コントロールをカスタマイズ>の順にタップし、

3 「コントロールを追加」の下にある項目から、⊕をタップするとコントロールセンターにコントロールが追加されます。

277

Q 477 » バックアップから復元したい！

ユーティリティ | iPad 5 | iPad mini 4 | iPad Pro 10.5inch | iPad Pro 12.9inch

A iTunesを使って復元できます。

ホーム画面が表示されないなどのトラブルが起こったら、電源を入れ直してみましょう。それでも改善されない場合は、iPadをパソコンに接続し、iTunesを起動して、iTunesのバックアップから復元します。画面左上の→＜概要＞をクリックし、「バックアップ」の＜バックアップを復元＞をクリックして、＜復元＞をクリックします。iTunesではなく、iCloudでバックアップを取っている場合は、Q.556を参照しましょう。

1 ＜バックアップを復元＞をクリックします。

2 ＜復元＞をクリックします。

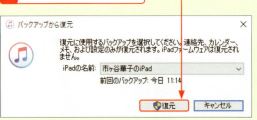

Q 478 » 音楽の再生・停止をかんたんにしたい！

ユーティリティ | iPad 5 | iPad mini 4 | iPad Pro 10.5inch | iPad Pro 12.9inch

A コントロールセンターを利用します。

コントロールセンターには、よく使う機能が表示されます。コントロールセンターでは、画面の向きをロックしたり、音量を調節したり、オーディオコントロール表示したりすることができます。オーディオコントロールでは、音楽を再生したり、停止したり、次の曲へ移動したりすることができます。
コントロールセンターを表示するには、画面を下端から上方向にスワイプします。ロック画面からでも同じ操作で表示できます。

1 ホーム画面を下端から上方向にスワイプすると、

2 コントロールセンターが表示され、オーディオコントロールで音楽を再生・停止できます。

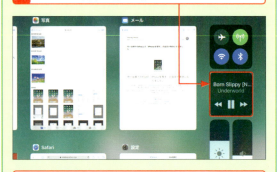

をタップすると、音楽が再生されます。をタッチすると曲が巻き戻され、タップすると曲の先頭から、ダブルタップすると1つ前の曲が再生されます。をタップすると曲が早送りされ、タップすると次の曲が再生されます。をタップすると再生が停止します。

Q479 バッテリーの使用状況を確認したい！

A ＜設定＞→＜バッテリー＞をタップします。

Wi-Fi ＋ CellularモデルのiPadでは、フル充電後、電源を入れたままで最大で約9時間利用できます（Q.032参照）。もしiPadの使用時間を正確に知りたい場合は、ホーム画面から＜設定＞をタップし、＜バッテリー＞をタップしましょう。最後の充電から、どれだけiPadを使用しているかを確認できます。

1 ホーム画面で＜設定＞をタップし、

2 ＜バッテリー＞をタップします。

3 「使用時間」で、iPadの使用時間を確認できます。

Q480 バッテリーを長持ちさせたい！

A 利用しないサービスをオフにしたり、画面の明るさを調整しましょう。

iPadのバッテリーは、次のことに注意を払えば比較的長持ちします。

①位置情報サービスの使用を控えるかオフにする。
②プッシュ通知をオフにする。
③Wi-Fiをオフにする。
④Bluetoothをオフにする。
⑤画面の明るさを暗くする。
⑥ iPadをこまめにロックする。
⑦月に1度はバッテリーを使い切る。
⑧使わないアプリは完全に終了させる。
⑨最新ソフトウェアにアップデートする。

どれも些細な内容ですが、意識するとしないでは自ずと差が表れます。ぜひ活用しましょう。

Q481 iPadでファイル名に使えない文字はあるの？

A 基本的にはありません。

iPadでは、「￥」「/」なども、ファイル名に入力することが可能です。ただパソコンのiTunesにデータを転送する際、思わぬ弊害が出る可能性があるので、やはりWindowsやMacで禁止されている記号は使用しないほうが無難でしょう。

> iPadのデータには、下の画像に表示されるような記号もファイル名やフォルダ名に設定できます。

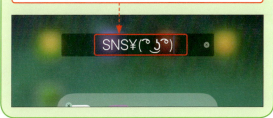

Q 482 » アプリが見つからないときは？

Spotlightを利用しましょう。

アイコンが増えすぎて目的のアプリなどが見つからないときは、Spotlightを活用しましょう。ホーム画面の中央を下方向にスワイプすると、検索フィールドが表示されます。入力フィールドにキーワードを入力すると、キーワードに該当するデータ（アプリは「APP」欄）が表示されます。この画面から、WebやWikipediaを検索することも可能です。

キーワードを入力すると、該当データが表示されます。

Q 483 » iPadで見られないファイルがあるんだけど？

iFile - ファイルマネージャー&ドキュメントリーダーなどのアプリを使いましょう。

iPadでは、「.png」「.jpg」「.doc」「.htm」などのデータは表示できますが、標準アプリが対応していない形式のファイルは閲覧することができません。もしさまざまな形式のファイルを閲覧したい場合は、「iFile Free - Cloud File Manager & Document Reader and Viewer」などのようなアプリを、App Storeからインストールしましょう。

「iFile Free - Cloud File Manager & Document Reader and Viewer」は、Google Driveに保存したファイルなども閲覧可能です。App Storeから無料でインストールできます（Q.359参照）。

Q 484 » ファイルを間違えて捨ててしまったら？

データがパソコンに残っているのならば、戻せる可能性があります。

iPadで間違えて、アプリで作成した書類などのファイルを捨ててしまった場合は、パソコンのデータを転送するか再び同期させましょう。共有相手からもらうという方法もあります。iTunesやiCloudのバックアップからの復元方法は、Q.477、Q.556を参照しましょう。

iPadとパソコンを接続した際やiCloudに、あらかじめバックアップをとっておくとよいでしょう。

Q 485 » デバイス名って何？

ユーティリティ | iPad 5 | iPad mini 4 | iPad Pro 10.5inch | iPad Pro 12.9inch

A 所有しているiPadの名前です。

iPadには識別しやすいように名前を付けられます。デバイス名は、ホーム画面で＜設定＞→＜一般＞→＜情報＞をタップするか、端末をパソコンに接続しiTunesを起動させて確認することができます。デフォルトでは＜（ユーザー名）のiPad＞と設定されています。

1 ホーム画面で＜設定＞をタップします。

2 ＜一般＞→＜情報＞の順にタップします。

3 「名前」欄にデバイス名が表示されます。

デバイス名を変更する方法は、Q.486を参照してください。

Q 486 » デバイス名を変更したい！

ユーティリティ | iPad 5 | iPad mini 4 | iPad Pro 10.5inch | iPad Pro 12.9inch

A デバイス名を表示して、名称を入力しましょう。

iPadのデバイス名は任意で変更できます。ホーム画面で＜設定＞→＜一般＞→＜情報＞→＜名前＞の順にタップし、画面上のデバイス名をタップします。そのあと新しい名称を入力して＜情報＞をタップします。パソコンから変更する場合は、iTunesの「概要」画面のiPadのデバイス名をクリックしましょう。

端末で変更する

1 ホーム画面から＜設定＞→＜一般＞→＜情報＞→＜名前＞をタップし、

2 任意の名称を入力して、＜情報＞をタップします。

パソコンで変更する

1 iPadをパソコンに接続してiTunesを起動し、「概要」画面のiPadのデバイス名をクリックし、

2 任意の名前を入力します。

Q487 アクセシビリティって何？

A すべての人が商品を十分に使えるようにするための機能です。

すべての人が年齢や身体的条件に関係なく、その商品を十分に活用できる。これがアクセシビリティの概念です。iPadにも、アクセシビリティを取り入れた機能が複数用意されています。主な機能は下記の表を参照してください。

iPadの主なアクセシビリティ機能

視覚サポート	
Voice Over	画面上の項目を読み上げます。
ズーム機能	ダブルタップで画面を拡大表示します。
拡大鏡	ホームボタンを3回すばやく押すと、カメラ越しに物を拡大して見ることができます。
ディスプレイ調整	色の反転やカラーフィルタ、明るさの自動設定などが行えます。
スピーチ	選択したテキストや、画面上のテキストを自動的に読み上げます。

聴覚サポート	
MFi補聴器	Bluetoothで接続して利用する「Made for iPhone」補聴器のコントロールができます。
モノラルオーディオ	イヤホン左右の音を結合して再生します。
左右チャンネル調節	左右のイヤホンの音量バランスを調整します。

学習サポート	
アクセスガイド	iPadで利用できるアプリが制限できます。

操作	
スイッチコントロール	画面項目を順番にハイライトしたり、効果音を出したりすることができるようになります。
Assistive Touch	ホームボタンの操作やドラッグなどの画面操作などをタップだけで操作できるようになります。
タッチ調整	タッチスクリーンが操作しづらい場合、タッチへの反応を調整できます。

Q488 画面の項目を読み上げてほしい！

A Voice Overを使いましょう。

iPadでは、アクセシビリティ機能の1つとしてVoice Overが搭載されています。ホーム画面で＜設定＞→＜一般＞→＜アクセシビリティ＞→＜Voice Over＞をタップして、＜Voice Over＞の をタップして に切り替え、＜OK＞をタップします。設定後、指で触れた項目やメニューが自動で読み上げられるようになります。

1 ホーム画面で＜設定＞→＜一般＞→＜アクセシビリティ＞をタップし、＜Voice Over＞の をタップして、

2 に切り替え、＜OK＞をタップすると、

3 指で触れた項目やテキストが読み上げられるようになります。

ボタン操作などは、ダブルタップする必要があります。

Q 489 » 画面表示を拡大したい！

A ズーム機能を利用しましょう。

画面が見づらい場合はズーム機能を利用しましょう。ホーム画面で＜設定＞→＜一般＞→＜アクセシビリティ＞→＜ズーム機能＞をタップし、＜ズーム機能＞を ◯ に切り替えましょう。3本指でダブルタップした箇所が拡大表示されます。3本指でドラッグして画面を移動することも可能です。

1 ◯ をタップして、◯ に切り替えます。

3本指でダブルタップすると画面が拡大され、再度3本指でダブルタップすると、もとの倍率に戻ります。

Q 491 » 画面の色を反転したい！

A ＜色を反転＞を ◯ に切り替えます。

iPadでは画面の色を反転させることができます。ホーム画面で＜設定＞→＜一般＞→＜アクセシビリティ＞→＜ディスプレイ調整＞→＜色を反転＞をタップし、＜反転（スマート）＞または＜反転（クラシック）＞を ◯ に切り替えましょう。写真のネガのように白と黒が反転して表示されます。

＜反転（スマート）＞または＜反転（クラシック）＞を ◯ に切り替えると、画面の色が反転して表示されます。

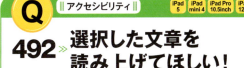

Q 490 » 文字を太くしたい！

A アクセシビリティ機能が用意されています。

メールや連絡先、メモなどの文字を太く表示することができます。ホーム画面で＜設定＞→＜一般＞→＜アクセシビリティ＞をタップし、＜文字を太くする＞を ◯ に切り替えましょう。なお、設定を適用するには、再起動が必要です。

Q 492 » 選択した文章を読み上げてほしい！

A ＜選択項目の読み上げ＞を ◯ に切り替えます。

文面が読みにくいときは、アクセシビリティの機能を活用しましょう。ホーム画面から＜設定＞→＜一般＞→＜アクセシビリティ＞→＜スピーチ＞をタップし、＜選択項目の読み上げ＞を ◯ に切り替えます。以降、＜メール＞アプリや＜Safari＞アプリなどで任意の文章を選択してから＜読み上げ＞をタップすると、選択した文章が読み上げられます。

言語や読み上げる速度を選択することも可能です。

Q アクセシビリティ

493 » 画面タッチですべて操作したい！

A AssistiveTouchを利用します。

ホームボタンを使わずにiPadの操作をしたいときは、AssistiveTouchを利用しましょう。ホーム画面から＜設定＞→＜一般＞→＜アクセシビリティ＞→＜AssistiveTouch＞をタップします。そのあと をタップして に切り替えると、AssistiveTouchが有効になり、ホーム画面の横に が表示されます。 をタップすると、コントロールセンター（Q.475参照）を表示したり、画面の向きをロックしたりできます（Q.043参照）。

AssistiveTouchを有効にする

1 ホーム画面で＜設定＞→＜一般＞をタップし、

2 ＜アクセシビリティ＞→＜AssistiveTouch＞をタップして、

3 ＜AssistiveTouch＞の をタップして に切り替えると、

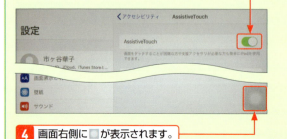

4 画面右側に が表示されます。

AssistiveTouchで操作を行う

1 ホーム画面で をタップします。 は、iPadのどの画面にも表示されます。

2 AssistiveTouchのメニューが表示されます。ここでは例として＜デバイス＞をタップします。

3 各項目をタップすると、音量を調節したり、スリープモードにしたり、画面の向きをロックしたりすることができます。

AssistiveTouchの主な機能

❶	通知	ロック画面を表示します。
❷	デバイス	スリープモードにしたりするほか、スクリーンショット（Q.155参照）を撮影できます。
❸	コントロールセンター	コントロールセンターを表示します。
❹	ホーム	ホーム画面を表示します。
❺	ジェスチャ	画面上にジェスチャ操作用のアイコンを表示します。
❻	カスタム	AssistiveTouchに登録されている操作方法を表示します。

Q494 iPadにパスコードを設定したい！

A <設定>→<Touch IDとパスコード>をタップします。

iPadには、ロックを解除するためのパスコードを設定できます。ホーム画面から<設定>→<Touch IDとパスコード>をタップし、<パスコードをオンにする>をタップして、6桁の同じ番号を2回入力します。パスコードを変更したい場合は「Touch IDとパスコード」画面で<パスコードを変更>をタップし、解除したい場合は<パスコードをオフにする>をタップしましょう。

1. ホーム画面から<設定>→<Touch IDとパスコード>をタップし、
2. <パスコードをオンにする>をタップして、
3. 6桁の番号を2回入力します。
4. Apple IDのパスワードを入力し、
5. <続ける>をタップします。

Q495 もっと強力なパスコードにしたい！

A <カスタムの英数字コード>をクリックします。

Q.494手順3の画面で、<パスコードオプション>→<カスタムの英数字コード>の順にクリックすると、6桁の数字ではなく、英数字を組み合わせた複雑なパスコードを設定することができます。

英数字、記号や特殊文字などを組み合わせた、より複雑なパスコードを設定できます。

Q496 パスコードの設定を変更したい！

A 「Touch IDとパスコード」画面で設定を変更できます。

一度パスコードを入力したら、一定時間の間は入力しなくていいように設定することもできます。「Touch IDとパスコード」画面で<パスコードを要求>をタップし、任意の時間をタップしましょう。なお、Touch IDを設定している場合は、時間は選択できません。<データを消去>を ◯ に切り替えると、入力を10回失敗した場合、iPadのデータがすべて消去されるようになります。

「Touch IDとパスコード」または「パスコードロック」画面で、各種設定を行います。

Q セキュリティ

497 » 指紋でロックを解除したい！

A まずはTouch IDを設定しましょう。

Touch IDは、iPadのホームボタンに組み込まれている指紋認証機能です。現在発売されているiPadのすべてに標準装備されています。＜設定＞アプリから登録すれば、ホームボタン（Touch IDセンサー）を指で触るだけでロック解除や、アプリのインストール時やApple Payでの決済時のパスワード入力を省略することができます。

Touch IDを登録する

1 ホーム画面で＜設定＞→＜Touch IDとパスコード＞をタップし、パスコードを入力して、

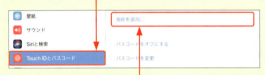

2 ＜指紋を追加＞をタップします。

3 いずれかの指をホームボタンに置き、画面の指示に従って指をタッチする、離すを繰り返します。

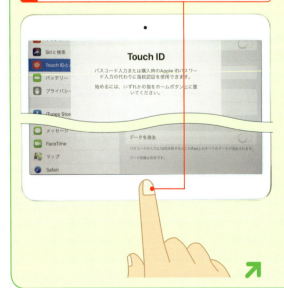

4 「グリップを調整」画面が表示されたら＜続ける＞をタップし、

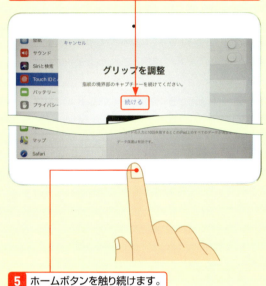

5 ホームボタンを触り続けます。

6 「完了」画面が表示されたら＜続ける＞をタップし、

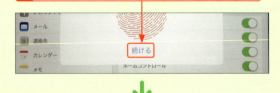

7 パスコードが未設定の場合はさらにパスコードを2回入力し、Apple IDのパスワードを入力→＜続ける＞をタップします。

Touch IDでロックを解除する

1 ロック画面でホームボタンを指紋を登録した指でしばらく触ると、

2 自動的にロックが解除され、ホーム画面が表示されます。なお、再起動時はパスコードの入力が必要です。

3 アプリのインストール画面（Q.359参照）でも、手順1の方法で、Apple IDを入力せずにインストールを行えます。

Touch IDを削除する

1 ホーム画面で＜設定＞→＜Touch IDとパスコード＞をタップし、

2 パスコードを入力したあと、

3 登録した指紋の名称をタップして、

4 ＜指紋を削除＞をタップします。

Q498 ≫ 機能制限って何？

A 機能制限って何？

iPadでは利用できる機能をパスコードによって限定できます。これにより、子供が使うときなど、アプリの誤作動などを防止できます。ホーム画面で＜設定＞→＜一般＞→＜機能制限＞→＜機能制限を設定＞をタップし、パスコードを入力したあと、任意のアプリや機能許可を に切り替えましょう。

1 ホーム画面で＜設定＞をタップし、

2 ＜一般＞→＜機能制限＞の順にタップします。

3 ＜機能制限を設定＞をタップして、機能制限用のパスコードを入力すると、使用機能を制限できます。このパスコードは、ロック画面のパスコードとは別のものを設定しましょう。

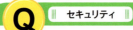

Q499 ≫ 2ファクタ認証を利用したい！

A ＜設定＞アプリから操作を行いましょう。

2ファクタ認証を利用すると、Apple IDへのサインイン時にメールアドレスとパスワードのほかに、確認コードの入力が必要になり、セキュリティが向上します。確認コードは設定時に登録した電話番号（SMSを受け取れるもの）や、そのApple IDを利用しているほかのデバイスで知ることができます。

1 ＜設定＞→＜ユーザー名＞→＜パスワードとセキュリティ＞→＜2ファクタ認証を有効にする＞の順にタップし、

2 ＜有効にする＞をタップします。「確認が必要です」画面が表示された場合は、＜続ける＞をタップし、本人認証を行います。

3 確認コードを受け取る電話番号を入力し、

4 ＜次へ＞をタップします。

5 確認コードを入力し、画面の指示に従って設定を完了させましょう。

Q500 » iPadがフリーズしてしまった！

iPad 5 / iPad mini 4 / iPad Pro 10.5inch / iPad Pro 12.9inch

A アプリを終了、または再起動をしてみましょう。

操作中にフリーズしてしまったときは、アプリを一度終了させてみましょう。ホームボタンをすばやく2回押し、コントロールパネルを表示します。利用中のアプリのサムネイルを上方向にスワイプすると、アプリが終了します。ホームボタンを押すと、ホーム画面が表示されます。これで対処ができない場合は、ホームボタンとスリープ／スリープ解除ボタンを同時にAppleロゴが表示されるまでしばらく長押ししましょう。この操作でiPadが強制的に再起動されます。その際、作成中のメールなどのデータは破棄されます。

アプリを終了する

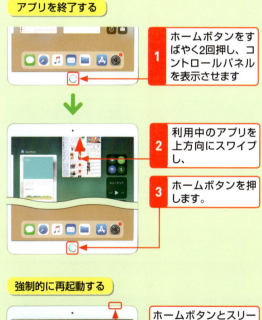

1. ホームボタンをすばやく2回押し、コントロールパネルを表示させます
2. 利用中のアプリを上方向にスワイプし、
3. ホームボタンを押します。

強制的に再起動する

ホームボタンとスリープ／スリープ解除ボタンを同時にしばらく長押しします。

Q501 » iPadの調子が悪いので前の状態に戻したい！

iPad 5 / iPad mini 4 / iPad Pro 10.5inch / iPad Pro 12.9inch

A iCloudのバックアップデータを使って、iPadを復元します。

iPadの調子が悪いと感じたら、一度設定をリセットし、iCloudのデータで復元してみましょう。＜設定＞→＜iCloud＞→＜ストレージとバックアップ＞→＜今すぐバックアップを作成＞をタップし、iCloudのバックアップを作成します。そのあとホーム画面で＜設定＞→＜一般＞→＜リセット＞→＜すべてのコンテンツと設定を消去＞をタップします。そのあと初期設定中に＜iCloudバックアップから復元＞をタップすれば、データが復元されます（Q.556参照）。

1. ホーム画面で＜設定＞→＜一般＞→＜リセット＞をタップし、

2. ＜すべてのコンテンツと設定を消去＞をタップして、

3. 「iPadを消去」の確認画面が2回表示されるので＜消去＞を2回タップし、Apple IDのパスワードを入力してiPadをいったん初期状態に戻します。

4. 初期設定画面で＜iCloudバックアップから復元＞をタップし、データを復元します。

Q 502 iPadは自分でリセットできる？

iPad 5 / iPad mini 4 / iPad Pro 10.5inch / iPad Pro 12.9inch

A 可能です。＜設定＞から操作を行いましょう。

iPadのリセットは、＜設定＞から行います。ホーム画面で＜設定＞→＜一般＞をタップし、＜リセット＞をタップしたあと、各項目をタップしデータを消去しましょう。

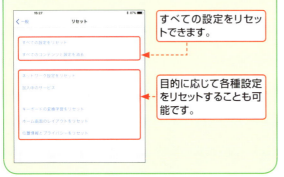

すべての設定をリセットできます。

目的に応じて各種設定をリセットすることも可能です。

Q 503 リセットと復元の違いは何？

iPad 5 / iPad mini 4 / iPad Pro 10.5inch / iPad Pro 12.9inch

A リセットは出荷時の状態、復元はバックアップ時の状態に戻ります。

iPadをリセットすると、設定が初期の状態に戻ります。これに対し復元を実行すると、初期状態に戻したあと、バックアップを取った時点のデータが復元されます。iPadの調子がよくないと感じたら、両者を使い分けて状態を改善しましょう。

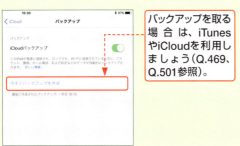

バックアップを取る場合は、iTunesやiCloudを利用しましょう（Q.469、Q.501参照）。

Q 504 iPadを出荷時の状態に戻したい！

iPad 5 / iPad mini 4 / iPad Pro 10.5inch / iPad Pro 12.9inch

A ＜すべてのコンテンツと設定を消去＞をタップします。

iPadのリセットは、＜設定＞から行います。ホーム画面で＜設定＞→＜一般＞→＜リセット＞をタップし、＜すべてのコンテンツと設定を消去＞をタップして、＜消去＞をタップするとデータが初期化されます。ネットワーク設定など、目的の設定だけをリセットすることも可能です（Q.502参照）。

1 ホーム画面から＜設定＞→＜一般＞→＜リセット＞→＜すべてのコンテンツと設定を消去＞をタップし、

2 ＜バックアップしてから消去＞または＜今すぐ消去＞をタップします。

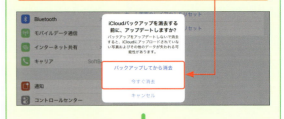

3 パスコードを設定している場合はパスコード（Q.494参照）を入力して、

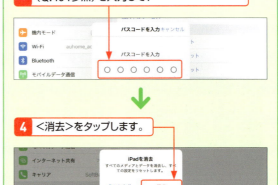

4 ＜消去＞をタップします。

505 » AirDropって何？

 Wi-FiやBluetoothを介して写真、ビデオ、連絡先などを共有する機能です。

AirDropは、写真、ビデオ、連絡先などを、AirDropに対応している付近のiOS 7以降を搭載しているiPadやiPhoneとワイヤレスで共有する機能です。
コントロールセンター（Q.475参照）を開き、画面上部のグループをタッチして＜AirDrop＞をタップし、共有先を＜連絡先のみ＞か＜すべての人＞から選びます。あとはそれぞれのコンテンツ別に共有方法を実行すると、周囲にいる共有可能なデバイスが自動的に表示されます。共有先の相手が＜受け入れる＞をタップすれば、コンテンツが共有されます。

共有範囲を設定する

1 画面の下端から上方向にスワイプして、コントロールセンターを表示し（Q.475参照）、上のグループをタッチして、

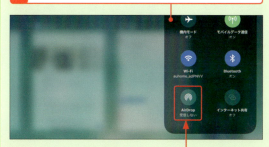

2 ＜AirDrop＞をタップします。

3 ＜連絡先のみ＞か＜すべての人＞から選んでタップするとAirDropが利用可能になります。

---

506 » AirDropで連絡先を共有したい！

 ＜連絡先＞アプリで＜連絡先を送信＞をタップします。

AirDropを利用すると、近くにいる相手とかんたんに連絡先を交換することができます。連絡先を送信するときは、＜連絡先＞アプリで送信する連絡先をタップし、＜連絡先を送信＞をタップして、送信する相手を選択します。連絡先を受信するときは、AirDropから連絡先の共有を＜受け入れる＞をタップし、＜保存＞をタップすると、連絡先の一覧に追加されます。

データを送信する

1 ホーム画面から＜連絡先＞をタップし、

2 一覧から送信する連絡先をタップして、＜連絡先を送信＞をタップします。

3 送信する相手をタップし、選択した連絡先を送信します。

データを受信する

1 AirDropからのメッセージが表示されたら、＜受け入れる＞をタップし、

2 ＜保存＞をタップします。

Q 507 » AirDropで写真を共有したい！

A <写真>アプリで □ をタップします。

AirDropを利用すると、近くにいる相手とかんたんに写真を共有することができます。写真を送信するときは、<写真>アプリで送信する写真をタップし、□ をタップして、送信する相手を選択します。写真を受信するときは、AirDropから写真の共有を<受け入れる>をタップすると、写真が「カメラロール」に追加されます。

データを送信する

1 ホーム画面から<写真>をタップし、

2 送信する写真をタップして、□ をタップします。

3 送信する相手をタップし、選択した写真を送信します。

データを受信する

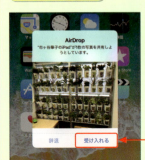

1 AirDropからのメッセージの<受け入れる>をタップして写真を受信します。

Q 508 » AirDropでSafariやメモを共有したい！

A <メモ>や<Safari>アプリで □ をタップします。

AirDropでは連絡先や写真のほか、メモやWebページの内容も送信することができます。たとえば何か大事な要件を書いたメモ、または気になったニュースを知り合いと共有したいときなどに、利用するとよいでしょう。

メモを共有する

1 <メモ>アプリの起動中に □ をタップし、

2 送信する相手をタップして選択します。

3 相手が<受け入れる>をタップすると、メモの内容が共有されます。

Webページを共有する

1 <Safari>アプリの起動中に □ をタップし、

2 送信する相手をタップして選択します。

3 相手が<受け入れる>をタップすると、Webページの内容が共有されます。

Q 509 » Bluetoothって何？

A コードレスで周辺機器とiPadを連携できる通信規格です。

Bluetoothとは通信規格の一種です。設定すればケーブルでつながなくても、さまざまな周辺機器を接続できるようになります。iPadにもBluetooth機能が搭載されており、たとえばBluetooth対応のワイヤレスヘッドセットで音楽を聴くことが可能です。ただし利用するには、接続する周辺機器もBluetoothに対応している必要があります。さらにiPadと機器が一定の範囲内にないと、接続が切れてしまうので注意しましょう。

Bluetoothで接続した機器は、ワイヤレスで利用できます。

1 Bluetoothを利用する場合は、Q.475を参照してコントロールセンターを表示し、をタップします。

2 コントロールセンターを閉じると、ステータスバーにが表示されます（機器に未接続の場合は薄いグレーで表示されます）。

Q 510 » Bluetoothのヘッドセットを使いたい！

A Bluetoothをオンに切り替え、デバイスのペアリングを行います。

Bluetooth対応のヘッドセットで音楽を聴く場合、最初にホーム画面で＜設定＞→＜Bluetooth＞をタップします。＜Bluetooth＞のをタップして に切り替え、「デバイス」から使用したいヘッドセットをタップしましょう。自動的に接続され、利用可能になります。事前にデバイスの電源はオンにしておきましょう。

1 ホーム画面で＜設定＞→＜Bluetooth＞をタップし、

2 ＜Bluetooth＞の をタップして に切り替え、

3 使用したいデバイスをタップすると、

4 接続が完了し、ヘッドセットが利用可能になります。

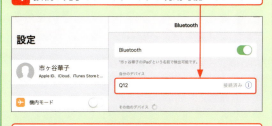

機器の種類によって必要な作業は異なります。詳しくは各機器のマニュアルを参照しましょう。

Q 511 デバイス連携
Bluetoothの接続を解除したい！

A <このデバイスの登録を解除>をタップします。

Bluetoothの接続は任意に解除できます。ホーム画面から＜設定＞→＜Bluetooth＞をタップし、接続中の任意のデバイスの横のⓘをタップして、＜このデバイスの登録を解除＞をタップします。Bluetoothによる通信自体を停止したい場合には、「デバイス」の上に表示されている＜Bluetooth＞を◯に切り替えましょう。

任意のデバイスのⓘをタップし、<このデバイスの登録を解除>をタップすれば、Bluetoothの接続が解除されます。

Q 512 デバイス連携
Webページや写真を印刷したい！

A AirPrint対応のプリンタがあればかんたんに印刷できます。

AirPrintとは、Appleのワイヤレス印刷技術の名称です。Webページや写真を印刷するには、AirPrintに対応したプリンタと同じWi-Fiネットワークに接続し、アプリで🔲をタップし、＜プリント＞をタップしましょう。＜プリンタを選択＞をタップし、AirPrintに対応したプリンタをタップして、部数を決めたら＜プリント＞をタップします。

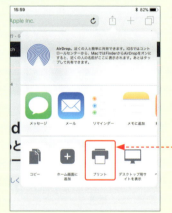

AirPrint対応のプリンタがあれば、iPadで閲覧しているWebページを直接印刷できます。

Q 513 デバイス連携
iPadのデータをプリンタなしで印刷したい！

A 専用アプリをインストールし、予約番号をセブンイレブンのコピー機に入力します。

iPadのデータを印刷するには「netprint」（無料）が便利です。App Storeで同名のアプリをインストールしたら、ホーム画面で＜netprint＞をタップし、ユーザー登録を済ませます。任意のデータをタップして＜予約する＞をタップしたら、近くのセブンイレブンへ立ち寄り、コピー機に予約番号を入力しましょう。

netprintを使えば、写真やドキュメントなどの印刷が可能です。近くのセブンイレブンのコピー機を利用できます。

Q 514 » テザリングを利用したい！

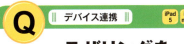

A ＜インターネット共有＞を ◯にします。

テザリングとは、スマートフォンやタブレットを無線LANルーターの親機として使用し、携帯電話通信網を利用して、ほかのパソコンやタブレット端末などをインターネットに接続することです。
iPadもWi-Fi ＋ Cellularモデルであれば、このテザリング機能を利用することができます。
iPadのテザリング機能を有効にし、接続したいパソコンやタブレット端末を接続すると、自宅の無線LANルーターに接続しているのと同じように、屋外でもインターネットを利用できるようになります。
テザリングには、Wi-Fi、Bluetooth、USBの3種類あり、環境に応じて使い分け可能です。ここではWi-Fiでのテザリングの設定方法について解説します。

1 ホーム画面から、＜設定＞→＜インターネット共有＞をタップし、＜インターネット共有＞の ◯ をタップして ◯ にします。

2 ここで表示されるネットワーク名と、＜"Wi-Fi"のパスワード＞をテザリングしたい機器に設定することで、テザリングが利用可能になります。

3 ほかの機器にインターネット接続されると画面上部に接続台数が表示されます。

Q 515 » iPadでキーボードを使いたい！

A Bluetoothキーボードを使います。

Bluetoothを活用することで、iPadでもキーボードから文字を入力できるようになります。最初にBluetoothに対応したワイヤレスのキーボードを用意して電源を入れましょう。そしてホーム画面から＜設定＞→＜Bluetooth＞をタップし、＜Bluetooth＞を ◯ に切り替え、「デバイス」から使用したいキーボードの名称をタップすれば、接続が完了し、使用できるようになります。なお、iPad Pro用のSmart Keyboardは、Bluetooth接続の設定は必要ありません。

1 ホーム画面から＜設定＞→＜Bluetooth＞をタップし、

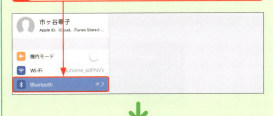

2 ＜Bluetooth＞の ◯ をタップして ◯ に切り替え、

3 キーボードの名称をタップして表示される文字をキーボードで入力すると、

4 接続が完了し、キーボードから文字を入力できるようになります。

Q516 iPadを修理に出したい！

A Apple Storeへ持ち込みましょう。

もしiPadが故障したら、Apple Storeへ持ち込むとよいでしょう。購入から1年間の製品保証期間であれば、無償で修理することができます。Appleの公式Webサイトには、Apple Store以外の持ち込み修理が可能な正規サービスプロバイダの場所などが掲載されているので、ぜひチェックしましょう。そのほか、画面破損のような軽度の故障を独自に修復してくれる店舗もあります。

ただし、こうした正規外の店舗を利用する場合は、万が一の場合にどのような対応をしてくれるのか、Webサイトなどで事前に必ず確認しましょう。

Apple公式Webサイトの「修理サービスQ&AセンターiPad」（https://support.apple.com/ja-jp/ipad/repair/service）では、修理サービスに関する情報を調べられます。

現在地周辺の正規サービスプロバイダを検索することも可能です。

Q517 iPadを買い替えるときはどうする？

A 携帯電話会社の販売店舗か、オンラインストアで手続きします。

iPadを買い替える場合は、Apple Storeや家電量販店、ソフトバンクまたはau、ドコモの販売店へ足を運び、手続きを行いましょう。予約が必要な機種でなければ、その場で新しい端末を受け取れます。店舗へ出向く手間を省きたいときは、オンラインストアから購入することも可能ですが、その場合は商品の到着まで少し時間がかかります。

ソフトバンクやau、ドコモのオンラインストアでも、買い替えは可能です。ただし予約品の場合は、店舗のみの取り扱いとなる場合もあります。

Q518 iPadを捨てるにはどうしたらいいの？

A 全データを消去し、Appleのリサイクルプログラムを利用します。

不要になったiPadは、Appleのリサイクルプログラムを利用して回収してもらえます。Apple Storeやソフトバンクまたはau、ドコモの販売店へiPadを持ち込み、プログラムの適用について相談しましょう。ゴミとして廃棄することも可能ですが、その場合は各自治体の既定に沿った処分を行います。いずれの場合も、必ずiPadを初期化してから捨てるようにしましょう（Q.502参照）。

リサイクルプログラムの詳細は、AppleのWebサイト（https://www.apple.com/jp/recycling/）で確認できます。

第**9**章

iCloudの
「こんなときどうする？」

519 >>> 523　iCloud とは

524 >>> 528　iCloud メール

529 >>> 530　Windows 用 iCloud

531 >>> 536　マイフォトストリーム

537 >>> 541　ファミリー共有

542 >>> 543　iCloud Drive

544 >>> 545　メモ

546 >>> 548　iCloud アカウント

549 >>> 552　連絡先／カレンダー／ブックマーク

553 >>> 555　iPad を探す

556 >>> 561　位置／容量／バックアップ

Q iCloudとは

519 » iCloudって何？

A Appleのクラウドサービスです。

iCloudとは、Appleが提供するクラウドサービスのことです。MacやiPad、iPhone、iPod touchなどに対応しており、各端末で写真や連絡先、アプリなどのデータをインターネットを通して保存し、共有することができます。Windows用iCloudというソフトウェアをインストールすればWindowsでも利用することができます。iPadで撮影した写真を、すぐに自宅のパソコンで見ることができたり（Q.281参照）、iPadを紛失したときに位置情報サービスを利用してiPadを探したり（Q.553参照）、遠隔操作することもできます。iPadをほかのiPadやiPhoneと同期させるときも、パソコンを経由する必要がないのでとても便利です。

iCloudのしくみ

デバイスを問わずデータを共有できます。

Q iCloudとは

520 » iCloudの利用に必要なものは何？

A Apple IDとiOS 5以降のデバイスが必要です。

iCloudを利用するには、iOS 5以降を搭載したiPadやiPhone、iPod、そしてOS X Lion以降のOSがインストールされたMacが必要です。WindowsでiCloudを利用する場合は、Windows用iCloudというソフトウェアをパソコンにインストールする必要があります。また、Apple IDも必要です。Apple IDの取得方法についてはQ.024を参照しましょう。

iPad ／ iPhone ／ iPod touch

iOS 5以降のOSが必要です。

Mac

OS X Lion 10.7.5以降のOSが搭載されたMacが必要です。

Windows

Windows 7以降のOSを搭載したWindowsパソコンが必要です。加えてWindows用iCloudのインストールが必要です。

Q521 » iCloudを使いたい！

A Apple IDを取得後、設定メニューからiCloudの設定をしましょう。

iPadにiCloudを設定する場合、まずはホーム画面で＜設定＞をタップして＜iCloud＞をタップします。Apple IDとパスワードを入力して＜サインイン＞をタップします。利用規約に同意すると「iCloudと結合しますか？」画面が表示されるので＜結合＞をタップして＜OK＞をタップします。これでiCloudのサービスを利用できるようになります。なお、Apple ID作成時にiCloudメールを作成している場合は利用規約の確認画面は表示されないなど、下記の画面と多少表示が異なります。

1 ホーム画面で＜設定＞→＜iCloud＞をタップし、

2 Apple IDとパスワードを入力して、

3 ＜サインイン＞をタップします。

4 iCloudサービス規約確認後、＜同意する＞をタップし、「利用規約」画面で＜同意する＞→＜結合＞→＜OK＞の順にタップします。

5 iCloudが有効になります。

Q522 » 必要な項目だけを同期したい！

A iCloudの設定完了後は、必要な項目だけを同期できます。

iCloudを利用してマイフォトストリーム（Q.281参照）は共有したいが、カレンダーやメールは同期したくないというように、iCloudをiPadに設定したとしても、必ずしもすべての機能が必要というわけではありません。このような場合は、必要な項目だけを選択してオンに切り替えることも可能です。ホーム画面で＜設定＞→＜名前＞→＜iCloud＞をタップし、各種サービスをタップすればオン／オフを切り替えられます。それぞれの機能を理解した上で、必要な項目だけを同期させましょう。

1 ホーム画面で＜設定＞をタップし、

2 ＜名前＞をタップして、

3 ＜iCloud＞をタップします。

4 表示された一覧から、各種サービスをタップしてオン／オフを切り替えます。

Q 523 » iCloud.comって何？

A ブラウザから、iCloudのデータを管理できます。

出先のパソコンから、iCloudのメールやドキュメントファイルを確認したい—そんなときに便利なのが、iCloudのWebサイト「iCloud.com」です。

利用に際しては初期設定が必要となります。パソコンのブラウザで「https://www.icloud.com/」にアクセスし、Apple IDとパスワードを入力して⇒をクリックします。＜言語＞を日本語に設定し、＜タイムゾーン＞を「太平洋標準時」に設定しましょう。＜完了＞をクリックすればiCloud.comのサインインが完了します。ここまではWindows、Macとも共通ですが、Windowsではこのあとアドオンのインストールを求められる場合があります。その場合は＜インストール＞をクリックし、「アドオンインストーラー」画面で＜インストールする＞をクリックします。最後にログイン画面が表示されるので、パスワードを入力して再度ログインします。

1 パソコンから、「https://www.icloud.com/」にアクセスし、Apple IDとパスワードを入力して⇒をクリックして、

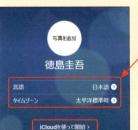

2 ＜言語＞を日本語に設定し、＜タイムゾーン＞を「太平洋標準時」に設定します。

3 ＜iCloudを使って開始＞をクリックすればiCloud.comにサインインできます。

Q 524 » iCloudメールを使いたい！

A ＜設定＞でiCloudメールを作成しましょう。

iCloudメールとは、iCloudが提供するメールサービスです。利用時のドメインは「@icloud.com」となります。Apple ID作成時にメールアドレスを作成している場合はQ.521のサインイン後、すぐに利用できますが、作成していない場合はメールアカウントを取得する必要があります。ホーム画面から＜設定＞→＜iCloud＞をタップし、＜メール＞を◯に切り替えます。＜作成＞をタップし、「@icloud.com」の前の部分に任意のメールアドレスを入力します。一度設定したら変更できないので慎重に決めましょう。最後に＜次へ＞→＜完了＞の順にタップすればiCloudメールの設定が完了します。

1 ホーム画面から＜設定＞→＜iCloud＞をタップし、

2 ＜メール＞を◯に切り替えて、

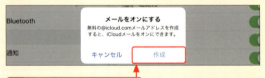

3 ＜作成＞をタップします。

4 任意のメールアドレスを入力して、＜次へ＞をタップし、

5 ＜完了＞をタップすれば設定完了です。

Q 525 » iCloudメールを整理したい!

iCloudメール

A メールフォルダを作成して移動しましょう。

iCloudメールを整理したい場合はホーム画面から＜メール＞→＜編集＞→＜新規メールボックス＞をタップします。メールボックス名を入力して＜保存＞→＜完了＞をタップするとメールボックスが作成されるので、受信ボックスで＜編集＞をタップしメールを移動させましょう。

1 受信ボックスから＜編集＞→移動させたいメールをタップして、

2 ＜移動＞→移動先をタップします。

Q 526 » iCloudメールを自動振り分けしたい!

iCloudメール

A iCloud.comにアクセスしてメールの振り分け設定を行います。

iCloudメールにも、設定した条件によってメールを整理できる、自動振り分け機能が用意されています。パソコンのブラウザやSafariの＜デスクトップ用サイトを表示＞を利用して、iCloud.comを表示し、＜メール＞から振り分け設定を行います。設定完了後、変更内容がiPadの＜メール＞に反映されます。

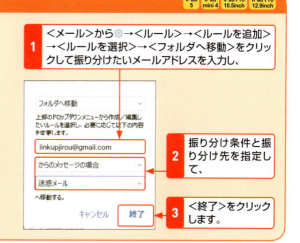

1 ＜メール＞から⚙→＜ルール＞→＜ルールを追加＞→＜ルールを選択＞→＜フォルダへ移動＞をクリックして振り分けたいメールアドレスを入力し、

2 振り分け条件と振り分け先を指定して、

3 ＜終了＞をクリックします。

Q 527 » iCloudメールを自動で転送したい!

iCloudメール

A iCloud.comにアクセスしてメールの自動転送設定を行います。

iCloudメールの転送設定は、iCloud.comで行います。iCloud.comにサインインし、＜メール＞をクリックします。⚙→＜環境設定＞→＜一般＞をクリックして、＜メール転送先＞にチェックを付けます。任意のメールアドレスを入力したあと、＜終了＞をクリックすれば設定が完了します。

操作完了後、受信したメールが設定したアドレスへ転送されるようになります。

301

Q528 iCloudメールの詳細を設定したい！

A <設定>→<iCloud>で詳細設定ができます。

ホーム画面から<設定>→<アカウントとパスワード>→<iCloud>をタップし、「詳細」欄の<メール>→<詳細>をタップすると、iCloudの設定項目が表示されます。具体的には「メールボックスの特性」「削除したメッセージ」「S/MIME」の設定が行えます。<S/MIME>を◯に切り替えると電子署名や暗号化を設定できるようになります。

1 ホーム画面で<設定>→<アカウントとパスワード>→<iCloud>→詳細項目の<メール>をタップし、

2 メール設定が表示されたら<詳細>をタップすると、

3 iCloudメールの詳細を設定できます。

Q529 Windows用iCloudをインストールしたい！

A AppleのWebサイトからダウンロードが可能です。

OS Xには始めからiCloudとの連携機能が組み込まれています。しかし、WindowsでiCloudと連携するには、Windows用iCloudが必要になります。まずは「http://support.apple.com/ja-jp/HT204283」にアクセスして、Windows用iCloudのインストーラーをダウンロードしましょう。Webサイトにアクセスしたら、<ダウンロード>をクリックしてファイルを保存します。ダウンロードした<iCloudSetup.exe>をダブルクリックしてインストールすると、Windows用iCloudが利用できるようになります。

1 ブラウザで「https://support.apple.com/ja-jp/HT204283」にアクセスし、

2 <ダウンロード>をクリックして、ファイルを保存します。

3 パソコンにダウンロードした<iCloudSetup.exe>をダブルクリックし、インストールを行います。

Q530 パソコンのiCloudを有効にしたい！

A スタート画面で＜iCloud＞をクリックします。

Windowsの場合はWindows用iCloudをインストールしたあと、パスワードを入力してサインインし、同期させたいサービスを指定します。

Macの場合は、アップルメニューまたはDockから＜システム環境設定＞→＜iCloud＞をクリックします。Apple IDとパスワードを入力して＜サインイン＞をクリックします。あとはWindowsと同様、同期させたいサービスにチェックを付けて＜適用＞をクリックします。これを初回に行うことで、iPadをはじめとした各種iOSデバイスやパソコンで、データを共有できるようになります。

1 Windowsのスタート画面で＜iCloud＞→＜iCloud＞をクリックして、

2 Apple IDとパスワードを入力し、
3 ＜サインイン＞をクリックします。

4 同期させたいサービスをクリックしてチェックを付け、
5 ＜適用＞をクリックします。

Q531 マイフォトストリームで写真をiCloudに自動で保存したい！

A 設定でマイフォトストリームを ● にします。

ホーム画面から＜設定＞→＜名前＞→＜iCloud＞をタップし、サービス一覧から＜写真＞をタップして、＜マイフォトストリーム＞を ● に切り替えると、マイフォトストリームが有効になります（マイフォトストリームの設定方法についてはQ.281を参照）。設定完了後、＜カメラ＞アプリで写真を撮影するとマイフォトストリームへ自動的にアップロードされるようになります（最大1,000枚、30日間）。ほかのユーザーとマイフォトストリームを共有したい場合は＜写真の共有＞を有効にしておきましょう。これらの機能を使うためには無線LANに接続している必要があります。

1 ホーム画面から＜設定＞→＜名前＞→＜iCloud＞をタップし、
2 サービス一覧から＜写真＞をタップし、

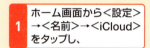

3 「iCloudフォトライブラリ」の ● をタップして ○ にし、

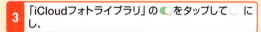

4 「マイフォトストリーム」の ○ をタップして ● にします。

Q 532 » マイフォトストリームの画像はパソコンのどこに転送される？

A ピクチャライブラリまたはiPhotoに転送されます。

iPadからアップロードしたマイフォトストリームの画像は、Windowsではエクスプローラーの「クイックアクセス」で＜iCloudフォト＞→＜ダウンロード＞をクリックすれば確認できます。Macの場合は画面下部のDockで＜iPhoto＞をクリックしたあと、「共有」の＜iCloud＞というフォルダをクリックして確認することができます。

1. Windowsではエクスプローラーの「クイックアクセス」欄で＜iCloudフォト＞をクリックすると、マイフォトストリームと共有したフォトストリームが閲覧できます。

Q 533 » マイフォトストリームの転送先を変更したい！

A Windows用iCloudで設定します。

パソコンからiCloud（Windowsの場合はWindows用iCloud）を起動し、「写真」の＜オプション＞をクリックします。そのあと転送先を変えたい保存場所の＜変更＞をクリックし、任意のフォルダをクリックして＜OK＞→＜OK＞の順にクリックし、＜適用＞をクリックすればマイフォトストリームの転送先を変更できます。

1. 「写真」の＜オプション＞→＜変更＞をクリックし、

2. 任意のフォルダをクリックして＜終了＞→＜OK＞の順にクリックすれば、転送先が変更されます。

Q 534 » マイフォトストリームの画像が転送されない！

A 各種設定がきちんとされているか確認してみましょう。

＜カメラ＞アプリで写真を撮影したにも関わらず、画像が転送されない原因はいくつか考えられます。右表から主な原因と思われるものを確認してみましょう。iPadとパソコンそれぞれのアカウントと設定、マイフォトストリームの転送先（Q.533参照）のフォルダも再度確認してみましょう。

マイフォトストリームの設定を再確認する

①iPadのマイフォトストリーム設定がオンになっていますか？（Q.531参照）
②iPadの＜設定＞アプリで、iCloudのメールアドレスとパスワードがきちんと設定されていますか？（Q.521参照）
③iPadのWi-Fiがオンになっていますか？（Q.106～Q.113参照）
④パソコンのマイフォトストリーム設定がオンになっていますか？（Q.530参照）
⑤iPad、パソコンのiCloudアカウントは同じものに設定されていますか？（Q.521参照）
⑥マイフォトストリームの写真の転送先を、別のフォルダに設定していませんか？（Q.533参照）

Q535 マイフォトストリームの写真を利用したい！

A 画像の転送メニューから利用方法を選びます。

マイフォトストリームに保存された写真は、TwitterやFacebookなどへの投稿のほか、連絡先のプロフィール画像、メールやメッセージでの添付送信、iPadの壁紙などに利用できます。＜写真＞アプリの＜アルバム＞のマイフォトストリームから好きな画像を選び、 を タップして、アイコンをタップすれば、それぞれの操作を行うことができます。なお、＜設定＞→＜写真＞で「iCloudフォトライブラリ」が の状態、かつ「マイフォトストリームが」 の状態でないと、＜写真＞アプリ内のアルバムに「マイフォトストリーム」は表示されません。

1 ＜写真＞アプリを起動したら、＜アルバム＞→＜マイフォトストリーム＞をタップして、一覧から写真を選びます。

2 をタップして、

3 任意のアイコンをタップします。

Q536 マイフォトストリームの写真を共有するには？

A ＜設定＞アプリで、＜写真の共有＞を にします。

マイフォトストリームに保存されている写真は、「共有フォトストリーム」で、指定した相手と共有することができます。共有フォトストリームは＜設定＞アプリでオン／オフを切り替えられます。写真を共有したい場合は、ホーム画面で＜写真＞をタップし、＜共有＞→＜共有を開始＞をタップして（2回目以降は＜＋＞）、共有フォトストリームの名前と共有したい相手を入力して＜作成＞をタップします。作成した共有フォトストリームに写真を追加すれば、写真が相手と共有されます。

1 ホーム画面から＜設定＞→＜写真＞をタップします。

2 ＜iCloud写真共有＞の をタップして にします。

3 ＜写真＞アプリで＜共有＞をタップし、

4 ＜共有を開始＞をタップします。

5 フォトストリームの名前を入力して＜次へ＞をタップし、

6 フォトストリームを共有する宛先を入力し、

7 ＜作成＞をタップします。共有フォトストリームに写真を追加すると、相手と写真を共有できます。

ファミリー共有

537 » iPadやiPhoneを家族で使いたい！

A ファミリー共有を設定しましょう。

ファミリー共有とは、家族間で写真やアプリ、音楽などを共有できる機能です。たとえばお父さんが有料の音楽を購入すると、お子さんのiPadやiPhoneでもその音楽を聴けるようになります。ただ利用するにはいくつかの条件があり、まずiCloudにサインインした状態で、＜設定＞→＜名前＞→＜ファミリー共有を設定＞を実行します。また管理者は事前に支払用のカード番号をiPadに登録しておく必要があります。Q.027、Q.547を参照し、設定を行いましょう。

家族を追加する

1 ホーム画面で＜設定＞→＜名前＞をタップし、

2 ＜ファミリー共有を設定＞→＜今すぐ始める＞をタップします。

3 設定したいファミリー共有をタップし（ここでは＜iTunes & App Storeの購入＞）、

4 ＜続ける＞→＜続ける＞→＜ファミリーメンバーを招待＞の順にタップして、

5 家族のiMessageの連絡先を入力し、

6 メッセージを入力して、

7 ⬆ →＜Done＞の順にタップします。

共有案内を承認する

1 登録案内が送信されると、画面上部にバナーが表示されます。

2 バナーをタップし、

3 ＜登録案内を表示する＞をタップして、

4 ＜ファミリーに登録する＞をタップして、

5 ＜購入コンテンツを共有＞→＜完了＞の順にタップすれば、設定は完了です。

Q538 購入したコンテンツを共有したい！ ファミリー共有

A <iTunes Store>や<App Store>アプリで、<購入済み>をタップしましょう。

ファミリー共有では、さまざまなコンテンツを家族で共有することができます。具体的には<iTunes Store><App Store>からインストールした音楽やビデオ、アプリなどが挙げられます。ここでは音楽と映画の共有方法を解説します。

音楽／映画を共有する

1 ホーム画面で<iTunes Store>→<購入済み>をタップし、

2 <自分の購入>をタップします。

3 ファミリー共有の管理者の名前をタップし、

4 ダウンロードしたい曲名をタップし、

5 ↓をタップすると、音楽のダウンロードが開始されます。通知が表示されたら<OK>をタップします。

Q539 写真やカレンダーを共有したい！ ファミリー共有

A 「家族」の項目に写真を追加したり、イベントを作成しましょう。

Q.537でファミリー共有の設定を行うと、<写真>と<カレンダー>アプリそれぞれに、「家族」という項目が自動的に追加されます。これらの項目にコンテンツを追加したり、イベントを作成すると、写真やカレンダーを家族間で共有できます。写真の選択方法はQ.267、イベントの追加方法はQ.385を参照しましょう。

写真を共有する

1 Q.267を参照して写真を複数選択したあと □→<iCloudで共有>の順にタップして、コメントを入力し、<投稿>をタップすると、「家族」のアルバムで家族間で写真を閲覧できます。

カレンダーを共有する

1 Q.385を参照してイベントを作成したあと、

2 <カレンダー>→<家族>→<新規イベント>の順にタップし、

3 <追加>をタップすると、「家族」のカレンダーにイベントが作成され、家族間で予定を共有できます。なお、イベントを作成すると共有相手には通知が表示されます。

Q540 お互いの現在地を知りたい！

ファミリー共有 | iPad 5 / iPad mini 4 / iPad Pro 10.5inch / iPad Pro 12.9inch

A ＜設定＞アプリで機能を有効にしたあと、＜友達を探す＞アプリで確認しましょう。

ファミリー共有では、お互いの現在地を常時確認できるようにすることも可能です。まずはホーム画面で＜設定＞→＜名前＞→＜iCloud＞→＜位置情報を共有＞をタップしましょう。そして家族や友達の名前をタップして、＜位置情報を共有＞をタップします。＜友達を探す＞アプリを利用すると、お互いの現在地を確認することができます。なお、あらかじめリクエストを送って、位置情報の共有が承認されている必要があります。

設定を有効にする

1 ホーム画面で＜設定＞→＜名前＞の順にをタップし、

2 ＜iCloud＞→＜位置情報を共有＞→＜家族や友達の名前＞→＜位置情報を共有＞の順にタップして、設定を有効に切り替えます。管理者側、共有側の両方で同様の設定を行います。

お互いの現在地を確認する

1 ホーム画面で＜友達を探す＞をタップします。

送信したリクエストが承認されれば、相手の位置情報を参照できます。相手の位置は で表示されます。

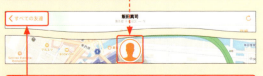

2 画面左上の＜すべての友達＞をタップすると、近くにいる友達が一覧で表示されます。

Q541 未成年のコンテンツ購入を承認制にしたい！

ファミリー共有 | iPad 5 / iPad mini 4 / iPad Pro 10.5inch / iPad Pro 12.9inch

A お子さんのApple IDを作成後、＜承認と購入のリクエスト＞を ◯ にします。

ファミリー共有を利用するとき、お子さんが無制限に有料アプリや音楽を購入するのを止めたいという場合もあるでしょう。そうしたときはまず、ホーム画面で＜設定＞→＜名前＞→＜iCloud＞→＜ファミリー共有＞→＜ファミリーメンバーを追加＞をタップします。そして＜子供のアカウントを作成＞をタップし、Q.024を参照してお子さん用のApple IDを作成しましょう。作成が完了したら、そのApple IDをお子さんのiPadあるいはiPhoneに設定します（Q.372参照）。そのあと自身のiPadで下記の手順を行いましょう。

リクエストを確認する

1 お子さんのApple IDで有料のアプリなどをインストールしようとすると（Q.359参照）、下のような確認画面が表示されます。

2 ＜承認を求める＞をタップすると、承認リクエストが送信されます。

3 承認リクエストが送信されると、管理者（親）のiPadに通知が表示されます。

4 通知をタップし、

5 ＜拒否する＞または＜入手する＞のどちらかをタップして、購入の可否を決定します。

Q | iCloud Drive

542 » iCloud Driveで何ができるの？

A iPadとパソコンなどほかのデバイスでさまざまなファイルを共有できます。

従来iCloudはPagesやKeynote、Numbersなどのファイルしか保存できませんでしたが、iCloud Driveの登場により、さまざまなファイルが保存できるようになりました（Q.543参照）。iCloud.com（Q.523参照）にアクセスし、重要なファイルはiCloud Driveに保存しておくとよいでしょう。iCloud Driveに保存したファイルを閲覧したいときは、iOS 11から登場した＜ファイル＞アプリを利用します（New.018参照）。

iCloud Driveにファイルをアップロードする

1 パソコンからiCloud.comにアクセスし、

2 ＜iCloud Drive＞をクリックします。

3 iCloud Driveにファイルをドラッグ＆ドロップします。

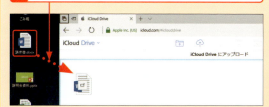

4 iCloud Driveにファイルが保存されます。

iCloud Driveのファイルを閲覧する

1 ホーム画面で＜ファイル＞をタップし、

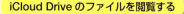

2 ＜ブラウズ＞を2回タップして、

3 ＜iCloud Drive＞をタップすると、

4 iCloud Driveに保存したファイルが表示されます。サムネールをタップすると、ファイルの中身を閲覧できます。

Q543 iCloud Driveでは何が同期できるの？

A WordやExcel、PDFなどさまざまなファイルを同期できます。

iCloud Driveへは、これまでのPagesやKeynote、NumbersといったAppleのオフィスソフトのほか、ExcelやWord、PowerPoint、画像ファイル、PDFなどさまざまなファイルを同期することができます。各アプリをApp StoreからiPadにインストールすれば、パソコンから同期したファイルをiPadで編集し、同期するといったことも可能です。

iPadで作成したデータを、パソコン上で閲覧、編集することができます。

Q544 メモを同期したい！

A iCloudメールのアカウントを作成している必要があります。

iCloudでメモを同期させるには、iCloudメールアカウント「@icloud.com」を取得している必要があります（詳細はQ.524を参照）。iCloudメールアカウント取得後はホーム画面から＜設定＞→＜名前＞→＜iCloud＞をタップし、＜メモ＞を切り替えると、iCloudでメモを同期できるようになります。

@icloud.comを取得していれば、すぐに同期できるようになります。

Q545 パソコンからメモを確認したい！

A iCloud.comの＜メモ＞から確認できます。

パソコンからiPadで作成したメモを確認する場合は、iCloud.comにサインインしてから＜メモ＞をクリックすると、同期されたメモの一覧が表示されます。そのあと任意のメモをクリックすれば内容を確認できます。その際、メモの内容をメールに添付して相手に送信することもできます。

ブラウザ以外にも、WindowsならMicrosoft Outlook、Macならデフォルトの＜メモ＞アプリからでも見ることができます。

Q546 設定したiCloudアカウントは変更できないの？

iCloudアカウント | iPad 5 | iPad mini 4 | iPad Pro 10.5inch | iPad Pro 12.9inch

A いったんサインアウトして、別のアカウントでサインインしましょう。

iPadに設定したiCloudアカウントを変更したい場合は、一度iCloudからサインアウトして、改めて別のアカウントでサインインします。サインアウトを行う際、iCloudで同期しているデータをiPadから削除するかどうか確認されます。新しいiCloudアカウントのデータをそのままiPadに適用させたいときは、古いiCloudのデータは削除しておくとよいでしょう。

＜設定＞→＜名前＞→＜サインアウト＞をタップすると、現在設定しているiCloudアカウントをiPadから削除できます。

Q547 支払情報を変更するにはどうしたらいい？

iCloudアカウント | iPad 5 | iPad mini 4 | iPad Pro 10.5inch | iPad Pro 12.9inch

A ＜iTunes StoreとApp Store＞の設定メニューから支払情報を変更できます。

ホーム画面から＜設定＞→＜iTunes StoreとApp Store＞→＜アカウント＞→＜Apple IDを表示＞の順にタップし、サインインを完了させたあと＜お支払情報＞をタップすれば、支払情報を入力できるようになります。入力したら＜終了＞をタップすれば支払情報が変更されます。

＜設定＞→＜iTunes & App Store＞→＜アカウント＞→＜Apple IDを表示＞をタップし、サインイン後＜お支払情報＞をタップすれば、新しい支払情報を設定できます。

Q548 アプリや音楽を自動でダウンロードしたい！

iCloudアカウント | iPad 5 | iPad mini 4 | iPad Pro 10.5inch | iPad Pro 12.9inch

A 同じApple IDを設定し、iTunesから自動ダウンロードを有効にします。

自動ダウンロードは、あるデバイスで購入したコンテンツを、同じApple IDを設定しているほかのデバイスにも自動的にダウンロードしてくれる機能です。パソコンで自動ダウンロードを有効にすると、iPadで新規に購入した音楽やアプリなどのコンテンツが、パソコンにも転送されます。パソコンの自動ダウンロードの設定は、iTunesから行います。

1 パソコンのiTunesを起動し、

2 Altを押して、＜編集＞→＜設定＞をクリックし、

3 ダイアログボックスの＜ダウンロード＞をクリックして、

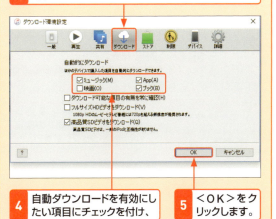

4 自動ダウンロードを有効にしたい項目にチェックを付け、

5 ＜OK＞をクリックします。

Q549 カレンダーを共有したい！

A ほかのiCloudユーザーとカレンダーを共有することができます。

iCloudは、ほかのiCloudユーザーとカレンダーを共有する機能を備えています。カレンダーの共有は、iPadから設定することができます。＜カレンダー＞アプリで＜カレンダー＞をタップし、共有したいカレンダーの i をタップします。「共有相手」の＜個人を追加＞をタップし、共有したい相手のメールアドレスを設定すると、指定したユーザーとカレンダーが共有できるようになります。

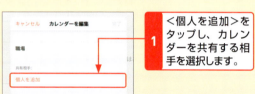

1 ＜個人を追加＞をタップし、カレンダーを共有する相手を選択します。

Q551 公開カレンダーって何？

A URLさえ知っていれば誰でもアクセスできるカレンダーです。

iCloudと同期しているカレンダーは、URLさえ知っていれば誰でもアクセスできる「公開カレンダー」として設定することができます。＜カレンダー＞アプリで＜カレンダー＞→編集したいカレンダーの i をタップし、＜公開カレンダー＞の ○ をタップして ● にすると、選択中のカレンダーが公開カレンダーに設定されます。＜リンクを共有＞をタップしてURLを伝送することができます。

公開カレンダーを中断したいときは、● をタップして ○ にします。

Q550 カレンダーの共有を停止したい！

A ＜カレンダー＞アプリからカレンダーの共有相手を削除できます。

Q.549で紹介した「カレンダーの共有」を中止したい場合は、＜カレンダー＞アプリで＜カレンダー＞→編集したいカレンダーの i をタップし、共有を解除したいユーザーをタップします。＜共有を停止＞をタップし、＜削除＞をタップすると、カレンダーの共有相手を個別に削除することができます。

1 ＜共有を停止＞→＜削除＞の順にタップします。

Q552 IEとiPadのブックマークを同期したい！

A Windows用iCloudから同期します。

WindowsパソコンにWindows用iCloudをインストールすると、Internet ExplorerとiPadのSafariのブックマークが同期できるようになります。パソコンのWindows用iCloudで＜ブックマーク＞をクリックしてチェックを付けると、Internet ExplorerとiPadのSafariとのブックマークの同期が有効になります。＜オプション＞から、FirefoxとChromeとの同期を設定することもできます。

1 ＜ブックマーク＞をクリックしてチェックを付けます。

Q553 失くしたiPadを探したい！

A iCloud.comの「iPadを探す」機能を使います。

iCloudでは、紛失したiPadの現在位置などを表示する「iPadを探す」機能を利用することができます。この機能を利用するには、ホーム画面で＜設定＞→＜名前＞→＜iCloud＞をタップして、＜iPadを探す＞を有効にしている必要があります。iPadを探すには、パソコンのブラウザでiCloud.comにサインインして＜iPhoneを探す＞をクリックします。サインインを求められるので、パスワードを入力して＜OK＞をクリックすると、iPadのGPSと連動してiPadのある場所が地図に表示されます。iCloud.com上からiPadをロック（Q.555参照）、またはiPadのデータを消去することもできます。

Q554 失くしたiPadで音を鳴らしたい！

A iCloud.comから実行できます。

iCloud.comでは失くしたiPadにリモートで警告音を鳴らすこともできます。Q.553の方法でiCloud.com上からiPadの位置を確認したら、①をクリックして、＜サウンドを再生＞をクリックすると、iPadに警告音が送信され、発見してもらいやすくなります。Q.555のロック方法と併用するとよいでしょう。

＜サウンドを再生＞をクリックすると、iPadから警告音が鳴ります。

Q555 失くしたiPadにロックをかけたい！

A iCloud.comからリモート操作ができます。

iCloud.comでは、リモート操作でiPadにロックをかけることができます。Q.553の方法でiCloud.comでiPadの位置を確認したら、①をクリックして、＜紛失モード＞をクリックします。その際ロックをかけると同時に、連絡先の電話番号とメッセージがiPadに表示され、見つけた人から連絡が届きやすくなります。

紛失モードに設定すると、iPadにメッセージと電話番号を表示させられます。iPadが見つかったときは、紛失モード設定時に指定したパスコードを入力すると、紛失モードを解除できます。

||位置／容量／バックアップ||

iPad 5 | iPad mini 4 | iPad Pro 10.5inch | iPad Pro 12.9inch

556 » バックアップから復元したい！

A バックアップをiCloudから復元させます。

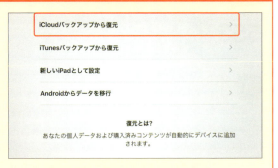

iCloudにバックアップを取っておくと（Q.501参照）、iPadをリセットした際にデータを復元できます。初期設定画面で＜iCloudバックアップから復元＞→＜次へ＞をタップし、Apple IDとパスワードを入力後＜次へ＞をタップして、利用規約に同意し、バックアップ先→＜復元＞をタップします。

データを復元することで、アプリを再インストールする手間を省くことができます。同じApple IDならば、アプリの購入料金をもう一度支払う必要はありません。

||位置／容量／バックアップ||

iPad 5 | iPad mini 4 | iPad Pro 10.5inch | iPad Pro 12.9inch

557 » バックアップを削除したい！

A iCloudの設定メニューからバックアップを削除します。

1 「情報」画面で不要なバックアップを選択し、

2 ＜バックアップを削除＞→＜削除＞をタップします。

iCloudに保存したバックアップを削除するには、ホーム画面で＜設定＞→＜名前＞→＜iCloud＞をタップします。＜ストレージを管理＞→＜バックアップ＞→使用している端末の順にタップし、削除したいバックアップの をタップして＜削除＞をタップすると、不要なバックアップを削除することができます。

||位置／容量／バックアップ||

iPad 5 | iPad mini 4 | iPad Pro 10.5inch | iPad Pro 12.9inch

558 » あとどのくらいiCloudの容量は残っている？

A ＜設定＞アプリの＜iCloud＞メニューからストレージ容量を確認できます。

iCloudのストレージを確認するには、ホーム画面から＜設定＞→＜名前＞をタップして、＜iCloud＞をタップすると、iCloudの全ストレージ容量と使用済み量が表示されます。無料で利用できる容量は5.0GBと定められているので、保存データが溜まってきたら適宜確認しましょう。

iCloudは無料で5.0GBのストレージ容量を使うことができます。

Q559 iCloudの容量を増やしたい！

位置/容量/バックアップ

iPad 5 | iPad mini 4 | iPad Pro 10.5inch | iPad Pro 12.9inch

A 有料でストレージ容量を追加することができます。

iCloudの容量は有料で追加できます。ホーム画面から＜設定＞→＜名前＞→＜iCloud＞→＜ストレージを管理＞→＜ストレージプランを変更＞をタップしたあと、任意の有料プランをタップして＜購入する＞をタップしましょう。それぞれ50GB（月額130円）、200GB（月額400円）、2TB（月額1,300円）で、いつでも変更できます。

1 ＜購入する＞をタップし、

2 Apple IDのパスワードを入力して＜OK＞をタップすると、ストレージの容量が追加されます。

Q560 iCloudを無効にしたい！

位置/容量/バックアップ

A サービスを部分的に無効にすることはできます。

iCloud全体を無効にするためには、サインアウトするか、アカウントを削除するしか方法はありません。しかしホーム画面から＜設定＞→＜名前＞→＜iCloud＞をタップし、＜メール＞や＜連絡先＞、＜カレンダー＞などの●をタップして○に切り替えることで、部分的にiCloudを無効にすることが可能です。

1 ホーム画面から＜設定＞→＜名前＞→＜iCloud＞をタップし、

2 iCloudサービス一覧からサービスを無効にしていくことで、部分的にiCloudを無効にすることができます。

Q561 iCloudとの連携を解除したい！

位置/容量/バックアップ

A ＜サインアウト＞をタップします。

iCloudのアカウントは＜設定＞アプリからサインアウトできます。ホーム画面から＜設定＞→＜アカウントとパスワード＞→＜iCloud＞をタップしたあと、＜サインアウト＞→＜サインアウト＞→＜削除＞のあと、＜iPadに残す＞または＜iPadから削除＞をタップします。

1 ホーム画面から＜設定＞→＜アカウントとパスワード＞→＜iCloud＞→＜サインアウト＞をタップし、画面の指示に従って進めるとiPadに設定したiCloudアカウントを削除できます。

Index

数字・アルファベット

2 ファクタ認証	288
AE ／ AF ロック	170
AirDrop	291
AirPlay	269
AirPrint	179, 294
Apple ID	52, 53
Apple Music	213
Apple Pay	249
Apple Pencil	39
Apple SIM	43
Apple TV	269
App Store	224
AssistiveTouch	284
Bluetooth	293
Bluetooth キーボード	295
Cookie	120
Dock のアプリを変更	275
Dock を表示	26
Dropbox のファイル	37
Facebook	251
FaceTime	260
FaceTime HD カメラ	168, 192
FaceTime オーディオ	262
Flash	122
Genius	209
Gmail アカウントを追加	130
GPS	44, 268
iBooks	248
iCloud	298
iCloud.com	300
iCloud Drive	36, 309
iCloud アカウントを変更	311
iCloud との連携を解除	315
iCloud のストレージを確認	314
iCloud ミュージックライブラリ	214
iCloud メール	300
iCloud メールを自動で転送	301
iCloud メールを自動振り分け	301
iMessage	154
iOS 11	24
iPad で動画を撮影	196
iPad の動画や写真をパソコンに取り込む	201
iPad を探す	313
iPhone とメッセージを同期	32

iSight カメラ	168
iTunes	50
iTunes Store	216
iTunes カード	218
iTunes にバックアップ	273
Keynote	229
Lightning - USB ケーブル	48
LINE	251
Live Photos	33
Night Shift	74
Numbers	229
Pages	229
PC メールのアカウントを設定	129
Photo Booth	193
Podcast	219
QR コード	35
Safari	105
SIM カード	43
Siri	267
Smart Keyboard	295
Split View	27
Spotlight	76, 280
SSID	101
Tapback	162
ToDo	236
Touch ID	286
Twitter	256
VIP リスト	142
Voice Over	282
Web ページ	105
Web ページ内の文字を検索	112
Web ページの表示を拡大・縮小	106
Web ページを更新	107
Web メールのアカウントを設定	128
Wi-Fi	100
Wi-Fi + Cellular モデル	42, 44
Wi-Fi モデル	42, 44, 45
Windows 用 iCloud	302

あ行

アカウントを切り替え	233
明るさを変更	73
アクセサリー	47
アクセシビリティ	282
アクティベーション	49

Index

アドオン	235
アプリ内課金	235
アプリのアップデート	231
アプリの自動更新	274
アプリの支払方法	226
アプリのレビューを書く	232
アプリや音楽を自動でダウンロード	311
アプリをインストール	226
アプリを切り替える	30
アプリを再インストール	230
アプリを削除	230
アプリをバックアップ	231
アラーム	250
アルバムジャケットを表示	208
アルバム	188
アルファベット	89
暗号化方式	101
イコライザを設定	209
位置情報サービス	50
移動手段を変更	246
イヤホンやヘッドフォンで音楽を聴く	206
インスタントマークアップ	40
インスタントメモ	40
閲覧履歴と検索履歴を消去	124
エフェクト	161
絵文字を入力	92
オーディオブック	222
オートフォーカス	169
お気に入りバー	117
音楽 CD を iPad に取り込む	204
音楽の再生・停止	278
音声入力	94
音声メモ	250
音量	63
音量の自動調整	206

か行

開封証明	157
顔文字を入力	91
各部名称	56
壁紙を変更	69
カメラロール	172
画面の色を反転	283
画面の向き	64
画面表示を拡大	283

画面を分割表示	27
カレンダー	238
カレンダーを共有	312
キーボードの位置を変更	85
キーボードの種類	80
キーボードのタップ音	98
キーボードを切り替え	81
キーボードを削除	96
キーボードを追加	96
キーボードを分割	85
記憶容量	43
機能制限	122, 288
クイックルック	270
経路の詳細を表示	246
現在位置を確認	244
検索エンジンを変更	114
公開カレンダー	312
公衆無線 LAN サービス	102
購入したコンテンツを共有	307
コントロールセンター	30, 276

さ行

再起動	289
撮影した動画を再生	199
撮影時にガイドラインを表示	170
撮影地	190
自動大文字入力	97
自動修正	92
自動的に画像を読み込まない	150
自動ロック	62
支払情報を変更	311
自分の写真を撮影	192
指紋認証	286
写真に位置情報	170, 191
写真にフィルタをかける	181
写真の明るさを調整	171
写真の位置情報の付加をオフ	191
写真やカレンダーを共有	307
写真を回転	183
写真を閲覧	172, 180
写真を拡大表示	172
写真を壁紙に設定	178
写真を削除	176
写真をその場で確認	172
写真をトリミング	183

317

写真を撮る	168	デバイス名	281
写真を編集	179	デフォルトアカウント	133, 134
写真を補正	184	電源をオフ	57
充電	58, 75	電子書籍	248
周辺機器	47	電卓	250
受信したメッセージを表示	159	電話	46
受信メールから連絡先に登録	149	動画のファイルサイズ	198
受信メールを確認	140	動画を削除	199
出席依頼	239	動画をトリミング	200
出席者に案内メール	239	友達を探す	308
初期設定	57	ドラッグ	49
書類をスキャン	29	ドラッグ＆ドロップ	28
新規タブで開く	108	取り込んだ音楽を再生	205
新規タブをバックグラウンドで開く	110	日本語を入力	82, 83
数字や記号を入力	90		
ズームして写真を撮る	169		
スクリーン効果	161		

は行

スクリーンショットを保存	123	ハイレゾ音源	222
スライドショー	174	パスコード	285
スリープモード	60	パソコンから取り込んだ写真・動画を閲覧	203
スレッド	145	パソコンと自動的に同期しない	273
スワイプ	49	パソコンの写真を iPad に取り込む	203
セルフタイマー	169	パソコンの動画を iPad に取り込む	202
送信したメールを確認	135	パソコン版の Web ページを表示	111
ソフトウェア・アップデート	25	バックアップから復元	314
		バックアップを削除	314
		バッジ	69

た・な行

タイマー	250	バッテリー	43
タイムラプスビデオ	171	バッテリーの残量	59
タッチ	49	バッテリーの使用状況	279
タップ	49	日付と時刻を設定	70
ダブルタップ	49	ピンチ	49
ツイートを投稿	257	ピントや露出	169
通信速度	101	ファイル	35
通知	61, 71, 159	ファミリー共有	306
通知の表示内容を変更	72	フォルダ	67
通知日を設定した ToDo を確認	237	復元	278, 289
通知を確認	31	ブックマーク	114
通知を非表示	61	プライベートブラウズ	109
データ通信契約番号	127	フラグのデザインを変更	146
データローミング	45	フリック入力	82
手書きのメッセージを送る	162	ブルーライトを軽減	74
手書きメモ	265	プレイリスト	207
テザリング	45, 295	文章をコピー＆ペースト	87
デジカメの写真を iPad に取り込む	195	文章を選択	88
		ページを閉じる	110

Index

別のアカウントでメールを送信	140
別のページに移動	109
ホーム画面	65
ホーム画面にリンクを追加	117
ホームシェアリング	220
ホームボタン	56, 65

ま行

マークアップ	182
マイフォトストリーム	186, 303
マイフォトストリームの写真を共有	305
マイフォトストリームの写真を削除	187
マイフォトストリームの写真を保存	187
マイフォトストリームの写真を利用	305
マップの表示方法を変更	245
マップ	244
未成年のコンテンツ購入を承認制にする	308
無線 LAN	100
無線 LAN 接続を切断	104
無線 LAN に接続	101
メール	126
メールアカウントを削除	141
メールで Cc や Bcc を使う	137
メールで書名を使う	137
メールに写真を添付	138
メールにフラグを付ける	143
メールに返信	147
メールボックスにメールを移動	136
メールボックスを作成	135
メールボックスを整理	136
メールを宛先アドレス全員に返信	149
メールを送る	134
メールを検索	144
メールを削除	144
メールを転送	148
メールをまとめて既読	145
メールを未開封の状態に戻す	143
メッセージ	154
メッセージ機能をオフ	165
メッセージに写真を添付	158
メッセージに添付された写真を保存	163
メッセージに返信	163
メッセージの相手を連絡先に追加	165
メッセージの着信音を変更	166
メッセージを検索	166

メッセージを削除	164
メッセージを転送	164
メモ	264
目的地をすばやく表示	244
文字を削除	87
文字を挿入	88
文字を太く	283

や・ら・わ行

ユーザー名とパスワードを自動入力	124
ユーザ辞書	93
有料アプリをプレゼント	234
よく行く場所をマップに登録	247
予定の通知	240
予定を作成	238
予定を編集	240
ランダム再生	211
リアクション	162
リーダー表示	108
リーディングリスト	118
リセット	290
リピート再生	211
リマインダー	235
料金プラン	44
履歴	111
リンク先の URL をコピー	118
ルート検索	246
連続写真を撮影	181
連絡先を作成	151
連絡先を編集	152
連絡先をメールで送信	153
ロック画面	31
ロック画面を解除	60
ロック時の音	70
ロックを解除せずに再生中の曲を操作	212
ワンセグ	222

お問い合わせについて

本書に関するご質問については、本書に記載されている内容に関するもののみとさせていただきます。本書の内容と関係のないご質問につきましては、一切お答えできませんので、あらかじめご了承ください。また、電話でのご質問は受け付けておりませんので、必ずFAXか書面にて下記までお送りください。

なお、ご質問の際には、必ず以下の項目を明記していただきますようお願いいたします。

1　お名前
2　返信先の住所またはFAX番号
3　書名（今すぐ使えるかんたん　iPad完全ガイドブック
　　困った解決＆便利技［iOS 11 対応版］）
4　本書の該当ページ
5　ご使用のOSのバージョン
6　ご質問内容

なお、お送りいただいたご質問には、できる限り迅速にお答えできるよう努力いたしておりますが、場合によってはお答えするまでに時間がかかることがあります。また、回答の期日をご指定なさっても、ご希望にお応えできるとは限りません。あらかじめご了承くださいますよう、お願いいたします。

問い合わせ先

〒 162-0846
東京都新宿区市谷左内町 21-13
株式会社技術評論社　書籍編集部
「今すぐ使えるかんたん　iPad 完全ガイドブック
困った解決＆便利技［iOS 11 対応版］」質問係
FAX 番号　03-3513-6167
URL：http://book.gihyo.jp

■ お問い合わせの例

FAX

1　お名前

技術　太郎

2　返信先の住所または FAX 番号

03-XXXX-XXXX

3　書名

今すぐ使えるかんたん
iPad 完全ガイドブック
困った解決＆便利技［iOS 11 対応版］

4　本書の該当ページ

56 ページ

5　ご使用の OS のバージョン

iOS 11.0.3

6　ご質問内容

手順 2 の画面が
表示されない

質問の際にお送り頂いた個人情報は、質問の回答に関わる作業にのみ利用します。回答が済み次第、情報は速やかに破棄させて頂きます。

今すぐ使えるかんたん
iPad 完全ガイドブック
困った解決＆便利技［iOS 11 対応版］

2017 年 12 月 22 日　初版　第 1 刷発行

著　者●リンクアップ
発行者●片岡　巌
発行所●株式会社　技術評論社
　　　　東京都新宿区市谷左内町 21-13
　　　　電話　03-3513-6150　販売促進部
　　　　　　　03-3513-6160　書籍編集部
カバーデザイン●志岐デザイン事務所（岡崎　善保）
本文デザイン／ DTP ●リンクアップ
編集●リンクアップ、宮崎　主哉（株式会社技術評論社）
製本／印刷●大日本印刷株式会社

定価はカバーに表示してあります。

落丁・乱丁がございましたら、弊社販売促進部までお送りください。
交換いたします。
本書の一部または全部を著作権法の定める範囲を超え、無断で
複写、複製、転載、テープ化、ファイルに落とすことを禁じます。

©2017 技術評論社

ISBN978-4-7741-9424-0 C3055
Printed in Japan